"十三五"国家重点出版物出版规划项目

量子科学出版工程（第一辑）

国家出版基金项目

NATIONAL PUBLICATION FOUNDATION

Quantum Leap:
From Foundation
to Quantum
Information Science
and Technology

陈宇翱　　潘建伟　主编

量子科学出版工程
Quantum Science
Publishing Project

量子飞跃：
从量子基础
到量子信息科技

中国科学技术大学出版社

内 容 简 介

量子科学正在掀起一场信息革命乃至科技革命，从而深刻影响社会发展和人类进步。本书由以潘建伟、郭光灿、杜江峰等多位院士为代表的一大批一线科学家共同撰写，展示了量子科学领域取得的一系列突破性成果，对当前量子科学技术前沿问题进行了系统的阐述，从量子信息的基础物理实验、量子通信、量子计算、量子模拟、量子精密测量等方面深入浅出地、全面地向读者展示了我国量子科技发展的蓬勃画卷．

本书适合对量子科学感兴趣的科研人员、大学生及一般读者阅读．

图书在版编目(CIP)数据

量子飞跃：从量子基础到量子信息科技/陈宇翱,潘建伟主编.—合肥：中国科学技术大学出版社,2019.9(2022.4重印)

(量子科学出版工程.第一辑)
国家出版基金项目
"十三五"国家重点出版物出版规划项目
ISBN 978-7-312-04708-4

Ⅰ.量…　Ⅱ.①陈…②潘…　Ⅲ.量子论—普及读物　Ⅳ.O413-49

中国版本图书馆 CIP 数据核字(2019)第 109945 号

出版	中国科学技术大学出版社
	安徽省合肥市金寨路 96 号,230026
	http://press.ustc.edu.cn
	https://zgkxjsdxcbs.tmall.com
印刷	合肥华苑印刷包装有限公司
发行	中国科学技术大学出版社
经销	全国新华书店
开本	787 mm×1092 mm　1/16
印张	19.75
字数	395 千
版次	2019 年 9 月第 1 版
印次	2022 年 4 月第 2 次印刷
定价	88.00 元

编　委　会

序

上初中时,我首次接触到物理,很快就感受到这门科学的奇妙之处.物理是一门简洁而优美的科学,无论是代表牛顿力学的 $F = ma$,还是爱因斯坦的质能方程 $E = mc^2$,从简单的公式出发,就可以推演出许多揭示自然界奥秘的规律;物理学以这种方式告诉我们,自然界是可以被理解的! 填报大学志愿时,出于对物理学发自内心的热爱,我选择报考了中国科学技术大学近代物理系.

大学的课程和初中、高中的物理课程相比,更加系统,极大地开拓了我的视野.尤其是在学习量子力学的时候,普朗克、爱因斯坦、玻尔、薛定谔、海森伯、狄拉克,这些伟人智慧的光芒与困惑,如同宇宙中遥远星云透出的神秘星光,引人前行,让人无法止步.得窥量子世界端倪的同时,我也因更多的疑惑而烦恼:量子叠加和量子纠缠的本质究竟是什么? 从中国科学技术大学毕业后,我慕名来到欧洲量子光学研究中心之一的奥地利因斯布鲁克大学,师从蔡林格(Anton Zeilinger)教授.那时的我,心中充满了求知的渴望与快乐,希望通过努力学习,将来可以回到祖国建立一个世界一流水平的量子物理实验室,去探究量子叠加和量子纠缠的本质.

20 年过去了,我已回到祖国,和一些优秀的同事建立了一支在量子物理与量子信息领域优势互补、创新能力强的团队.虽然量子叠加和量子纠缠的本质也许在我有生之年并不能揭示,但我和我的同事们一直坚持追寻这一梦想,同时也致力于将量子的奇妙特性应用于人们的生活当中去.

量子力学不仅仅是人类历史上伟大的科学革命之一,它还直接催生出许多重大技术发明,例如我们今天习以为常的晶体管、激光器、光纤、核磁共振、卫星定位系统等等,极大地改变了我们的生活,这正是"第一次量子革命"的成就.现在,随着量子调控技术的巨大进步,人们可以对微观粒子的量子状态进行主动的精确操纵,从而能够以一种全新的"自下而上"的方式利用量子规律,并且诞生了量子信息这一全新的学科,人类认识和改造世界的实践达到了一个新的历史高度.量子调控和量子信息技术的迅猛发展标志着"第二次量子革命"的兴起.

幸运的是,我和我们国家很多优秀的科学家一样,可以参与到这个伟大的进程中,将对稍纵即逝的光子、难以捕捉的原子等微观粒子的量子调控技术,从书本搬进现实中,并且努力推动量子信息科学的发展和应用,为国民经济和生产生活服务.例如,随着晶体管的尺寸逼近原子尺度,经典计算机的摩尔定律将逐渐失效.而未来,量子计算将为目前的大规模计算难题提供一种可能的解决方案;信息的安全传送是人类持续千年的梦想,但经典的加密与破解一直上演着"魔高一尺,道高一丈"的角逐,而量子通信的出现,为这一梦想的最终实现带来了曙光.

随着这些蓝图部分地变为现实,我们国家一批最优秀的科研团队带着他们的成果走入了公众视野.量子通信、量子计算等"高大上"的新名词越来越多地亮相于媒体,也广泛地吸引了公众的好奇心.我们欣慰地看到,公众对基础科学和前沿研究的好奇和向往从来没有消失.我们深信,一般大众对科学的好奇心甚至比某一项具体的高新技术要重要得多,因为只有整个社会了解到科学的激动人心之处,才有可能吸引更多的年轻人接受挑战而将毕生精力投入到创新和创造中去.

但是,量子力学毕竟是一门艰涩的学问,与我们日常生活的经验有很大的差距,公众总难免有一些误解,甚至市场上不乏一些打着"量子"旗号的产品,让人难辨真伪.我时常和身边的科学家朋友们交流这个问题,我们想,既然我们的研究工作依托于国家蓬勃发展的伟大时代,那么,我们在科普工作上也应责无旁贷,有义务让本领域之外的人了解这一激动人心的领域.

经过两年多的精心准备,这本《量子飞跃:从量子基础到量子信息科技》终于问世.我们邀请到国内一批活跃在科研一线的优秀学者撰写书稿,本书汇聚了我国量子科学领域最优秀、最前沿的成果.除了简要介绍量子力学的基本原理之外,我们从量子通信、量子计算和量子模拟、量子精密测量三个方面,分别介绍了量子信息科技的最新进展.跟随本书的路线,你或许可以一窥第二次量子革命的动人面貌,以及它将怎样改变我们的生活.本书的行文内容翔实严谨,当然也可能存在一些感性不足、理性太强的缺点,不能做到人人读懂所有知识.但我们希望更多人能通过本书接触到量子世界,管中窥豹,领略前沿科学之美.

　　感谢所有作者和科研团队的付出,更感谢公众对我国量子科学事业的支持和热情.我们相信,科学家和公众的距离可以更近,因为,科学家的一往无前、勇于攀登,与公众对科学的热爱和求索,共同构成了我们国家充满活力的创新力量.

潘建伟

2019 年 8 月

目录

第 3 章
量子计算与量子模拟 —— 101

第 4 章

量子精密测量 —— 190

第1章

量子信息的基础物理实验

量子物理学和经典物理学的最大区别,在于量子物理学中存在一种称为"量子叠加态"的状态,即量子态可以线性地叠加在一起.在微观世界中,到处存在着量子叠加态,量子物理学主宰着一切.在宏观世界中,由于大量粒子之间的各种相互作用,量子叠加态消失不见了,因此宏观世界改由经典物理学(它是量子物理学的宏观近似)支配.

量子叠加态在量子信息学中最直接的体现就是量子比特.在经典信息学中,信息的最小单元叫作比特.一个比特在特定时刻只有特定的状态,要么是0,要么是1,所有的信息处理都按照经典物理学规律一个比特接一个比特地进行.但是在量子信息学中,信息的最小单元是量子比特(qubit),一个量子比特就是0和1的量子叠加态,可以写作$|\Phi\rangle$ $=a|0\rangle+b|1\rangle$.这里Φ代表0和1的量子叠加态;$|\ \rangle$为狄拉克符号,代表量子态;a和b是两个复数,满足关系$|a|^2+|b|^2=1$.直观上,可以把0和1当成两个向量,一个量子比特可以是0和1这两个向量的所有可能的组合.量子叠加态从根本上赋予了量子计算机"并行计算"的能力.

当你测量某个量子比特的时候,它不再是一个量子叠加态,而是随机地塌缩到要么是0、要么是1的经典状态.对于$|\Phi\rangle=a|0\rangle+b|1\rangle$来说,概率由$a$和$b$决定,即测量结

果为 0 的概率是 $|a|^2$,测量结果为 1 的概率是 $|b|^2$.测量的随机性保障了量子通信的安全性.

若多个量子叠加态相互作用到一起,就会出现一种称为"量子纠缠"的神奇状态.如果两个量子比特组成一个量子纠缠态,则无论携带这两个量子比特的粒子相距多远,只要测量到其中一个的状态,另一个的状态马上就会发生变化,爱因斯坦称之为"幽灵般的超距作用"(spooky action at a distance),而测量的随机性禁止这样直接传递信息,从而与相对论也并不矛盾.在量子信息学中,量子纠缠处于极为重要的位置,无论是量子通信中的量子隐形传态,还是量子计算中的逻辑门操作,都离不开量子纠缠.

本章内容为量子信息学的基础物理实验,集中在量子纠缠和量子测量随机性两个方面.其中 1.1 节介绍了贝尔不等式的由来,以及一系列检验贝尔不等式的实验如何验证了量子纠缠的广泛存在;1.2 节介绍了如何在实验室中制造出多个粒子的纠缠,以及它们在量子信息技术中的应用;1.3 节介绍了如何利用量子测量的随机性制造真正的随机数,以及它们在量子信息技术中的应用.

1.1 验证量子纠缠：贝尔不等式实验检验

刘乃乐　郁司夏　陈　凯

量子理论和相对论分别是我们认识微观世界和宏观世界的基础.到目前为止,这两个理论在各自的领域中所给出的预言都被一一验证并有着方方面面的应用.然而,人们发现,在一个理论中可以和谐相处的两个概念在另一个理论中却互不相容:定域性(locality)和实在性(realism)这两个在相对论中理所当然同时成立的概念却在量子理论中不能同时存在.这一点首先由爱因斯坦(Einstein)等人[1]定性地指出,而约翰·贝尔(John Bell)在30年后(1964)给出了一个可以由实验来验证的定量判据:如果在一个任意的(概率性的)理论中实在性和定域性成立,那么物理系统所体现的关联就会满足一类不等式——贝尔不等式.大量的实验表明量子系统所体现的关联可以违背这类不等式,从而证实了在量子理论中定域性和实在性不相容,这个特性称作量子非定域性,也叫作贝尔定理.

1.1.1 实在性与定域性的概念

那什么是实在性呢？简单来说,当你不看月亮时,月亮也是存在的.也就是物理体系的性质应该独立于观察者的存在,所有的可观测量都具有事先确定的值,测量只是发现这个值.如果完全地知道系统的状态,我们就可以预言每次测量的结果,而不仅仅是结果出现的概率.概率的出现仅仅是因为对系统的态并不完全知道.量子力学所面临的状况是,在同样制备的状态下测同一个可观测量,每次测量的结果一般是随机出现的,量子力学可以预言的只是结果出现的概率.但这并不妨碍我们将量子理论放在一个实在论的框架下,因为我们总可以引入一些隐变量作为描述系统状态的一部分,至此隐变量的唯一作用是帮助我们确定单次测量的结果,其他性质则一无所知,似乎只是一个信念而已.贝尔不等式的妙处之一是令人意想不到地揭示出隐变量,即实在论也具有某种内在结构,使得量子力学、实在论、定域性三者不相容.

那什么是定域性呢？现象的发生一定有其原因,有因必有果,有果必有因,同样的因必然导致同样的果,不同的果一定有不同的因.科学的不断发展也是基于这个信念,我们对自然的了解也越来越深入.相对论的一个重要贡献是指出到哪里去找事件可能的因:一定是在这个事件的过去光锥(图1.1.1)中,因为光速是物理系统中传播的最大速度.所以,当一个复合系统的两个子系统处于类空间隔时,其中一个子系统中发生的一个事件,如测量某个可观测量得到一个结果,不依赖另一个子系统中发生的任何事件,因为谁都不在对方的过去光锥中.从概率来看,两个事件是独立的事件.这就是贝尔不等式中用到的定域性.

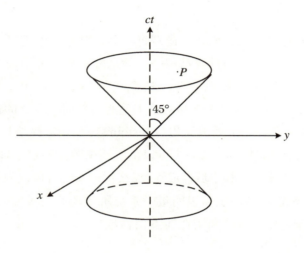

图 1.1.1 光锥

1.1.2 贝尔不等式思想

当我们考虑定域隐变量模型,将定域性和实在性放在一起时,会发生一件奇妙的事:由两体关联测量得到的所有概率分布会有一个包含所有相关测量的共同的概率分布,这意味着我们可以将这些关联测量的事件放在同一个样本空间考虑,由此得到的那些由只涉及两体关联测量得到的概率分布之间的约束就是贝尔不等式.下面举一个例子来说明.

一个典型的贝尔不等式实验如下:假设两个处于类空间隔的观测者甲和乙共享一个复合系统,每个观测者可以对其中一个子系统测量两个可观测量,例如,甲可以选择测量可观测量 A 或 B,乙可以选择测量可观测量 X 或 Y,并假设每个测量都只有两个结果,统一都由 0 和 1 标记(图 1.1.2).在一个定域隐变量模型中,定域性保证了不同的子系统中进行的两个测量是相容的,测量结果的比较(如相同或不同)是一个合法的事件.例如,记 $A = Y$ 和 $A \neq Y$ 为这样两个事件,其中甲、乙分别测量了可观测量 A 和 Y,并得到了相同和不同的结果,相应的概率记为 $P(A = Y)$.以此类推,我们也考虑另外三个事件 $A = X, B = X$ 和 $B = Y$ 及其相应的补事件.因为在定域实在的假设下,所有的可观测量存在一个共同的概率分布,所以如上所列的事件都可以放在一起进行逻辑推理.一个典型的贝尔不等式可建立在如下的逻辑推理之上:每当事件 $A = Y$ 发生时,另外三个事件 $A = X, B = X$ 和 $B = Y$ 中至少有一个发生,在概率上这意味着

$$P(A = Y) \leqslant P(A = X) + P(B = X) + P(B = Y)$$

图 1.1.2　Alice 和 Bob 会通过随机选择的观测方法同时对两个粒子进行独立观测

图片来源:thebigbelltest.com

如若不然,则相应的补事件 $A \neq X, B \neq X, B \neq Y$ 同时发生,但由于所有的测量只有两个结果,从 $A \neq X$ 和 $B \neq X$,我们可得到 $A = B$,但是 $B \neq Y$,导致 $A \neq Y$,矛盾.同理,我们也能得到互补事件之间的关系:$P(A \neq Y) \leqslant P(A \neq X) + P(B \neq X) + P(B \neq Y)$.如果写成关联的形式,即 $E(A, Y) = P(A = Y) - P(A \neq Y)$,以及 $P(A = X) + P(A \neq X) = 1, P(A = Y) + P(A \neq Y) = 1, P(B = X) + P(B \neq X) = 1, P(B = Y) + P(B \neq Y) = 1$,就得到了所谓的 CHSH-贝尔不等式:

$$-2 \leqslant E(A, X) + E(B, X) + E(B, Y) - E(A, Y) \leqslant 2$$

这个贝尔不等式是实验中通常用到的不等式.在量子力学中,当一个二能级系统处在最大纠缠态时,只要甲、乙两个观测者选择合适的测量方向,就可以得到这个不等式的最大

破坏:$2\sqrt{2}\approx2.8282.$

　　贝尔不等式的违背说明量子力学不能被一个定域实在的模型模拟出来.如果去掉定域性,量子力学就可以被一个隐变量的模型完美地模拟出来,如博姆(Bohm)的隐变量理论.随后贝尔不等式有各种推广:一方面可以向多体推广,人们发现三体及三体以上的系统可以有所谓的 GHZ 定理,即一种量子非定域性的无不等式的证明;另一方面可以向单体推广,这时替代定域性的是所谓的非互文性(non-contextuality),人们发现量子力学不能被非互文的隐变量模型模拟出来.贝尔不等式的违背并不能说可以超光速通信,因为在概率的层面上,量子力学是遵守 non-signaling 条件(即:信息的传播不能超过光速)的.在这点上量子力学和相对论是和平相处的.贝尔定理所带来的信息是,如果要将量子力学完备成一个实在的理论,隐变量一定是非定域的或互文的.

1.1.3　贝尔不等式实验

　　可以说,贝尔定理深刻地影响了我们对物理世界的认识和理解,并被某些大物理学家认为是有史以来最深刻的科学发现.自此之后,如何设计和进行巧妙的实验,从而在根本上加深人们对于量子力学本质的认识就成为众多物理学家的目标.事实上,到目前为止,已经有大量的物理实验从各个方面、各个角度,利用各种物理体系进行了检验.不过,大量早期的实验由于技术上、物理器件上的不完善、不完美,仍然有各种可能的漏洞,从而导致定域模型有可能重现所有的实验结果.因此,近年来大量的工作致力于设计和实现一个无漏洞的贝尔实验.其实,这除了体现量子物理基础检验方面的重要性之外,还具有巨大的应用价值.人们发现,如能够实现无漏洞的贝尔实验,就可以通过精妙的设计来实现各种各样的与设备无关的新型量子信息处理任务.

　　历史上第一个利用钙原子级联辐射的光子进行的贝尔实验[2]表明,定域隐变量的存在与量子力学的预测相冲突.实验中展示了超过 6 个标准差的破坏,实验数据与量子力学一致,而与定域隐变量理论相矛盾,从而为量子力学的正确性提供了有力的支持.之后又有多个实验小组的工作进一步确认了量子力学的预测.例如,1982 年 Aspect 等人[3]对于一个著名的 CHSH-贝尔不等式[4]得到了超过 40 个标准差的破坏,与量子力学的预测完全一致.然而在这些实验中均使用了固定的偏振分析器,导致几个关联测量只能按顺序测量,因此存在所谓的"定域性漏洞".就是说,必须要求测量节点之间是没有通信的,它们之间是类空间隔的.测量间隔应当比信号从一个节点以光速传递到另外一个节点的时间短.另外,还要求一个节点的测量设置不应当由另外一个节点的较早事件来决定.因此,之后的多个实验都在设法关闭该漏洞上做出了努力.无论是从距离(10 km)上[5],还是在选择使用新颖的器件(量子随机数发生器[6])上,人们尝试在各个方面和各种条件下关闭可能的定域性漏洞.除了利用偏振的光量子态之外,人们还尝试利用基于相位和动量、时间段编码、轨道角动量、超纠缠以及对连续变量等态对量子比特进行编码.可见,无论是偏振、空间模式,还是能量-时间自由度等各种量子比特、各种编码模式等等,都已经通过不同的实验证实了其实验数据与量子力学预言一致,与定域隐变量理论不相容.以上提到的实验均为光量子体系.实际上,只要是可以实现量子比特操控的体系,均可以进行量子物理基础的检验.因此人们还尝试进行了基于原子系统包括镱离子系统、铷原子系统,以及光子和原子的混合系统、超导量子比特系统等的实验检验,实验结果均显示了与量子力学预言的一致性[7].

虽然现实的实验在某些情况下部分地关闭了一些漏洞,但是任何测量不总会得到确定性的输出.这是因为信道中总会存在损耗,而且探测器本身也难以达到100%的探测效率,也总会存在那些没有任何输出的情况,通常称之为"no click(没有触发事件)"的输出.一般地,就必须有一个附带假设,即所谓的"fair sampling(忠实取样)"假设.意思是说,探测到的数据必须是假定探测器有单位(100%)效率时的忠实取样.否则,当探测器效率低于一定的阈值时,定域模型有可能仍然能够重构所有观察到的数据,这就是"探测漏洞"的根源.若是仅仅扔掉这些"no click"的输出,而保留那些有输出的情况(例如 +1,−1 的情况),实际上就对于实验数据进行了后选择.这种后选择过程很多时候会导致假的贝尔不等式的破坏.为了关闭"探测漏洞",过去人们已经做了一些尝试,例如运用具有95%以上探测效率的探测器.但是令人信服的同时关闭"探测漏洞"和"定域性漏洞"的实验直到2015年才做出[8],该实验利用可预报的(event-ready)电子自旋的纠缠源实现了相距1.3 km 的贝尔不等式破坏.随后蔡林格(A. Zeilinger)教授领衔的欧洲和美国国家标准与技术研究所(NIST)的联合研究组[9]利用纠缠光子、快速的测量,以及高效的超导探测器,宣称同时关闭了"探测漏洞""定域性漏洞""自由选择漏洞""符合时间漏洞""记忆漏洞"等诸多的可能漏洞.同期还有 Nam 教授领衔的美国(包含 NIST)、加拿大和西班牙的联合研究组的工作[10].该实验也是利用纠缠光子对,通过将各方分开足够远实现类空间隔,并使用快速随机数发生器和高速偏振态测量,结合高效率、低噪声的单光子探测器,完成了关闭"探测漏洞"和"定域性漏洞"的贝尔不等式检验.这三个独立进行的无漏洞贝尔不等式检验的重要实验以精妙的实验设计、更先进的实验器件、更可靠深入的数据分析检验获得了更大的置信度,支持了量子力学的预言.同时说明,如果一个隐变量理论是定域的,则与现有的实验结果不相容;如果一个隐变量理论与现有的实验结果相容,则一定是非定域的.

1.1.4　我国科学家与贝尔不等式

　　我国科学家在多个方面、以多种形式参与了该领域的诸多研究,部分方面达到了世界领先水平,提高了量子力学基础检验的水平.例如,早在 2005 年,我国学者潘建伟教授、杨涛教授和彭承志教授团队[11]检验了自由空间距离超过 13 km 的光子对的纠缠特性,发现贝尔不等式以超过 5 个标准差得到了破坏.该实验实际上模拟了卫星到地面之间的环境,因为地面上 5～8 km 的距离大致相当于卫星到地面的大气层厚度,为基于卫星的全球量子通信奠定了很好的基础.实际上还存在一种特殊形式的无不等式的贝尔定理(all-versus-nothing,全对无),使得量子力学与定域隐变量理论的预言完全相反.2005年,潘建伟教授、杨涛教授、陈增兵教授小组[12]利用双光子、4 维超纠缠量子态首次以全对无的方式展示了量子力学与定域实在论的对垒.2012 年,潘建伟教授和彭承志教授团队在青海湖完成了长达 102 km 的纠缠分发以及贝尔不等式检验实验[13],并关闭了定域性漏洞.更令人激动的是,该团队在 2017 年 6 月发表在《科学》杂志的结果更是把纠缠分发做到了从一个卫星下发到两个地面站的情况[14],总的分发距离长达 1203 km(图1.1.3).贝尔不等式的破坏也超过了 4 个标准差,从而为在大尺度下检验量子力学提供了新证据.

图 1.1.3　2017 年 6 月《科学》杂志发表 10^3 km 级别的量子纠缠分发实验

为了向大众普及量子力学知识和实验,全世界的量子物理和量子信息科学家们更是在 2016 年设计并联合进行了大贝尔实验(又称人类随机性驱动量子实验).这是由光子科学研究所(ICFO)协调、人类志愿者(又名贝尔员)决定参数的量子实验.这项实验来自约翰·贝尔的贝尔不等式及相关假说.假定人类可以通过自由意志产生出任意需要的随机数,那么我们就可以用大家产生的随机数作为实验所需要的随机数来源,进而测试定域实在论和量子力学孰是孰非.尽管 2015 年三个实验小组分别独立进行了无漏洞贝尔不等式实验,但是到目前为止诸多贝尔不等式实验使用的都是物理方式产生的随机数,这部分随机数可能受到隐变量控制而不能作为真正的随机性来源.大贝尔实验则尝试通过人的自由意志,由公众产生的随机数来决定实验中的重要参数,这个步骤是贝尔不等式进行实验测量的重要环节.参与大贝尔实验的实验室均利用公众产生的随机数在各自的实验室分别进行贝尔实验,从事各自最擅长的研究.大贝尔实验发起机构光子科学研究所邀请了世界一流的量子光学实验室,参与的机构分别使用了光子、原子、超导等不同的体系进行实验.中国科学技术大学(简称"中国科大")的潘建伟院士和张强教授是大贝尔实验中国区的负责人,他们的实验室就利用接收到的由人类自由意志产生的随机数进行贝尔实验,并测试随机数之间的关联.2016 年 11 月 30 日,大贝尔实验在世界各地的 12 个不同实验室中同时进行.大贝尔实验引发了光子科学研究所、中国科学院量子信息与量子科技前沿卓越创新中心、中国科学技术大学、美国国家标准与技术研究所(NIST)、苏黎世联邦理工学院、慕尼黑大学、奥地利科学院、格里菲斯大学、昆士兰大学、塞维利亚大学、罗马大学、塞浦路斯大学等全世界诸多大学和研究机构的广泛参与.该实验结果已经发表于《自然》杂志上[15].

可以预见,在不远的将来人们仍然将进行更加精细、更加准确、更加全面深入的新型物理实验来检验贝尔定理及其各种可能的推广版本,进而检验和推动量子力学理论与实验的进一步发展;并且有望利用这些结果和实验过程中发展的新工具、新思想和新方法,更好地进行量子通信、量子计算、量子精密测量以及量子模拟等诸多量子信息处理任务,为人类提供更好的工具,更便捷、更快速、更低廉的服务,也为人类认识自然、探索物理世界的奥秘提供新平台、新角度与新技术.

1.2 多粒子量子纠缠制备

姚星灿

在日常生活中,纠缠通常是一个贬义词,无论是缠成一团的数据线,还是被讨厌的人频频打扰而不得安宁,总是让人高兴不起来.但是在量子世界中,纠缠是一个迷人的现象.直观上,它与经典物理学的诸多理念大相径庭,甚至还"违背"了被奉为圭臬的物理原理.但它又是通向新颖、奇特、多彩又绚烂的量子世界的大门.

1.2.1 纠缠的概念

量子纠缠这一概念的诞生是极富戏剧性的:1935 年,著名物理学家爱因斯坦(Einstein)、波多尔斯基(Podolsky)和罗森(Rosen)联名发表论文,提出了著名的 EPR 佯谬[1].爱因斯坦等人认为,如果遵从两个"非常合理"的假设——定域性(一切能量和信息的传播速度不能超过光速)和实在性(任何物理量的测量结果都是固有属性,与是否进行测量无关),那么利用所谓的 EPR 态,我们就能够同时精确测量微观粒子的位置和动量.这一结论严重违背了量子力学的"不确定性原理",这种"幽灵般的超距作用"表明量子力学的理论是不完备的.随后,薛定谔更加细致地研究了这一问题,并将这一现象命名为"量子纠缠",该定义也一直沿用至今[16].此后的数十年里,有关这一问题的争论此起彼伏,愈演愈烈.一时间,物理学界众说纷纭,各执一词,谁也说服不了谁(图1.2.1).1964 年,贝尔提出了著名的贝尔不等式[17](图 1.2.2),在经典物理和量子力学之间画了一道清晰的分界线:经典物理学会严格地遵循贝尔不等式,而量子力学很容易违背这一不等式.贝尔不等式的另一个重大意义在于,人们终于可以用实验来检验正确描述微观世界的物理理论究竟花落谁家.后来,一次又一次的实验证明了量子力学的正确性——大自然不仅违背了贝尔不等式,而且实实在在地展示了非定域性的存在.

图 1.2.1　1927 年,第五届索尔维会议上,阿尔伯特・爱因斯坦与尼尔斯・玻尔展开关于量子力学本质的大辩论

第三排(左起):皮卡尔德,亨利厄特,埃伦费斯特,赫尔岑,顿德尔,薛定谔,费尔夏费尔德,泡利,海森伯,福勒,布里渊

第二排:德拜,努森,布拉格,克莱默,狄拉克,康普顿,德布罗意,玻恩,玻尔

第一排:朗缪尔,普朗克,居里夫人,洛伦兹,爱因斯坦,朗之万,古伊,威尔逊,理查森

图 1.2.2　约翰・斯图尔特・贝尔

多粒子纠缠描述多个粒子之间某种物理属性互相影响、密不可分的情形.如果用量子力学的术语来表达,则是每个粒子的量子态都无法表示成独立于其他粒子的形式.但是在实验上,多粒子纠缠是非常难以实现的.一方面,将两个或多个粒子纠缠起来并不是一件容易的事;另一方面,如何使多粒子纠缠态免受环境干扰而遭到破坏也是一个难题.经过几十年的不懈努力,科学家们已经掌握了多种手段来制备、操纵和测量多粒子纠缠,主要的物理体系有多光子体系、超冷原子体系和超导量子体系等.

1.2.2 多光子纠缠的发展

多光子纠缠,顾名思义,就是多个光子之间的某种属性相互纠缠,通常人们选择利用光子的偏振特性来制备纠缠.一方面,光子的水平和垂直偏振可用来编码成一个量子比特;另一方面,对光子偏振态的控制和测量易于实现,并且操纵精度高.但是,相对于偏振态的控制和测量而言,如何使两个或更多个光子的偏振态纠缠在一起并不是一件容易的事.1995年,蔡林格和合作者发展了利用BBO(偏硼酸钡)晶体来实现双光子偏振纠缠的方法(图1.2.3):当一束激光穿过它时,非线性的相互作用会使得高能量的光子劈裂成两个低能量的下转换光子[18].由于该过程遵守能量守恒和动量守恒,因此下转换光子会分别形成两个光锥,顶部的光锥是垂直偏振,底部的光锥是水平偏振.在光锥相交方向上的光子偏振是不确定的,既可以是水平偏振,也可以是垂直偏振,这样就形成了光子偏振纠缠光源.

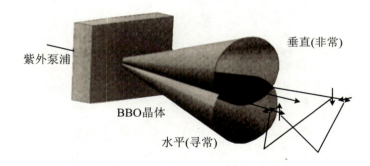

图 1.2.3 BBO 晶体与参量下转换产生双光子偏振纠缠

高效纠缠光源的出现极大地推动了基于线性光学的量子信息处理研究.例如,蔡林格小组于1997年首次在实验上实现了量子隐形传态.它的主要思想是在量子态的发送方与接收方之间共享一对纠缠光子[19],以此为媒介,通过联合贝尔态测量,接收方在收到通过经典信道传输的测量结果后,就可以还原出发送方的量子比特.由于量子隐形传态过程中含有经典信息传递的过程,所以并不违背光速最大原理.此外,由于测量坍缩原理,发送方将失去拥有的量子比特,所以这个过程也不违背量子不可克隆原理.这个开创性的实验不仅进一步验证了量子力学的正确性,而且还揭示了量子纠缠所蕴含的极为强大的关联性.

那么如何制备多光子纠缠态呢? 1998年,蔡林格小组实现了纠缠在不同光子之间的交换[20],为多光子纠缠的制备指明了方向:首先,科学家们分别制备光子1-2和光子3-4两对纠缠态;然后利用双光子干涉技术使光子2-3形成纠缠,原本没有任何关联的光子1-4之间就能够形成新的纠缠态.利用这一原理,若能保证多光子的全同性以及同时操纵的精度,就能实现多光子纠缠.1999年,蔡林格小组首次实现了三光子纠缠态[21],尽管从双光子干涉到三光子干涉这一步看起来很小,但是它仍然具有深远意义:一方面,三光子GHZ关联对量子非定域性的检验比双光子贝尔不等式更有效[22];另一方面,由"二"到"三"意味着我们可以让更多的光子纠缠起来,从而为量子计算研究开辟一个新的方向.沿着这个思路,蔡林格小组于2001年又实现了四光子纠缠并基于此开发了纠缠纯化技术,克服了由环境噪声干扰导致的纠缠退相干问题[23],为量子信息的实用化进程扫除了一大障碍.值得一提的是,潘建伟当时作为蔡林格小组的研究骨干,为上述工作的实现做出了重要贡献.2000年,潘建伟学成回国,在中国科学技术大学建立了实验室,以其为代表的中国科学家在光量子信息处理领域走到了国际的最前沿;2004年,潘建伟领导的研究团队实现了五光子纠缠以及终端开放的量子隐形传态[24];2007年,六光子GHZ态和簇态的实现使得光量子计算成为可能[25];2012年,潘建伟团队又率先实现了八光子纠缠[26],并基于此实现了拓扑量子纠错[27],为实用化的容错量子计算奠定了基础;2016年,潘建伟团队再度打破纪录,成功实现十光子纠缠[28-29].随着纠缠光子数的逐步增加,多光子纠缠还被科学家们广泛应用到量子力学理论检验、量子通信、多自由度量子隐形传态等方面,引领和推动了光量子信息处理的理论基础研究和应用基础研究的发展.

由于光量子的操纵相对简单,光信号又具有易传输、抗干扰能力强等优点,所以多光子纠缠技术的成熟为量子通信走出艰深晦涩的理论著述、踏入可信可靠的技术产业、迈向惠及万家的实用领域铺平了道路.2016年8月16日,"墨子号"量子科学实验卫星发射升空;2017年9月29日,京沪干线正式开通(图1.2.4).这一连接北京、上海,贯穿济南、合肥的量子通信骨干网络是世界上第一条量子保密通信干线,它和"墨子号"一起构建了天地一体化广域量子通信网络的雏形.作为新一代的国之重器,量子通信网络为国防、金融和政务的信息安全保驾护航,为社会生产、人民生活的有序运行日夜守望,为河清海晏、国泰民安的和平盛世构筑了一道巍巍赫赫的铜墙铁壁.

图 1.2.4　京沪干线结合"墨子号"卫星,成功构建出天地一体化广域量子通信网络的雏形

1.2.3　多粒子纠缠与超冷原子

　　尽管取得了巨大的进展,但目前人们只能操控十个左右比特的多光子纠缠态,而未来实用化的量子计算体系需要同时操控几十乃至上百个量子比特,其中最关键的问题是如何产生和测控大量量子比特的纠缠态,并进一步开展容错的量子计算.近年来,超冷原子量子调控技术的发展,使超冷原子成为解决这一个关键问题的理想体系之一.什么是超冷原子呢? 我们知道,原子是电中性的,它是构成物质的基本单元.在室温下,原子的热运动速度高达几百米每秒甚至上千米每秒,是无法进行精确操控的.20 世纪下半叶,激光技术的出现与发展为原子物理学研究提供了一件神兵利器.人们发现,当逆着原子运动方向发射一束频率略低于原子跃迁能级差的激光时,由于多普勒效应,原子会吸收与其运动方向相反的光子,由此会产生一个与原子运动方向相反的阻尼力,使得原子的运动速度降低.利用激光,人们可以把常温下平均速度高达几百米每秒甚至上千米每秒的原子减速到零点几米每秒.而通过三维激光束和磁场构建的磁光阱,人们不仅可以把原子冷却到 100 μK 量级,还可以将其囚禁在豌豆大小的区域内.由于在激光冷却原子的理论和方法上做出了开创性贡献,华裔美国科学家朱棣文(Steven Chu)、法国科学家塔诺季(Cohen Tannoudji)和美国科学家菲利普斯(William Phillips)获得了 1997 年的诺贝尔物理学奖.得益于激光技术、电子技术和真空技术的飞速发展,1995 年,美国科罗拉多大学天体物理学联合实验室(JILA)的康奈尔(Eric Cornell)和威曼(Carl Wieman)在激光冷却的基础上,结合磁阱中的蒸发冷却技术,将铷-87 原子气体冷却至极低的温度(约 10^{-8} K),首次在实验上实现了玻色-爱因斯坦凝聚[30].这项实验开创了一个全新的物理

学领域——超冷原子.作为一种独特的全量子系统,超冷原子气体从一诞生就和量子调控紧密联系.通过对原子相互作用强度、维度和自旋态等参量的精确调控,并结合先进的量子探测手段,人们可以深入地研究超冷原子系统的性质并实现大规模量子纠缠的制备、操纵和应用.

例如,我们可以利用玻色-爱因斯坦凝聚来制备对精密测量有重要意义的双数纠缠态.2017 年,清华大学尤力教授领导的冷原子实验团队首次通过调控量子相变过程实现了对大粒子数的双数态的确定性制备[31].其基本原理是两个处在 $|F=1, m_F=0\rangle$ 态的铷-87 原子可以通过自旋交换碰撞转变为处于 $|F=1, m_F=+1\rangle$ 和 $|F=1, m_F=-1\rangle$ 态上的纠缠原子对.在实验上,该研究团队首先制备了温度约为 100 nK 的超冷铷-87 原子的玻色-爱因斯坦凝聚,并使其所有的原子都处于极化相中能量较低的无磁态 $|F=1, m_F=0\rangle$.通过改变单原子内态的二阶塞曼能移 q,该体系能从极化相绝热地转变到双数相,因此处于基态的玻色-爱因斯坦凝聚体将演化为双数态——一种高度纠缠的量子态.通过对比量子测量结果和多粒子纠缠判据,他们以超过 68.3% 的置信度确证产生的双数态中含有近千个原子的纠缠,并且获得了极佳的量子噪声压缩系数和多粒子量子相干性.

但必须指出的是,尽管双数态中原子纠缠的数目已经近千个,但由于无法实现对其中单个原子的测控,因此这极大地限制了其在量子计算中的推广和应用.为了解决这一问题,我们可以将超冷原子囚禁在由激光干涉形成的光晶格中,然后将成千上万个原子在极低温度下通过量子相变确定性地制备到每个格点有且只有一个原子比特的人工晶体上,从而为可拓展的多粒子纠缠态产生提供大量的量子比特资源;同时,光晶格中超冷原子量子比特的相干时间可以达到 s(秒)量级,并具有优异的可操控性.2008 年,牛津大学的雅克什(D. Jaksch)小组提出了光晶格中多原子纠缠态产生的"三步走"方案[32],其中第一步就是并行地产生相邻原子比特之间的纠缠,形成大量的原子比特纠缠对.之后再经过横向连接和纵向连接两步即可实现大量量子比特的二维纠缠态,这样就制备了基于测量的单向量子计算的基本资源.同年,德国马普量子光学所的布洛赫(Bloch)小组实验演示了调控超晶格中相邻原子超交换相互作用的能力[33],为实现"三步走"方案中的第一步奠定了技术基础.2016 年,中国科大研究团队实现了铷-87 原子在单层二维晶格中的超流态到莫特(Mott)绝缘态的量子相变,从而获得了每个格点上有且只有一个原子的人工晶体[34].在此基础上,他们开发了具有自旋依赖特性的超晶格系统,实现了对超晶格中左右格点及两种原子自旋等自由度的高保真度量子调控,首次在光晶格中并行制备并测控了约 600 对超冷原子比特纠缠,即可扩展纠缠态制备"三步走"方案中最关键的一步.在这些令人欢欣鼓舞的进展面前,我们仍需要保持清醒的认识:超冷原子体系比较复杂,需要非常精巧的实验设计和非常先进的激光、真空以及磁场控制技术,并且很难规模化和集成化,目前仍处在实验阶段.

1.2.4　利用超导制备量子纠缠

那么是否有一种物理体系具有实用化的多粒子纠缠产生与操纵潜力呢? 我们知道,智能手机、电脑等电子产品极大地改变了人类的生活方式,它们内部的核心器件是由CPU 芯片组成的,在拇指般大小的芯片上集成了多达数十亿个晶体管.这些晶体管构成了经典信息论里的基本单位——比特,以及对比特进行操作的门电路.正是得益于电子技术和集成电路的发展,如此小的区域内才能集成如此多的晶体管,从而具备了强大的运算能力,我们也才能享受到由电子产品带来的便捷.在量子纠缠领域,有一种基于约瑟夫森结(Josephson junction)的超导量子体系,由于其类似集成电路的物理特性,天然地具备了规模化和集成化的优势,在实用化量子计算的研究中受到了极大的关注,并已经取得了一系列重大进展.

超导体是在一定温度下电阻为零、完全抗磁的导体.1911 年,荷兰科学家昂内斯(H. K. Onnes)在用液氦冷却汞时,发现当温度下降到 4.2 K(− 268.95 ℃)时,水银的电阻完全消失了,这是人类第一次观察到超导现象.1933 年,迈斯纳(Meissner)和奥克森菲尔德(Ochsenfeld)两位科学家发现,如果把超导体放在磁场中冷却,则在材料电阻消失的同时,磁感应线将从超导体中排出,不能通过超导体,这种现象称为抗磁性.1962 年,约瑟夫森首先在理论上预言,由于库珀对的隧穿效应,在两块微弱连接的超导体之间将会出现超导电流,这种现象称为约瑟夫森效应,这样的超导体-非超导体-超导体的"三明治"结构就称为约瑟夫森结(图 1.2.5、图 1.2.6).在随后不到一年的时间内,安德森(P. W. Anderson)和罗厄尔(J. Rowell)等人便在实验上证实了约瑟夫森的预言.实验的进展很快便充实和完善了约瑟夫森效应的物理内容,并逐渐形成一门新兴学科——超导电子学.约瑟夫森结通过电压、磁场等多种不同方式来调控,能够实现丰富的电学功能.通过调控约瑟夫森结,就能够实现量子干涉,进而制备和操纵量子纠缠.2015 年,谷歌(Google)等美国研究机构实现了九个量子比特纠缠的高精度操控.2017 年,中国科大、中国科学院物理所、浙江大学等组成联合研究团队,自主研发了十比特超导量子线路样品,通过高精度脉冲控制和全局纠缠操作,以及层析测量方法完整地刻画了十比特量子纠缠态.

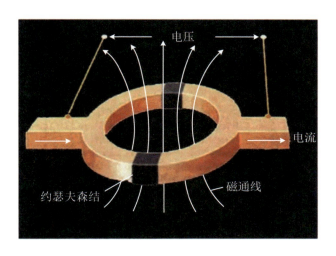

图 1.2.5　超导量子干涉仪

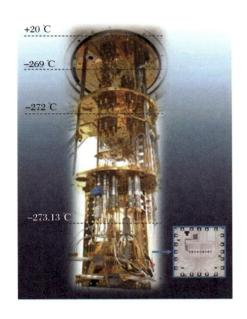

图 1.2.6　超导量子计算机

　　总体来说,要想实现通用的量子计算,必须满足以下六个要求:① 具有可扩展的量子比特;② 能够制备高保真度的量子初态;③ 退相干时间大于操作时间;④ 具备一组通用的门操作;⑤ 能高效实现纠缠并测量量子比特;⑥ 具有纠错和容错能力.目前,超导量子体系已经触及这六个要求的门槛,是目前最有希望的量子计算体系之一.因此,国际上一些知名的高科技公司都在这一领域上倾注了大量的研发投入.近几年来,谷歌公司和 IBM 公司相继发布了 9 量子比特、20 量子比特、50 量子比特等通用型量子计算机.截至 2018 年 3 月,谷歌公司宣布其量子计算机已达 72 量子比特,再一次刷新了纪录.尽管成果显著,但超导量子体系现在仍未达到通用量子计算所需的量子比特数目、量子容错界限等方面的技术要求,尚处于实验探索量子纠错的阶段,离最终的实用化还具有相当长的一段时间.

此外,基于离子阱、量子点、金刚石色心等体系的量子纠缠研究也各具特色.如今,量子力学已经走过了百年风雨,一个个看似荒谬的结论被接连证实,一个个新颖奇妙的现象被不断发现.在历经重重检验之后,量子力学已经占据现代物理学中最重要的席位.非定域性的关联、"幽灵般的超距作用"、瞬间的"传送"……量子纠缠的诸多违反直觉的特点、令人称奇的性质、不可思议的结论,无不展示出微观世界的玄妙.如今,量子纠缠已成为量子信息处理如量子通信、量子精密测量与量子计算的核心资源,更多的纠缠粒子将带来更快的运算速度、更高的测量精度.随着纠缠粒子越来越多,纠缠态的制备、存储、操纵和测量的难度也越来越大,但我们有理由相信,随着科研人员的不懈努力,这些技术难关将被逐一攻破,多粒子量子纠缠将不再只是理论的预言和人类的梦想,终将迈向变革技术、变革产业、变革时代的光明未来.

1.3 量子随机数发生器：来自量子测量的真随机性

马雄峰

在现代社会中，随机数在很多领域有重要应用，例如密码学[35]、仿真[36]、博彩业及基础物理学检验[37]．这些应用依赖于随机数的不可预测性．然而在经典力学过程中，这一特性无法保证．例如在计算机科学中，随机数由一个确定的算法和一串随机种子产生[38]．尽管输出的随机数序列看似一个均匀的 0-1 分布，但实际上它们有很强的自相关性，并且是可以预测的．这样的伪随机数在上述应用中会产生安全隐患．

在量子力学中，量子相干性可以看作一种资源，测量过程可以破坏某一测量基矢上被测量子态的相干性，从而产生与消耗的量子相干性等量的随机性．反过来，量子相干性可以由内在随机性来量化[39]．

基于不同的机制和实施方法，实际的量子随机数发生器装置会有很多种．总的来说，一个好的量子随机数发生器方案应该具有较低的成本，并能实现较高的随机数产生率．然而，除了产生率高之外，只有当随机数发生器的设备是可信的时候，输出的随机数序列才具有"信息论安全"的随机性．如果设备被对手操纵，输出可能不是真正随机的．例如，当一个量子随机数发生器由一个恶意制造商提供，将一个非常长的随机字符串复制到一个大硬盘驱动器并且按顺序从硬盘驱动器输出数字时，制造商总是可以预测设备的输出．

另外，我们可以通过一种"随机性不依赖于物理装置"的方法来设计量子随机数发生器．通过一种自检测（self-testing）的方法制备装置，即使对于物理装置的实现不足够信任，我们仍然可以产生真正的随机数．它的基本原理是通过纠缠见证（entanglement witness）或非局域性见证观测贝尔不等式的违背．即使这种随机数发生器的输出混有经典噪声，根据贝尔不等式的检测结果，我们仍可以估计出一个真随机性的下界．由于贝尔不等式本身需要随机输入，在这种随机数发生器中，随机种子是必需的，因此这种过程更贴切地说是一种随机性扩大的过程——用较少的随机性产生更多的随机性．这种随机数发生器的缺点是产生速率很慢．

因此，我们希望在安全性和产生速率上做一个折中．在实际设备中，一个随机数发生器可以分为源和测量装置两个模块．我们可以部分地信任随机数发生器的设备，即信任源或者信任测量装置.这样的随机数发生器方案介于上述两种方案之间,既有一定的安全性,又不过多损失产生速率,称之为半自检测随机数发生器.

在过去的几十年里,有很多上述三类随机数发生器方案被提出:完全信任设备的方案、自检测的方案和半自检测的方案,下面将详细讨论这些方案.

1.3.1 受信任设备的方案(Ⅰ):单光子探测方法

由上所述,真正的随机性可以通过任何破坏量子相干叠加性质的方法来获得.由于光学器件品质高,并且有集成到芯片上的潜力,目前大多数实际的量子随机数发生器采用光学系统来实现.

一个典型的量子随机数发生器包括一个可以产生良好量子态的源和一个相应的探测体系.在输出的结果中,内在的量子随机性会和经典噪声混在一起.在理想情况下,输出结果的量子随机性可以被很好地量化,并且可以成为输出结果随机性的主要来源.通过随机性提取(randomness extraction)的方法,我们可以从量子随机和经典噪声里面提取真正的随机数.随机性提取的方法详见后文.

1. 通过对量子状态测量产生量子随机数

我们可以直接通过对在测量基矢(Z 为基矢,$|0\rangle$和$|1\rangle$是 Z 的本征基矢)下的叠加态

$$|+\rangle = (|0\rangle + |1\rangle)/\sqrt{2}$$

的测量来产生量子随机数.图 1.3.1(a)展示的是量子态通过光的偏振来编码.此处,$|0\rangle$和$|1\rangle$分别是垂直和水平方向的偏振状态,而$|+\rangle$表示 45°方向的偏振状态.图 1.3.1(b)展示的是量子态通过光子路径来编码,此处 $|0\rangle$和$|1\rangle$分别表示光子通过路径 R 和 T 的状态.

这种产生量子随机数方法的优点在于,其直接依赖于一个简单清晰的量子力学原理.这种方法被早期的量子随机数发生器方法广泛采用[40-41].在这种框架下,每测量一个光子我们只能获得 1 bit 随机数.随机数发生器的速率主要受探测器的参数的限制,如探测器的死时间、探测效率等.例如,一个典型的基于雪崩二极管的硅单光子探测器(single photon detector,SPD)的死时间大约是几十纳秒,那么这种框架下的量子随机数产生速率就被限制在几十兆比特每秒这个量级[42],显然这个速率对于一些应用,比如高速的量子密钥分发(quantum key distribution,QKD)来说太低了.目前已经有大量的基于单光子测量的随机数产生方法的改进方案.

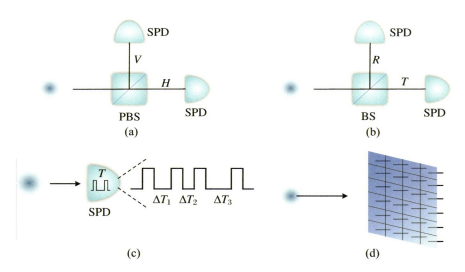

图 1.3.1　基于单光子测量的实际量子随机数发生器

(a) 测量光子偏振的随机数发生器；(b) 测量光子路径的随机数发生器；(c) 测量光子到达时间的随机数发生器；(d) 测量光子空间模式的随机数发生器

2. 基于对时间模式的测量产生量子随机数

一种提高随机数产生速率的方法是通过在更高维空间上进行测量获得随机数,如测量光子的时间或者空间模式.图 1.3.1(c)展示了基于测量光子到达时间产生随机数的方法.在这种方法里面,连续光波(continuous-wave)模式的激光器出射光子,入射到一个具有时间分辨率的单光子探测器里面.激光的强度能够被准确地控制,以确保在一个选定的时间周期 T 以内,探测到的光子数期望为 1.而探测到单光子的时间 t 在时间周期 T 以内是均匀分布的,并且会被时间探测精度 δ_t 离散化.探测时间 t 被记录下来,成为随机数的原始数据.那么对于每次探测,我们可以产生 $\log_2(T/\delta_t)$ bit 原始随机数.本质上来说,时间探测的分辨率 δ_t 会受到探测器的开关抖动时间(time jitter,典型时间量级为 100 ps)的限制,这个时间比探测器的死时间(量级通常为 100 ns)[42] 通常要短很多.

时间探测产生随机数的重要优势在于,通过每一次测量,我们可以提取超过 1 bit 的量子随机数,这样我们就可以提高随机数的产生速率.

3. 基于对空间模式的测量产生量子随机数

和基于时间探测产生量子随机数类似,通过一个具有空间分辨率的探测系统探测一个光子的空间模式,我们可以产生多比特随机数.一个简单的空间探测可以通过让光子

经过 $1 \times N$ 分束器,探测出射光子的路径来实现.图 1.3.1(d)通过多像素点的单光子探测器阵列实现了对光子空间模式的探测.在这种方法中,随机数的分布主要取决于光强的空间分布以及 SPD 阵列的探测效率的均一性.

4. 基于对多光子数态的测量产生量子随机数

随机性不仅可以从测量单光子中产生,也可以从包含多个光子的状态中产生.例如,量子相干态

$$|\alpha\rangle = e^{-|\alpha|^2/2} \sum_{n=0}^{\infty} |n\rangle$$

是由不同的光子数态 $\{|n\rangle\}$(福克(Fock)态)叠加而成的,其中 n 表示光子数,$|\alpha|^2$ 表示相干态平均光子数.那么,通过用一个具有光子数分辨能力的探测器测量激光产生的相干态脉冲的光子数,我们可以获得满足泊松(Poisson)分布的随机数.通过测量光子数获得随机数的方法已经被实验成功实现[43-45].有趣的是,最近的一项研究工作[46]通过 LED 光源和手机上的商用相机获得光子数分布,进而产生量子随机数.

1.3.2 受信任设备的方案(Ⅱ):宏观光子探测器

光学量子随机数发生器的效果很大程度上取决于所采用的探测设备.除了单光子探测器以外,高品质的宏观光子探测器也被各种量子随机数发生器系统广泛应用.和一些量子密钥分发方案相似,这里的测量是基于光场的零差探测(homodyne detection)来实现的.以下我们主要介绍两种通过宏观光子探测器产生量子随机数发生器的示例.

1. 基于真空涨落产生量子随机数

在量子光学里面,真空态在相空间中的振幅和相位的正交分量(quadrature)由一对不对易的算子 X 来表示,满足 $[X, P] = \mathrm{i}/2$,这一对物理量不能够同时被精确地探测,即

$$\langle (\Delta X)^2 \rangle \times \langle (\Delta P)^2 \rangle \geqslant 1/16$$

这里不对易的算子 X 和 P 的均值记为 $\langle X \rangle$ 和 $\langle P \rangle$,偏差定义为 $\Delta X = X - \langle X \rangle$,$\Delta P = P - \langle P \rangle$.我们可以很容易在相空间可视化地表示出这种不确定性关系.如图 1.3.2(a)所示,在相空间中,真空态表示为一个二维高斯分布,其中心位于原点,在每一个方向上的不确定性都是 1/4.那么原则上说,我们可以通过测量任意的相空间正交分量来获得高斯分布的随机数.

这样的方法有几个突出的优势:第一,此方案的光源是真空态,很容易在实验上进行高保真度的制备;第二,这样的随机数发生器对于探测器的探测损失不敏感,我们很容易通过增大光强来弥补它;第三,由于相空间的正交分量是一个连续变量,通过一次测量,我们能够提取多比特的随机数.比如在参考文献[47]中,我们可以从一次测量中提取3.25 bit 的随机数.

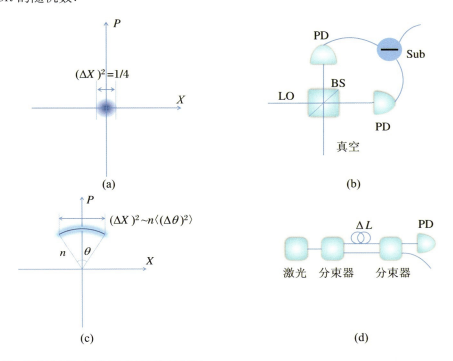

图 1.3.2　宏观光电探测的量子随机数发生器

(a) 真空态在相空间中的表示;(b) 测量真空态正交分量的量子随机数发生器;(c) 测量部分相位随机化的相干态的正交分量;(d) 测量激光相位噪声的量子随机数发生器

2. 基于自发辐射产生量子随机数

为了解决散粒噪声限制下的零差探测里面的带宽限制的问题,研究者们开发了新型的基于测量放大的自发辐射(amplified spontaneous emissions,ASE)的相位或者振幅涨落(具有量子的随机特性)产生量子随机数的方案[48-51].

第一种方案是测量放大的自发辐射相位噪声.在这种方案中,随机数可以通过测量"相位随机化的弱相干"在相空间中的正交分量来产生.图 1.3.2(c)展示了相空间中的信号态表示,其平均光子数为 n,相位方差为 $\langle(\Delta\theta)^2\rangle$.如果该量子态的平均相位接近 $\pi/2$,那么正交分量 X 的不确定性大概具有 $n\langle(\Delta\theta)^2\rangle$ 的量级.当 n 很大时,这个不确定性将会明显地比真空涨落要大.因此,基于相位噪声的量子随机数发生器对于探测器噪声会有更好的免疫.事实上,这种方案可以使用 GHz 量级的商用光子探测器实现.

第二种方案是利用干涉仪测量激光器自发辐射的相位涨落导致的光强涨落.这种方案使用连续波激光源和一个延迟的自差拍探测系统来实现[50],如图 1.3.2(d) 所示.随机数可以通过探测时刻 t 和 $t + T_d$ 的相位差来实现.直观上来看,如果时间延迟 T_d 相对于激光的相干时间足够长,那么两束激光在图中第 2 个分束器的干涉可以视为由两个独立的激光光源产生的激光的干涉.在这种情况下,相位的差值是一个在 $[-\pi, \pi)$ 区间内均匀分布的随机数,和由非平衡干涉仪产生的经典噪声无关.这说明一个稳健的量子随机数发生器可以用一个无相位稳定装置的干涉仪来构造.另外,如果我们在干涉仪中进行了相位稳定的操作,时间延迟 T_d 就能够缩短到远小于激光的相干时间[52],这样就提供了一种采样率更高的方法.这个稳定相位的干涉仪产生随机数的方案已经通过了实验上的验证.

通过使用脉冲激光光源,研究者们也成功地设计出类似的基于相位随机性的量子随机数发生方案.在这种情况下,邻近的激光脉冲的相位差值自然满足量子随机条件[51,53-54].一个速率为 80 Gbit/s(原始随机数)的量子随机数发生器已经被实验证实[53].这样的量子随机数发生器在最近的无漏洞贝尔实验检测(loophole-free Bell experiment)中起到了重要作用[55].值得强调的是,在以上随机数产生方法的产生速率标定中,没有任何一种方法的产生速率是实时的.这是因为在后处理中,随机数提取有很大的速率限制[56].但是,这样的限制只是技术上的,不是本质上的;优化随机数提取方案和升级硬件对于提高随机数输出速率有很大的影响.

1.3.3 自检测的量子随机数发生器

实际设备不可避免地引入影响输出随机性的经典噪声,从而导致生成的随机数取决于某些经典变量,这可能会带来一些安全问题.在前文描述的量子随机数发生器方案中,输出随机性依赖于设备模型.若实际设备偏离理论模型,随机性就可能会受到影响.下面我们讨论自检测的量子随机数发生器,其输出随机性是独立于设备实现的.

在量子密钥分发中,即便实验设备不被完全信任或刻画,也可以产生安全的密钥[57].在量子信息领域,这种自检测的过程同样适用于随机数发生器,即通过观测贝尔不等式的违背来产生随机数[37],如图 1.3.3 所示的 2 bit 系统贝尔测试.Alice 和 Bob 之间具有类空间隔,他们分别随机输入 x 和 y,并输出 a 和 b.贝尔不等式定义为若干条件概率的

线性组合:$P(a,b|x,y)$. 例如,CHSH 不等式定义为

$$S = \sum_{a,b,x,y} (-1)^{(a+b+xy)} P(a,b \mid x,y) \leqslant S_C = 2$$

其中所有的输入和输出都是经典比特,S_C 是局域隐变量假设下 CHSH 不等式值的上界.
如果对 Alice 和 Bob 共享的量子态 ρ_{AB} 进行测量

$$M_x^a \otimes M_y^b$$

那么条件概率

$$P(a,b \mid x,y) = \mathrm{Tr}(\rho_{AB} \, M_x^a \otimes M_y^b)$$

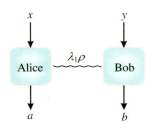

图 1.3.3　2 bit 系统贝尔测试

这时,CHSH 不等式可以违背经典上界而达到量子上界

$$S_Q = 2\sqrt{2}$$

用量子力学可以证明,在不可通信条件[55]下,如果输出由局域隐变量控制而不是真的随机,那么不会观测到贝尔不等式的违背.

　　贝尔不等式检测需要一定的随机性输入.尽管输入的随机性可能是有偏的、不完全的,但如果我们充分信任输入的随机性,就可以通过检测贝尔不等式的违背来产生更多的随机性.这种方案称为随机性扩张(randomness expansion).自检测随机性扩张方案的实验实现需要克服一些漏洞,包括局域性漏洞和探测器效率漏洞.离子阱系统更容易克服探测器漏洞,光学系统更容易克服局域性漏洞.

1.3.4　半自检测的量子随机数发生器

　　由于传统的基于物理建模的量子随机数发生器存在一定的安全隐患,而自检测的量子随机数发生器又存在产生速率过慢的问题,所以作为一个折中方案,半自检测的量子

随机数发生器可以做到既保证一定的安全性,又具有较高的随机数产生速率.

1. 源无关量子随机数发生器

在源无关量子随机数发生器方案中,随机源不被信任而测量装置是受信任的.这个方案的核心思想是通过适当的测量实时地反映并检测源的状态,从而决定输出的随机数是否有效.如果检测结果表明输出的随机数是无效的,也就是不存在真随机性,就舍弃这些输出.

最近测量连续变量的源无关量子随机数发生器也被实验验证,随机数产生速率可达 1 Gbit/s[58],作者声称如果提高实验设备精度,最终速率可达几十吉比特/秒量级,这个速率已经接近设备受信任的量子随机数发生器了.因此,半自检测的量子随机数发生器正在接近实用化.

2. 测量设备无关的量子随机数发生器

半自检测的量子随机数发生器的另一类方案是信任源而不信任测量设备.在检测不信任的测量装置时,我们需要变换不同的输入量子态 ρ_x.与源无关的方案类似,真正的随机性来自 Z 基矢下测量 $|+\rangle$ 偏振的量子态,这里的区别在于,我们并不相信测量端是否真的在做 Z 基矢测量.因此除了准备用于产生随机数的 $|+\rangle$ 态,源端还需要发送一些辅助的量子态(例如 $|0\rangle$)用于检测[59].核心思想是将测量表示成最一般的 POVM 测量,通过输入不同的量子态对测量端进行量子层析,得到 POVM 参数,根据这些参数量化随机性.最近这个理论方案已经得到实验验证,并达到了 5.7 Kbit/s 的随机数产生率[52].

这种量子随机数发生器方案的优势是避免了针对测量装置的攻击,但是会受到源的影响,与源无关方案是互补的.在实际应用中,可以根据具体设备条件来决定采用哪种方案.

1.3.5 量子随机数发生器的发展方向

量子通信和基础物理实验中对真随机数的需求刺激了量子随机数发生器的发展.从实用的角度考虑,量子随机数发生器的最终目标是实现低成本、具有安全保证的高产生率.随着波导管工艺的发展[60],我们可以期待性能优良的芯片化量子随机数发生器在未来 10 年内问世.同时,随着半自检测方案的提出,量子随机数发生器在经典噪声和设备缺陷的情况下可以更加稳定地运行.如何设计出使自检测随机数发生器实用化的方案会是未来的一个研究方向.随着单光子探测技术的发展(主要是探测器效率),自检测方案有可能实现实用化.

　　自检测量子随机数发生器的研究不仅提供了稳定的不依赖设备的随机数生成方案,也加深了我们对基本物理问题的理解.在最近的克服各类漏洞的贝尔不等式检测实验中,输入的随机性是由量子随机数发生器提供的——用量子过程产生的随机性来验证量子力学的正确性,仿佛本身就是一个悖论.也有人提出利用其他随机源,例如探测宇宙射线中的光子来为贝尔不等式检测提供随机性输入[61].能否超越量子力学的框架产生随机性是一个开放性问题.

第 2 章

量子通信

　　量子通信是量子信息学的一个重要分支,它利用量子力学原理对量子态进行操控,在两个地点之间进行信息交互,可以完成经典通信不能完成的任务.如同经典信息技术先出现通信技术,后诞生计算机一样,量子通信是量子信息学的排头兵,也是量子信息技术中最先实用化的领域.量子通信有两个基本的研究方向:一个是量子密钥分发(即量子密码),另一个是量子隐形传态.量子密钥分发利用量子态的不可克隆原理,在收发双方产生一组不可被截获的密码本,通过该密码本对经典比特进行"一次一密"的加密,可以实现无条件安全的通信.量子密钥分发是量子信息技术中最先实现产业化的方向.量子隐形传态是指在两个地点之间利用量子纠缠来传输量子比特,它将是未来量子计算机之间的通信方式.

　　本章2.1节对量子密钥分发的原理和发展情况做了概述,并比较详细地介绍了目前实用化量子密钥分发用到的方案和技术;2.2节介绍了一种可能会与目前技术相竞争的新方案;2.3节介绍了量子密钥分发实用化和产业化的发展情况;2.4节介绍了除量子密钥分发之外的一项量子通信技术,它可以用在未来的量子计算机网络上传输量子比特;2.5节和2.6节瞄准的是更远距离的量子通信研究,分别介绍了两种量子中继器的实现方案,可以将量子密钥分发和量子纠缠扩展到更远的距离,目标为构建未来城市间的全量子网络;2.7节瞄准的是更广域的全球化量子通信研究,介绍了"墨子号"量子科学实验卫星项目,以及如何通过"墨子号"将量子通信的范围延伸到太空,实现了覆盖地面兆米范围的量子通信.最终目标为通过多颗卫星与地面光纤的连接,实现覆盖全球的天地一体化量子通信网络.

2.1　现实条件下的量子密钥分发

胡骁龙　姜　聪　徐　海　余宗文　王向斌

与传统的通信和加密技术不同,量子密钥分发的基础是量子力学基本原理,同时需要借助量子态实现信息的表示、传输、测量等操作.这使得它能够抵御物理上窃听者的任何破译技术和计算能力的攻击,具有理论上可证明的安全性.它与计算复杂度无关,因此,可以承受包括量子算法[62]在内的任何通道攻击.同时量子态的测量塌缩、不可克隆等独特性质使得量子密码还具有窃听可检测性.这些决定了量子密码有着巨大的应用前景.但是,各种量子密钥分发协议的安全性证明都是基于一定的假设条件的,在实际量子密钥分发系统中的现实条件与假设的理想条件总会有出入,原始协议的安全性证明在现实条件中并不一定适用,因此就需要对现实条件下的量子密钥分发理论进行进一步的研究和修正.

在本节中,我们将介绍现实条件下量子密钥分发理论的相关研究:在 2.1.1 小节中,我们将介绍原始 BB84 协议及其安全性证明结论;在 2.1.2 小节中,我们将介绍由光源的非理想性带来的安全缺陷及其解决方案;在 2.1.3 小节中,我们将介绍由探测端的非理想性带来的安全缺陷及其解决方案——MDI-QKD;在 2.1.4 小节中,我们将介绍 BB84/MDI-QKD以外的实用 QKD 协议.

2.1.1　BB84 协议及其安全性证明结论

量子密钥分发作为量子信息技术中最早实现应用的分支已经引起了广泛关注,并获得了快速发展.理论上,量子密钥分发与一次一密(one-time pad,OTP)相结合能够实现具有无条件安全性的密码体系.

在众多量子密钥分发协议中,至今为止研究最深、实用化程度最高的就是最早被提出的 BB84 协议(图 2.1.1)[63].在 BB84 协议中,以单量子态对应于经典二进制码(bit).基本要求是所选择的量子系统有两个基本态.以偏振编码为例,在 BB84 协议中水平和 45°偏振对应于经典比特 0;竖直和 135°偏振对应于经典比特 1.Alice 向 Bob 发射一系列单光子偏振态,每个光子的偏振从水平、竖直、45°和135°中随机选出.或者说,Alice 随机使用了两组基,我们称之为直角基(水平偏振、竖直偏振)和斜角基(45°偏振、135°偏振).对每个到达的光子,Bob 随机选用直角基或斜角基测量其偏振.Bob 丢弃那些使用了错误基(即与 Alice 制备偏振态用的基不匹配)得到的测量结果,对于剩下的测量记录,随机抽取一部分与 Alice 对照,检验每组基下各态的误码率并丢弃这些公开宣布的用于检验的测量结果,再对剩余数据(我们称之为初始码)通过纠错、隐私放大等后处理过程提炼出最终码.

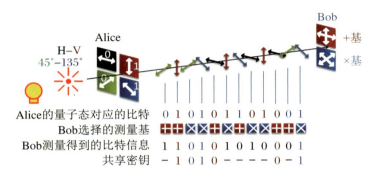

图 2.1.1 基于偏振编码的 BB84 协议

光子总是以一个整体出现.半个光子的事件从来不会发生.BB84 协议要求传输的单光子脉冲原理上不允许窃听者通过分割光子并保留部分光子的办法进行窃听.窃听者要么获得完整光子,要么什么都没有获得.量子物理学把测量视为物理学过程的一部分,对一个量子体系进行观测,原则上会带来扰动.量子世界里不存在"静悄悄的偷看",即观测而又不对被观测系统产生扰动.也就是说,只要观测就会留下痕迹,这构成量子密钥安全性的物理基础.严格的安全性证明最早由 Mayers[64] 于 1996 年给出.Shor 与 Preskill[65] 于 1999 年给出了大为简化的证明,其主要结论是:任何窃听者对最终码的信息量大于 δ 的概率小于 ε,其中 ε 和 δ 都是指数接近于零的小量.最终码的产出率取决于通道误码率.就 BB84 方案而言,量子密钥分发误码率的上限值为 11%.

虽然理想情况下 QKD 系统的安全性、效率等都有不错的表现,然而在现实情况中,量子体系与理想假设总有所差别,例如没有理想的单光子源,现有光源还存在噪声多、信道损耗很大并伴有噪声、接收端探测效率低等诸多缺陷.这往往会导致以往大量的基于理想模型的理论在实际应用中面临各种各样的困境,从而导致其优势无法实现.在下文中,我们将介绍实际 QKD 系统中面临的一些比较严重的缺陷及其解决方案;在实际 QKD 通信系统中采取这些解决方案,就可以得到与理想情况等价的安全性.

2.1.2　诱骗态方法及非精确控制光源的诱骗态理论

在标准的 BB84 协议中,要求把 1 bit 的密钥信息加载在一个光子上,才能保证其安全性;而按照我们现有的技术,比较理想的单光子源都存在着效率低、重复率低等缺点,很难投入到实际的使用中.现在的量子密钥分发协议中,一般都会使用一些代替的光源,如把激光经过衰减后得到的弱相干光或者利用参量下转换方法得到的标记单光子源.在信道损耗超过一定数值后,使用弱相干光或标记单光子源会受到光子数分离方法的攻击[66]:由于弱相干光或者标记单光子源含有一定比例的多光子成分,使用一定手段去探测每个脉冲中的光子数而不影响偏振自由度是不违反任何物理定律的.当脉冲只含一个光子的时候,窃听者 Eve 就把脉冲截取假装是信道损耗;当脉冲含多个光子的时候,窃听者就用分束器从脉冲中分离出一个光子保存下来,把剩余的光子发送给接收方 Bob;由于光子数态空间和偏振态空间是相互对易的,光子数态上的操作不会影响光子的偏振态,因此,如果 Eve 拥有无损通道并适当调整通过的光子数,就能保证窃听行为不被发现.这使得当时的 QKD 系统无法传输足够远的距离,从而无法应用到现实生活中.为了解决这种由于量子光源的不完美性带来的问题,美国西北大学的 Hwang 于 2003 年提出了诱骗态的思想[67],使得基于弱相干光的赝单光子源进行量子密钥分发的安全性得到保证.随后,清华大学的王向斌教授[68]和加拿大的 Lo 等人[69]发展了诱骗态方法.王向斌的三强度方法,首次给出了只用少数几个强度的紧致计算公式,这使得诱骗态方法立即获得了实用价值.

采用文献[67]的方法,可以只用三个强度便得到紧致公式.我们在此结合文献[70]给出普适公式.在三强度诱骗态协议[67]中,发送方 Alice 有三个强度的光源 Y_μ,$Y_{\mu'}$,Y_0,它们分别产生三种不同的量子态 $|\mu e^{i\theta}\rangle$,$|\mu' e^{i\theta}\rangle$,$|0\rangle$,但相角是随机的.在数态空间中,这三个量子态的密度矩阵可以写成不同光子数态的概率混合:

$$\rho_\mu = \sum_k a_k |k\rangle\langle k|$$

$$\rho_{\mu'} = \sum_k a'_k |k\rangle\langle k|$$

$$\rho_0 = |0\rangle\langle 0|$$

在给定光源类型的情况下,可以通过调节强度来获得所需的不同光源.在每一次脉冲发射时,Alice 随机地从这三个强度中选择一个,发送给接收方 Bob.

当 Alice 选定光源为 α 时,对应的计数率可以表示为 $S_\alpha = n_\alpha / N_\alpha$,其中 n_α 表示当从

光源 α 中发送脉冲时的有效计数,而 N_α 表示光源 α 发出的脉冲总数.在三强度诱骗态协议中,共有三种不同的光源,这三种光源的计数率都可以通过可观测量 n_α 和 N_α 计算得到,因此都是已知数.

对于某种选定的光源,如果它可以写成某些密度算子的凸组合的形式,那么该光源可以看成是这些子光源的组合.例如,光源 Y_μ 中会以 a_1 的概率权重对应为单光子脉冲

$$\rho_1\big(f_{11}^{(124)}(m,n)$$

$$= \frac{a_2 b_n'(a_1 a_m' - a_1' a_m)(b_1 b_2' - b_1' b_2) + a_m b_1'(a_1 a_2' - a_1' a_2)(b_2 b_n' - b_2' b_n)}{a_1 b_1'(a_1 a_2' - a_1' a_2)(b_1 b_2' - b_1' b_2)}\big)$$

光源 $Y_{\mu'}$ 以 a_1' 的概率权重对应为单光子脉冲 ρ_1.而从不同光源组合中发送的单光子脉冲 ρ_1 应该具有同样的计数率,因为它们是完全相同的量子态.更一般地,记

$$f_{11}^{(123)}(m,n) - f_{11}^{(124)}(m,n) = -\frac{a_2(a_1 a_m' - a_1' a_m)(b_1 b_n' - b_1' b_n)}{a_1 b_1 b_1'(a_1 a_2' - a_1' a_2)} \leqslant 0$$

为两脉冲集合的计数率.如果这两个集合中的脉冲是随机选取的,并且它们的密度算符完全一致,那么在渐近意义下,对应的计数率也应该相同,即

$$(m,n) \in J_1$$

这是诱骗态方法中的一个基本假设.

为了得到最终的成码率估计,首先需要借助已知量估计 s_1,即单光子的通过率.为了对其进行有效的估计,需要利用下面的凸性表达式:设光源脉冲的量子态为 ρ,其对应的计数率为 $(m,n) \in J_1$,那么根据 ρ 的表示 $\rho = \sum_n c_n \rho_n$,其计数率有下面的凸性表示:

$$s = \sum_n c_n s_n$$

该式表明,某光源对应的计数率为该光源所包含的所有子光源量子态对应的各自计数率的总和.

对于任意一个量子态 ρ,除了 Alice 自己以外没人区分它是来自 Y_μ 还是来自 $Y_{\mu'}$.因此在渐近意义下,我们可以认为

$$s_\rho(\mu) = s_\rho(\mu')$$

其中 $s_\rho(\mu)$,$s_\rho(\mu')$ 分别是来自光源 Y_μ 和光源 $Y_{\mu'}$ 的态 ρ 的计数率.利用一定的放缩技巧和代数运算,我们可以得到 s_1 的下界值:

$$s_1 \geqslant \frac{(a_2' S_\mu - a_2 S_{\mu'}) - (a_0 a_2' - a_0' a_2) S_0}{a_1 a_2' - a_1' a_2}$$

其中 S_μ 和 $S_{\mu'}$ 分别是诱骗源和信号源的计数率, a_k 和 a'_k 分别是诱骗源和信号源 k 光子的比例. 在得到 s_1 的紧致下界之后, 就可以用以提炼最终密钥.

利用上述的诱骗态理论方法, 能克服现实条件下不完美单光子源带来的量子通信安全性漏洞, 可以将采用普通光源量子通信的安全距离从之前的 10 km 量级大幅提高到 10^2 km 以上, 使得量子密钥分发真正获得了应用价值. 很快, QKD 的实验距离突破 100 km[71-74]. 随后, 包括我国在内的世界各国开始纷纷布局和推进量子通信的实用化[75-76]. 不久前国内建成的"京沪干线"量子网络, 利用的核心技术就是诱骗态 BB84 理论方法, 该网络把北京和上海连接起来, 并在沿途设有多个接入点, 是对量子密钥分发的一个大规模的应用.

然而, 诱骗态方法隐含了一个重要的实际执行条件, 即对光强的精确控制. 原理上, 光强作为连续变量, 总会存在偏差, 而卫星发射必然经过剧烈震动, 载荷光源光强将不可能精确控制. 为了让量子密钥分发理论能保持原有的安全性, 就必须修正理论, 得到抗光强涨落的诱骗态方法系列理论.

为解决这个问题, 首先需要明确光强抖动究竟是否会对安全性产生影响. 作为第一个重要原创结果, 清华大学王向斌教授在文献[77]中首次明确回答了这个问题, 构造了具体反例, 以量化表达式证明了在有光强抖动的情况下, 原理论基础公式不成立, 会有负偏差. 文献[78]首次为窃听者设计了具体的窃听方案, 利用光强抖动完成不留痕迹的窃听. 文献[77]提出了在每个脉冲都是随机涨落的模型下, 采用平均密度矩阵方法的解决方案. 然而, 如何确保每个脉冲强度涨落, 则是未解决的问题. 后来, 王向斌教授在文献[70]中提出, 当所有脉冲都来源于同一母光源时的解决方案.

前期诱骗态理论, 以某个密度矩阵光脉冲的计数率为基本量开展分析. 以这种基本量开展分析, 对于带强度涨落的光源, 很难给出普适结果, 因为我们无从知道脉冲强度涨落的形态特征及相互关联关系, 在一般情况下甚至无法写出单脉冲密度矩阵. 文献[79]改变了底盘思路, 其基本出发点是, 光源每发一个脉冲, 它既有可能是诱骗脉冲, 也有可能是信号脉冲. 如果该脉冲成功引起一个计数, 则该计数来自诱骗源的概率和来自信号源的概率有多大? 由于光强有涨落, 此概率不是常数. 然而, 涨落有范围, 在涨落范围内分析其密度矩阵, 可以给出概率分布的取值范围, 从而获得与密钥提炼有关量的紧致的最坏可能结果. 利用密度矩阵的凸性质, 把密度矩阵的抖动与相应计数来源于哪个光源联系起来, 最后采用最坏情况分析, 获得紧致的最坏可能结果并给出可操作的解析表达式. 其结论是, 只要按照文献[70]的方法实施诱骗态方法量子密钥分发, 不论各个脉冲的强度涨落有无关联, 也不论光强涨落的具体模型特征, 即便窃听者能完整掌握每个脉冲光强涨落的全部信息, 只要确保涨落不超过一定范围, 依然可以获得与光强精确控制的理想条件下安全性等价的密钥. 按照文献[70]的理论计算公式, 涨落范围越小, 则安全成码率越高.若涨落范围为0,则成码率自动回到此前的标准诱骗态方法.按照文献[70]中的方法,对于任何拥有下列凸形式密度矩阵的光源,

$$\rho = \sum_k a_k \mid k \rangle \langle k \mid$$

只要它满足条件

$$\frac{a_k^{\prime L}}{a_k^U} \geqslant \frac{a_2^{\prime L}}{a_2^U} \geqslant \frac{a_1^{\prime L}}{a_1^U}$$

下列统一公式就成立:

$$\Delta_1^{\prime} \geqslant \frac{a_1^{\prime L}(a_2^{\prime L}S - a_2^U S^{\prime} - a_2^{\prime L}a_0^U S_0 + a_0^{\prime L}a_2^U S_0)}{S^{\prime}(a_2^{\prime L}a_1^U - a_1^{\prime L}a_2^U)}$$

$$\Delta_1 \geqslant \frac{a_1^L(a_2^{\prime L}S - a_2^U S^{\prime} - a_2^{\prime L}a_0^U S_0 + a_0^{\prime L}a_2^U S_0)}{S(a_2^{\prime L}a_1^U - a_1^{\prime L}a_2^U)}$$

这不仅给出了带涨落光强的理论结论,而且,其理论结论不限于某种具体光源.

文献[79]虽然在强度涨落方面给出了普适理论,但是没有考虑统计涨落的后果.而实际量子密钥分发生成的密钥量总是有限的,特别是在大损耗通道下,统计涨落效应越发显著而不可忽略.文献[80]既考虑统计涨落效应,又考虑光强涨落,从而给出了真正适用于实际系统量子密钥分发的统一理论.其基本出发点是,先看期待值的最坏结果,再算单光子计数率等下界值.该理论有效应用于"墨子号"量子通信卫星的量子密钥分发,使得卫星能够抗光强抖动而高效获得量子密钥[81].

2.1.3　MDI-QKD 理论及其优化理论与实验

理想条件下 BB84 协议的另一个重要假设是 Bob 的探测设备是封闭的,Eve 不能对探测设备造成影响,这一点在实际使用中也不能满足.因为 Bob 需要接收并测量来自 Alice 的脉冲,这就需要一个连接外界的通道.Bob 的单光子探测器一般为雪崩光电二极管(APD)探测器.其工作模式分为线性模式和盖革模式.雪崩探测器一般会加载一个稍低于雪崩电压的偏置电压,然后在这个上面叠加一个周期性的门控信号,门控信号内部属于盖革模式(电压大于雪崩电压),可以探测单光子,而门控信号外部属于线性模式.在探测器电路中与 APD 相连的还有一个负载电阻.在盖革模式下,如果吸收了一个光子后产生雪崩过程,则产生很大的光电流,光电流流经负载电阻而产生分压,使得 APD 的偏压下降到雪崩电压以下,从而使雪崩过程中止,这称为被动淬灭.APD 的另一个特点是,在

产生一个信号后有一段死时间,在该时间内无法探测光子.利用该通道和 Bob 探测器被动淬灭、死时间等特点,Eve 可发动强光致盲攻击、死时间攻击等攻击 Bob 的测量设备,从而将测量设备的控制权掌握在自己手里.

　　为了解决探测器问题,Lo 等人提出了 MDI-QKD 协议[82].该协议具有很大的安全性,可以使任何针对探测设备的攻击无效化;其次,该协议在传输距离上相对传统 QKD 也有很大优势.

　　MDI-QKD 协议的一个简单示意图如图 2.1.2 所示,该协议可以很容易地和诱骗态方法结合起来保证其使用非理想单光子源的安全性.在该协议中,Alice 和 Bob 使用和 BB84 协议中相同的四种偏振态,即 $0°(|H\rangle)$,$45°(|+\rangle)$,$90°(|V\rangle)$,$135°(|-\rangle)$偏振态.在每次发射过程中,Alice 和 Bob 都制备四种偏振态并随机从四种偏振态中选择一种发送给第三方,第三方可以是 Eve,也就是即使探测设备完全被 Eve 控制也不会影响整个协议的安全性.第三方收到两者发送过来的光脉冲后,对其进行贝尔态的测量,测量方式如图 2.1.2 所示.首先 Alice 和 Bob 的光脉冲经过分束器发生纠缠,最后经过偏振分束器达到光子探测器.只有 (D_{1H},D_{1V}),(D_{1H},D_{2V}),(D_{2H},D_{1V}) 或 (D_{2H},D_{2V}) 中的一组探测器响应时,才认为此次测量成功,否则认为此次测量失败.测量完成后,第三方公布测量成功的结果.

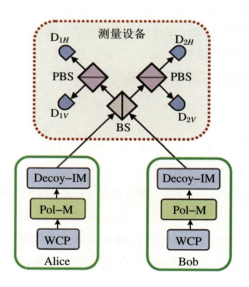

图 2.1.2　MDI-QKD 示意图

　　根据测量结果,Alice 和 Bob 公布哪次发射用的哪种偏振态后,根据下述标准确定正确码和错误码:在 Z 基下,若 Alice 和 Bob 发射相同偏振态 $|HH\rangle$ 或者 $|VV\rangle$ 却得到成功

事件,则认为是错误码;若发射不同偏振态$|HV\rangle$或者$|VH\rangle$得到成功事件,则认为是正确码.在X基下,正确码和错误码的区分稍微复杂一些,Alice 发射$|++\rangle$或者$|--\rangle$并且探测器(D_{1H},D_{1V})或(D_{2H},D_{2V})响应,以及发射$|+-\rangle$或者$|-+\rangle$并且(D_{1H},D_{2V})或(D_{2H},D_{1V})响应,认为是正确码,其余响应情况认为是错误码.最后根据这些结果可以得到响应的计数率和误码率,再根据诱骗态下成码率计算公式得到成码率并进行密钥提炼,就可得到安全的共享密钥.

然而,在现有实验技术条件下,MDI-QKD 的原始理论模型能给出的安全成码率较低,严重限制了该量子通信技术的实际应用.如何在现有实验技术条件下提高其安全成码率,是提高量子保密通信使用价值的关键问题之一.清华大学王向斌教授及其课题组成员提出了一系列成码率解析计算方法、优化成码方案和涨落处理方法[83-86],理论分析表明他们的方法在采用现有实验技术和典型实验条件下,可以将成码率提高近两个数量级,从而大幅度地提高了安全成码率和安全传输距离,极大地提升了 MDI-QKD 技术的实用价值.利用该理论,潘建伟实验小组实现了 404 km 的量子密钥分发,创造了量子密钥分发光纤传输距离新的世界纪录.特别值得指出的是,在相同的现实条件下,即使利用完美单光子源,原始 BB84 协议也不能在这么长的传输距离上实现.除四强度优化理论方法之外,该课题组还提出同时考虑多个变量之间的联合约束以提高成码率.

2.2 连续变量量子密钥分发

李永民　彭堃墀

量子密钥分发能够为合法通信双方提供无条件安全的密钥分发,其信息论意义上的安全性由量子物理的基本原理来保证.早期的量子密钥分发协议主要以量子比特(离散变量)作为编码信息的载体,后来研究人员发现光场的正交分量(连续变量)也可以作为编码信息的良好载体.一方面连续变量量子密钥分发能够借鉴现有光通信的技术,无需单光子探测;另一方面编码信息的载体为多光子量子态,因此在较短通信距离内具有高安全密钥率的特点.下面我们对连续变量量子密钥分发技术的发展现状进行介绍,包括基本原理、实验进展、安全性分析等,并在此基础上给出该领域的未来发展展望.

2.2.1 简介

在过去的 30 多年里,研究人员将量子理论应用到通信领域,开拓了多种极具潜力的应用方向.量子力学与信息论的结合与交叉,催生了新的通信技术——量子通信技术,它在一些特殊应用场景下具有传统技术不可比拟的优势.目前量子通信技术发展最快、最接近实际应用的一个分支为量子密码学,它可以提供无条件安全的保密通信.其基本思想为:首先利用量子密钥分发(quantum key distribution,QKD)技术在合法通信双方之间共享无条件安全的密钥,然后结合一次一密加密体制[87](该加密体制的安全性已得到严格证明[35])实现安全的保密通信.与此相对应,现代密码学的公钥密码体制主要建立在一些计算困难的数学问题的基础上,原则上只要攻击者拥有足够强大的计算能力就可以破译该类密码.例如,目前广泛使用的公钥密码 RSA 就是建立在大素数难以分解的数论困难问题的基础上[89].

自从著名的 BB84 QKD 协议提出以来[63],该领域逐渐引起了研究人员的广泛关注,特别是近十几年,QKD 在理论和实验研究方面均取得了突飞猛进的进展[91-97].在理论研究方面,目前已经能够证明多种 QKD 协议在无限长信号渐近情形下的无条件安全性,而且在有限长信号情形下的可组合安全性也得到了很好的证明.在实验研究方面,利用光纤或者自由空间作为量子信道,已经可以实现数十万米的 QKD[98];基于外场环境下的量子保密通信演示验证网络相继搭建[99-105];我国的量子科学实验卫星"墨子号"成功发射并完成了 1200 km 的卫星地面 QKD 实验[106].近期,面向量子保密通信产品开发的高科技公司也相继成立.

目前研究人员已经提出多种 QKD 协议,大致可以归为三类:离散变量编码、连续变量编码、分布式相位参考编码.离散变量和连续变量是目前量子信息处理的两类不同实现方式,类似于经典信息处理(数字信号处理和模拟信号处理)的两类编码方式.离散变量类协议采用量子态的具有离散型本征值的可观测量来编码信息,例如单光子的偏振或者相位;连续变量类协议采用量子态的具有连续型本征值的可观测量来编码信息[92-93,95,107-109],例如光场的正交分量.上述两类协议的密钥信息均编码在独立的单个量子态上,而分布式相位参考类协议的密钥信息编码在相邻两个量子态的相位差上,或者相邻两个一空一实光脉冲光子所处位置上.离散变量协议和分布式相位参考协议均需要光子计数和后选择技术,而连续变量协议采用平衡零拍(差拍)探测方法对量子态的正交分量进行测量.

一方面,连续变量编码方式为 QKD 提供了新的实现途径,并呈现出独特的技术优点.例如,它与现有光通信的标准技术和器件具有较好的兼容性,量子态的探测不需要单光子计数技术,可以利用现有光通信广泛使用的 PIN 光电二极管构建的平衡零拍(差拍)探测器,在光通信波段(1550 nm,光纤最低损耗窗口)探测器的量子效率可达 90% 以上.另一方面,平衡零拍探测的本地振荡光(local oscillator,LO)可以作为内置的过滤器对信号光场的背景噪声光子进行高效的时空模式过滤,这是由于只有与 LO 模式一致的信号光场才能够实现干涉放大.该特点十分有利于 QKD 与经典光通信信号的密集波分复用通信.而且,连续变量密钥分发利用多光子量子态作为编码信息的载体,单个量子态上可以编码多个比特的密钥信息,因此在较短通信距离情况下具有高安全密钥率的特点.

由于连续变量 QKD 的提出相对较晚(1999 年),在发展成熟度方面与离散变量 QKD 相比还存在差距,目前传输距离在 10^5 m 以内.然而近几年参与的研究单位逐步增多,研究进展呈现加速的态势:国际上,法国、英国、德国、澳大利亚、加拿大和日本等国均从事连续变量 QKD 的研究;在国内,包括山西大学在内的多家科研单位均开展了连续变量 QKD 的理论与关键技术研究,如上海交通大学、北京大学、北京邮电大学、国防科技大学等,与国际上该领域的研究基本保持同步.

2.2.2　连续变量 QKD 的基本原理

图 2.2.1 是高斯调制相干态连续变量 QKD 的原理示意图,典型的密钥分发过程包括以下四个步骤:

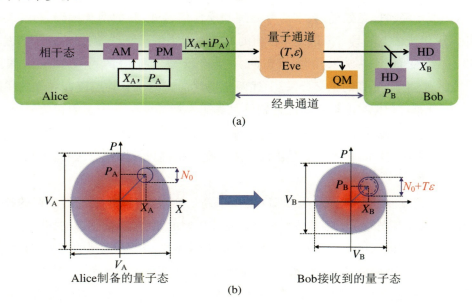

(a)

(b)

图 2.2.1　连续变量 QKD 的原理示意图

AM:振幅调制;PM:相位调制;QM:量子存储;HD:零拍探测;X,P:光场正交分量;V_A,V_B:信号量子态正交分量的方差

1. 量子态的制备、分发和测量

密钥发送方 Alice 对相干态光场进行随机振幅和相位调制,制备出一系列微弱相干态光场 $|X_A + iP_A\rangle$(图 2.2.1(a)),其中 X_A 和 P_A 为独立的高斯随机变量,方差均为 V_A^M. Alice 制备的量子态如图 2.2.1(b)所示,在相空间呈二维高斯分布,其正交分量的方差为 $V_A = V_A^M + N_0$,其中 N_0 为相干态的量子起伏方差(标准量子噪声极限). 制备的量子态通过量子通道(被窃听者 Eve 控制)发送给接收方 Bob,Bob 接收到量子态后随机选择正交分量 X_B 或 P_B 进行测量(平衡零拍测量),或者对两个正交分量 X_B 和 P_B 同时进行测量(差拍测量). 上述步骤重复 N 次.

2. 数据筛选与参数估计

如果 Bob 采用平衡零拍测量方式,则他需要通过经典认证信道告诉 Alice 每次所测的具体正交分量,双方只保留制备基和测量基一致的数据;如果 Bob 采用的是差拍测量,则上述数据筛选过程可以省略.经过数据筛选过程,通信双方各自拥有一组相互关联的高斯变量(通常称为裸码).此时,双方随机公开裸码中的一部分数据用来估计量子通道的参数(通道透射率 T 和额外噪声 ε),结合系统的其他已校准参数(调制方差 V_A^M、探测效率 η,以及探测器的暗噪声 ν_{el}),就可以计算出安全密钥率:$\Delta I = \beta I_{AB} - \chi_{BE}$($\beta$ 为数据纠错效率,I_{AB} 为 Alice 和 Bob 数据之间的互信息,χ_{BE} 为 Eve 窃听信息的上界).如果 $\Delta I \leqslant 0$,则本次通信宣布失败,重新从上述第一步开始新一轮密钥分发.

3. 数据协调(数据纠错)

即使密钥分发过程中没有窃听者存在,并且量子态的制备也是完美的,由于相干态的量子起伏噪声 N_0、探测器暗噪声 ν_{el} 等因素,Alice 和 Bob 之间的裸码也不可能完全一致.通信双方为了共享完全一致的二进制比特序列,需要利用经典纠错算法(如低密度奇偶校验码)对双方关联的裸码进行纠错.为此,Bob 将自己的数据所生成的校验子经由经典信道发送给 Alice(逆向协调),利用该校验子信息,Alice 就可以对自己的数据进行纠错以使其和 Bob 的数据完全一致.

4. 私密放大

Alice 和 Bob 利用私密放大操作来消除 Eve 所有可能窃听到的信息,从而提取出共享的安全密钥.私密放大的实现可以通过将通用类哈希函数作用于双方的数据,即双方将各自的二进制数据序列与随机托普利茨矩阵相乘来实现.

2.2.3 连续变量 QKD 的研究进展

起初,连续变量 QKD 协议的数据纠错采用常规的正向协调,即以发送方的数据作为参照,接收方对测量得到的数据进行纠错以使其和发送方的数据一致.正向协调方式要求量子通道的最大损耗不能超过 3 dB,否则无法实现安全的密钥分发.后来研究发现通过引入后选择技术[110]或者逆向协调方法[111],就可以突破 3 dB 的损耗限制,实现更长距离的安全密钥分发.所谓逆向协调,即以接收方的数据作为参考,发送方对自己的数据进行纠错以使其和接收方一致.2003 年,采用逆向协调高斯调制相干态协议的连续变量 QKD 首次在实验室平台的自由空间得到演示[112].此后利用光纤作为量子通道,密钥分发距离不断得到扩展:基于往返式装置,高偏振稳定的密钥分发在 14 km 光纤上实现[113].2007 年,利用偏振复用和时分复用技术隔离本地振荡光对信号光的影响,包括相干态制备、测量、身份认证、反向协调及私密放大步骤在内的高斯调制相干态 QKD 在 25 km 光纤上实现[114].同年,基于偏振复用和频分复用的高斯调制相干态 QKD 也在 5 km 光纤上实现[115].上述实验中均采用了高斯调制相干态方式,为了简化量子态的制备过程,离散型调制-四态调制协议也分别在 24 km 光纤和 30 km 光纤上实验实现[116-118]. 2012 年,通过利用多维协调结合多边类型的低密度奇偶校验码,低噪比情形下的数据协调效率得到了显著提升[119-121],连续变量 QKD 的距离因此扩展到了 80 km 光纤[122].国内的山西大学[109,123-128]、上海交通大学[129]等单位也实验报道了 50 km 以上光纤的连续变量量子密钥分发.

在过去的 10 多年内,连续变量 QKD 的安全性分析与证明取得了显著的进展[130-147].目前,存在三种安全性定义[108]:任意攻击下的可组合安全性、联合攻击下的可组合安全性以及渐近情形下联合攻击的安全性.这里的可组合安全性指的是,如果两个子系统的安全参数分别为 ε_1 和 ε_2,那么它们构成的整体系统是组合安全的,相应的安全参数可以表示为 $\varepsilon_1 + \varepsilon_2$.上述第一种形式的安全定义对密钥分发量子态不做任何限制,第二种安全定义要求密钥分发量子态满足独立同分布条件,而第三种安全定义要求通信双方拥有无限长的数据,即可以无限多次使用量子通道,因此双方共享的量子态是可以精确确定的.由上述安全性定义可知,前两种安全定义与通信双方所发送和接收量子态的次数有关,因此它们均包含了有限数据长度效应的影响.

到目前为止,已有两种连续变量 QKD 协议的可组合安全性得到严格证明,分别是高斯调制压缩态结合零拍探测协议[140,144,148]和高斯调制相干态结合差拍探测协议[142,145-146,149].对于其他类型的连续变量 QKD 协议,目前只证明了渐近情形下联合攻击的安全性.虽然利用德芬涅定理[147]可以证明在渐近情形下联合攻击是针对连续变量 QKD 协议最优的攻击类型,然而在有限数据长度下情况并非如此,相应的可组合安全性还有待证明.

通常的 QKD 协议安全性分析假设通信双方的装置是完美和理想的,或者其特性是完全可以被描述刻画的.在实际情况下,要建立一个理论模型对现实物理装置的所有特性给出完整的描述是极其困难的.而那些不被理论模型所包括的部分恰恰有可能被窃听者利用,进行所谓边信道攻击,从而造成安全隐患.该方面的研究近期已引起广泛关注,主要针对量子态的探测部分.例如,窃听者可以将自己的窃听行为隐藏在 LO 的波动中[150];通过操控 LO 使得 Bob 高估散粒噪声,进而造成对系统额外噪声的低估[151];利用分束器的波长依赖特性进行攻击[152-153].为了抵御上述攻击,一个有效的措施是进行实时的散粒噪声监测[154],或者利用 LO 本地再生技术进行监测[155-157].

虽然在原理上可以找出系统的所有不完善性并采取相应的措施来抵御边信道攻击,但还有一条可供选择的解决途径是利用器件无关 QKD 协议,其安全性依赖于贝尔不等式的违背[158-159],在原理上对物理器件的不完善性免疫.然而,由于器件无关 QKD 协议需要无漏洞的贝尔不等式检测,目前技术水平下能够容忍的通道损耗极其有限.后来研究人员相继提出了测量器件无关 QKD 协议、单方设备无关 QKD 协议,其中测量器件无关协议可以实现对量子态测量器件攻击免疫的安全密钥分发,而单方设备无关协议能够实现对发送方或者接收方单方器件不完善攻击的免疫,两种协议在当前技术条件下即可实现.2015 年,连续变量测量器件无关协议[160-162]及单方设备无关协议[147,163]均在实验室平台的自由空间得到部分原理性演示.

2.2.4　结语

经过十几年的发展,目前连续变量 QKD 技术已经取得了突破性的进展.其未来的发展及应用仍旧面临着如下需要解决和关注的问题:

在安全性分析方面,目前已经证明了多种连续变量协议在渐近情形下的无条件安全性,其中两种协议的可组合安全性也得到了证明.然而利用已知的安全证明方法得到的现实数据长度下的安全密钥率与渐近情况下的安全密钥率相比仍旧存在较大差距.因此,未来需要对已有的安全证明方法进行改进或者发现新的更高效的证明方法,使得可组合安全性证明能够最优化,同时对只证明了渐近安全性的连续变量协议进一步证明其可组合安全性.另外,继续深入研究实际系统的安全性问题,优化已有的测量器件无关 QKD 协议及单方设备无关 QKD 协议,研究非完美信源的影响[127,141],建立实际系统的可组合安全性.

目前连续变量 QKD 主要集中在原理演示,安全密钥速率和分发距离还有待提升.一方面,连续变量协议对系统的额外噪声比较敏感,需要引入各类反馈控制和监测系统,尽量降低系统本身的技术噪声,确保系统能够长期低噪声、稳定可靠地运转.另一方面,可以利用压缩态或者纠缠态代替相干态作为光源[64,130-131],引入线性无噪声放大器[165-166]、非高斯后续选择[167-168]等方法有效提升系统对额外噪声的容忍度,扩展安全密钥分发距离,提高安全密钥速率.还要提升信号重复速率[169],建立高速实时的系统.连续变量协议的每个信号量子态都会被 Bob 探测并输出一个有用的信号数据,因此数据后处理包括数据协调[170]、私密放大[171]等过程的硬件加速实现是十分必要的.

当前 QKD 系统主要利用暗光纤作为量子通道,近期人们开始关注将 QKD 系统嵌入已有的光纤通信网络,例如,利用同一根光纤同时进行 QKD 和经典光通信,从而节约光纤资源,降低 QKD 建设成本.在该方面,初步研究表明连续变量 QKD 对于经典通信光引起的噪声光子具有较强的抗干扰能力[172-173].片上系统具有可集成、低功耗、体积小等优点,是未来 QKD 的重要发展方向.基于硅光子芯片技术,最近研究人员已经初步开发出连续变量 QKD 的片上系统[174],并对部分功能器件进行了测试.目前连续变量 QKD 主要利用光纤作为量子通道,自由空间连续变量 QKD[175] 的开展将能够实现移动平台之间的安全通信,是未来值得关注的研究方向.

开展新型 QKD 协议的探索,提升系统性能.例如,结合离散变量和连续变量的优势,研究人员提出了高维 QKD 协议的概念,利用纠缠光子的连续变量自由度,如位置-动量自由度或者时间-能量自由度,能够同时获得高的光子信息效率和长的安全密钥分发距离[176-177].随着 QKD 技术以及其他量子密码分支如量子数字签名、量子秘密共享、量子掷币等的快速发展,我们期望未来的量子安全通信网络成为国家和社会信息安全的重要保障.

2.3　光纤城际城域量子通信网

尹　浩　　陈腾云

点对点的量子密钥分发在应用上受到限制：点对点的特性使得量子密钥系统只能在节点与节点之间进行通信，不能进行多用户的密钥分发工作；并且点对点的连接容易受到（DOS）攻击，如切断链路，或者 Eve 攻击这条链路的时候量子密钥分发就不能正常工作．而量子通信网络的建立使得网络中一条链路受到攻击的时候，可以选择其他链路进行通信．另外，通过可信中继等手段建立的通信可以有效地扩展量子密钥分发的距离：为了保证安全性，目前点对点的量子密钥分发在实验室内只能达到 400 km 的距离，实用距离也就 100 km 左右，而使用可信中继网络，原则上可以无限地扩展有效通信距离．

量子通信网络一般采用基于可信中继的三层网络架构．最底层为量子层，由点对点量子链路，即 QKD 设备组成，其中每对链路均可以生成安全密钥．随后，QKD 设备将生成的密钥推送到密钥管理层，在这一层，密钥受到严格保护，在网络中作为可信节点工作．网络架构的最上层为通信应用层，在这一层，用户的加解密设备向密钥管理层申请与待通信用户对应的对称性密钥，密钥管理层通过中继形式，生成用户所需的密钥，用户将待加密的文本、音频或视频数据发送到加解密设备，并用密钥通过一次一密或对称性加密算法进行加密和解密，确保安全通信．

量子通信网络在安全加密通信上具有巨大价值，很多国家都开展了量子通信组网研究，从实验网络逐渐到实用网络．

2.3.1　DARPA 量子通信网络

2003 年，由美国国防部高级研究计划局（DARPA）组织赞助，美国 BBN 公司、波士顿大学、哈佛大学建设完成了世界上第一个量子通信网络（图 2.3.1）．至 2005 年初，该网络已包含六个节点．

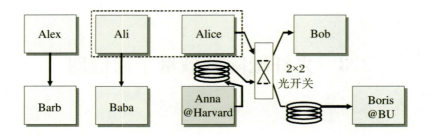

图 2.3.1 DARPA 量子通信网络

如图 2.3.2 所示，DARPA 网络中接入的节点有：两个弱相干光 BB84 光纤通信的发送方（Alice 和 Anna）、两个相互兼容的光纤通信接收方（Bob 和 Boris）. 这四个节点通过 2×2 光开关进行连接. 高速自由空间连接 Ali—Baba 通过 Alice 进行可信中继接入网络. 此外，基于量子纠缠的密钥分发节点 Alex—Barb 也在建设中.

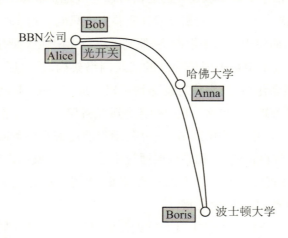

图 2.3.2 DARPA 网络中的节点

Alice 和 Bob 节点以及光开关位于 BBN 公司的实验室，Anna 位于哈佛大学，Boris 位于波士顿大学. Alice，Bob 与光开关的光纤距离为几米；哈佛大学和 BBN 公司间的光纤长度约为 10 km，波士顿大学和 BBN 公司间的光纤长度约为 29 km. 所有光纤均为 SMF-28 标准单模光纤.

在 DARPA 实验网络建立时，基于诱骗态的 QKD 安全性协议尚未提出，因此，该网络主要采用弱相干光光源的 BB84 协议. 由 Anna 发出的光脉冲平均光子数为 0.5，Anna—Bob 链路测试错误率（QBER）为 3%，并达到 1000 bit/s 成码率. 由于 BBN—BU

链路损耗较大,选取 BBN—BU 发出的脉冲平均光子数为 1.

如图 2.3.3 所示,Alice,Anna,Bob 和 Boris 四个节点通过 2×2 光开关连接.光开关由 Alice 控制.当选择连接 Alice 和 Bob 时,Anna 自动连接到 Boris;当选择连接 Alice 和 Boris 时,Anna 则切换到 Bob.接收方接收到重新建立密钥的命令,即可开始新的密钥生成工作.通过这种光开关切换的方式,DARPA 第一次实现了"不可信网络"的切换操作.

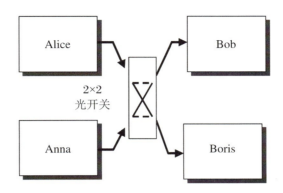

图 2.3.3　2×2 光开关切换示意图

DARPA 网络中除了上述光纤连接的系统外,还包含由美国国家标准局(NIST)设计建立的高速自由空间 QKD 系统 Ali 和 Baba.这两个节点可以通过 Ali—Alice 的可信中继连接到 DARPA 网络.这个网络还计划接入由波士顿大学与 BBN 公司联合建立的基于纠缠的 QKD 节点 Alex 和 Barb.这两对节点使用了"可信中继"技术,但至 2005 年初,只有 Ali—Baba 的电子学子系统接入了 DARPA 网络,Alex—Barb 线路尚未完成.

到目前为止,DARPA 已实现使用单向光开关对网络进行简单的切换操作(图2.3.4).这种切换操作可实现小规模的发送方到接收方之间的网络切换,比如发送方 A_1 和 A_2 可以任意连接到接收方 B_1 或 B_2.然而,使用单向光开关的方式不能完成网络中任意节点的连接,如 A_1 与 A_2 就不能进行连接.并且在现有的技术下,光开关可切换的端口数目有限.因此,该网络构架方式仅适用于小规模应用连接.

DARPA 采用不需对网络本身附加任何额外安全性要求的"不可信网络",可以保证网络具有与点对点的 QKD 系统一样的安全性.网络本身只是提供了可在不同终端之间进行切换的连接,而不对密钥及其生成进行任何操作.而 QKD 只假设量子信道可以将量子信号从发送端传输到接收端,且信道可被窃听者掌控.因此,"不可信网络"中切换的操作可作为不可信操作的一部分,并不影响系统的安全性.

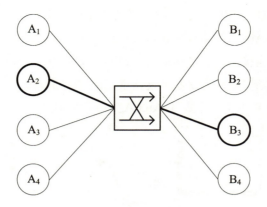

图 2.3.4　单向光开关

2.3.2　SECOQC 量子通信网络

2003 年,欧盟多个国家成立 SECOQC 项目,进行量子通信网络研究.2008 年,SEC-OQC 在维也纳建立实验网络,如图 2.3.5 中的实线所示.六个网络节点之间通过八条点对点 QKD 系统相互连接,其中包含某网络节点与多个其他网络节点相互连接的网络冗余拓扑.这八条 QKD 线路使用了不同研究单位开发的系统,各个 QKD 系统的实地连接如图 2.3.6 所示,其经典信道与量子信道通过不同的光纤传输,并且实际路径可能并不相同.

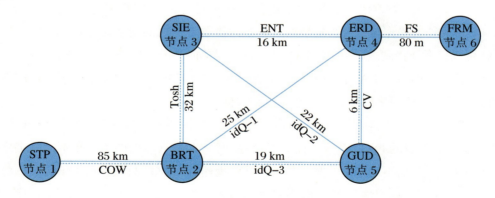

图 2.3.5　SECOQC 量子通信网络

SECOQC 网络在建立后经过了一个月测试,可稳定运行.在网络运行中,各节点、各条链路之间进行了大量生成及存储密钥的操作.SECOQC 网络演示了基于一次一密以及定时更新密钥的 AES 对 VPN 进行加密,在应用层实现了基于 IP 的视频会议系统.

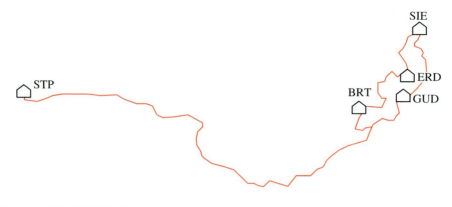

图 2.3.6　QKD 系统的实地连接

SECOQC 主要采用可信中继作为网络架构(图 2.3.7)的基础.在可信中继网络中,不相邻的节点可以通过网络中的一条可信中继链路进行保密通信工作.在这条链路上,节点之间使用 QKD 系统分别产生密钥.当远端的两个节点需要进行保密通信的时候,初始节点将需要加密的信息用链路中与其相邻节点的密钥进行加密,并发送至相邻节点.这个节点可以将信息解密,再用与下一个相邻节点共享的密钥进行加密,直至到达终端节点为止.

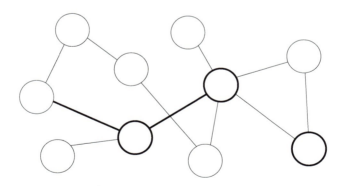

图 2.3.7　可信中继网络示意图

当使用非密码学的方法保证了网络中节点的安全性(比如,由专人看守,或中间节点本身很难被人接触到,等等)时,可信中继网络就提供了相当高的安全性.由于节点之间可以通过类似于经典通信路由的方式实现信息的中继与转发,可信中继网络提供了高度自由的网络拓扑结构,并且其最远节点距离没有限制,因此,可信中继网络是目前最适合建设全球量子通信网络的一种模式.

SECOQC 所建立的可信中继网络还提供了另外一个优势:基于可信中继网络及中间层的技术,量子通信网络可以做到应用层与底层密钥生成设备无关,只要满足 SECOQC 接口规范的密钥生成设备就可立即作为可信中继网络的一个节点接入,不管这种 QKD 设备采用的是什么方案,运行的速率如何,甚至使用的量子信道也可以自由选择光纤传输或者自由空间传输. QKD 系统与网络控制的分离使得网络的架构更加普适化,这种网络标准可以兼容未来不同厂商提供的设备,并且分层的结构更适合对不同层次问题分别进行细致的研究.

2.3.3　东京高速量子通信网络

2010 年,日本小组作为主要成员在东京建立了一个城市量子通信网络测试平台,测试了城市级别的高性能 QKD 网络,展示了最新的 QKD 技术,并演示了安全视频会议等特色功能.

东京 QKD 网络也是基于可信中继的可扩展网络,采用了与 SECOQC 网络类似的分层构架,并且提供与 SECOQC 兼容的接口.在实现上,任何运行于东京 QKD 网络的 QKD 系统同样可以运行于 SECOQC 网络,这样就保证了东京 QKD 网络可以与 SECO-QC 网络进行相互连接以及平滑扩展.

2.3.4　瑞士量子通信网络

该网络部署在日内瓦,从 2009 年 3 月底至 2011 年 1 月初,运行了超过一年半的时间.实验的主要目标是测试量子层的长期可靠性.该网络包括三个节点:Unige(日内瓦大学)、CERN(欧洲核研究中心)、hepia(日内瓦环境、工程和建筑学院);已实现三条点对点连接:Unige—CERN、CERN—hepia、hepia—Unige.每个节点又含有两个子节点,每个子节点连接一个点对点链路.CERN 的节点在法国,另外两个节点在瑞士,如图 2.3.8 所示.因此,瑞士量子通信网络是第一个国际 QKD 网络.

瑞士量子通信网络在实验室以外的现实生活环境中证明了 QKD 的可靠性和稳健性,表明了 QKD 技术可集成在相当复杂的网络基础设施中.瑞士量子通信网络中的密钥管理层具有链路聚合的概念.在这种网络下,通过多个链路连接的两个节点之间可获得带宽的增加和密钥的可用性.

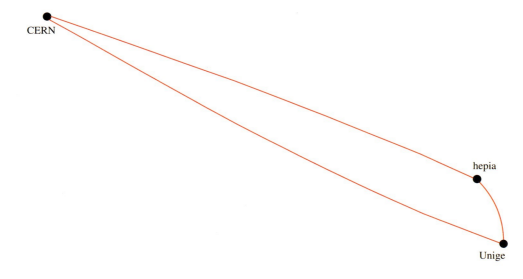

图 2.3.8　瑞士量子通信网络地图

2.3.5　芜湖量子政务网

中国科大郭光灿小组于 2009 年建立了一个主要按波分复用(wavelength division multiplexing,WDM)方式组建的量子网络,并通过一级可信中继与光开关构成小型子网.

这个网络主要用由 WDM 构成的量子路由器建设核心用户,并整合了几种组网技术,全网结构如图 2.3.9 所示.

图 2.3.9 中的量子路由器按 WDM 方式构成,其具体构成方式如图 2.3.10 所示.

使用 N 个 $1\times N$ 的 WDM 如图 2.3.10 那样相互连接,可以构成一个 N 端口 WDM 式的量子路由器,这个连接方式建立了 $N(N-1)$ 个链路.对于每个用户节点,用户通过选择发出不同波长的信号光,其通信被自动连接到相应需要的用户.比如图 2.3.10 中用户 A 发出 λ_2 波长的信号光,其通信对象自动被选择为用户 D.

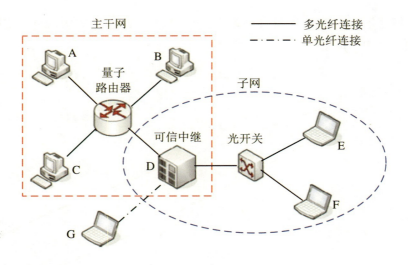

图 2.3.9　芜湖量子政务网示意图

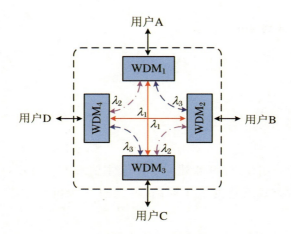

图 2.3.10　量子路由器的构成

　　除了 WDM 式量子路由器,这个网络使用节点 D 作为可信中继,建设与核心用户通信的子网.同时,在子网中通过类似 DARPA 的光开关进行连接,建设了一个可切换的小型网络.

　　核心用户构成的主干网之间可以通过量子路由进行 QKD,与核心用户直接连接的用户或通过一级光开关进行切换控制的用户可以通过其相连的核心用户节点作为可信中继,与网络中的用户进行通信.

　　这个网络的缺点是随着节点的增多,每个终端需要用到与节点数 N 呈线性关系的设备数量.

2.3.6 量子电话网与合肥全通型量子通信网

中国科大潘建伟小组于 2008 年 10 月建立了把可信中继作为基本构架的量子电话网络.

这个网络共包含三个节点,其中网络节点之间使用基于诱骗态的 BB84 协议.如图 2.3.11 所示,中国科大(USTC)作为可信中继节点,使用两条点对点的 QKD 链路与 Xinlin(杏林)和 Binhu(滨湖)两个节点进行连接.这两条链路的光纤长度均约为20 km. 直接连接的节点通过 QKD 可以直接获得安全密钥,没有直接相连的网络节点(Xinglin 与 Binhu)通过 USTC 节点作为可信中继获得安全密钥.在这个演示网络中,第一次演示了一次一密的语音通信功能,实现了保密电话网络.

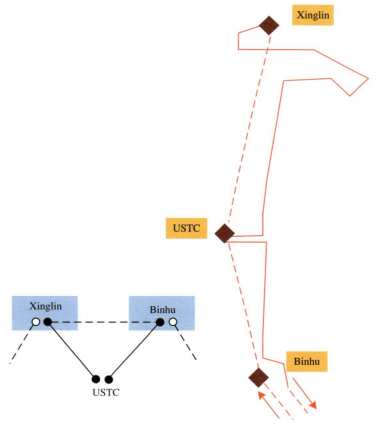

图 2.3.11 通过可信中继的量子电话网络

随后,该小组于 2009 年 8 月搭建了全通型的量子保密电话网络(图 2.3.12).为了实现任意两个网络节点均可进行密钥生成工作,量子电话网络采用了全通型光交换机作为网络构建的关键器件.这种全通型交换机通过外部控制,可以实现光交换机任意出口之间的互联.

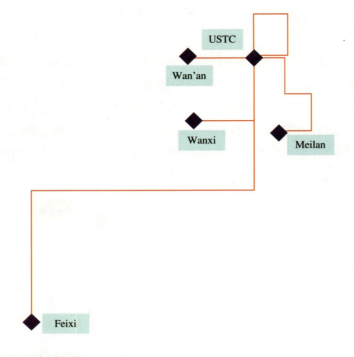

图 2.3.12　全通型量子电话网络

量子电话网络的各网络节点均连接至光交换机,构建了一个星形网络.这种纯光交换的网络可以保证其网络节点的安全性与点对点 QKD 系统等价,并且不需要网络本身的"可信"性,即在实现了最大安全性的同时满足了一个用户与多节点相互连接通信的需求.

量子电话网络共包含五个节点,其中四个节点与光交换机之间的距离均约为10 km,即任意两个 QKD 节点之间的距离约为 20 km.对这个网络中任意两节点均进行了测试,可以进行实时的加密语音通信.另外有个 Feixi(肥西)节点,与 USTC 节点光纤距离为60 km,通过可信中继形式,与网络其余节点组成量子通信网络,该节点最远可移到桐城市,光纤距离达到 130 km,初步组成了城际量子通信网络.

与美国 DARPA 采用的光开关技术不同,以上基于 WDM 和全通型光开关的光交换技术均可以实现这个网络中任意两用户的互联.这种方式使得小型网络中的用户可以安全地与网络中任意其他用户进行 QKD 工作.

2.3.7　合肥城域量子通信试验示范网

2012 年,中国科大潘建伟小组和科大国盾量子技术股份有限公司以合肥全通型量子通信网络技术为基础,建成了以三个可信中继节点为骨干,用户节点数达到 40 的规模化城域量子通信网络——合肥城域量子通信试验示范网.合肥城域量子通信网络的物理层如图 2.3.13 和图 2.3.14 所示.其中量子密码终端分两种:发射端 Alice(绿点)以及收发一体机 Alice & Bob(红点).可信中继站内部为 Alice & Bob.

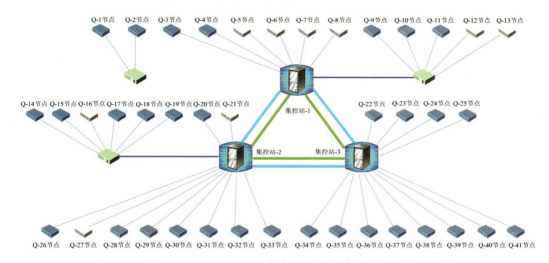

图 2.3.13　合肥城域量子通信试验示范网拓扑图

每个终端机均为一个 4U 机箱,深 50 cm,如图 2.3.15 所示.其中 Alice & Bob 集成四通道 InGaAs 探测器,系统工作频率是 20 MHz,在 6 dB 路径衰减下典型成码率为10 Kbit/s.

每个可信中继内部布置四台 Alice & Bob.当可信中继与用户端的 Alice 进行通信时,收发一体机工作在 Bob 模式;当与全通光交换下的用户或另外一个可信中继的 Alice & Bob 连接时,收发一体机工作在 Alice & Bob 模式,可实现密钥生成率翻倍.每个中继站内部有两台 4×8 矩阵光交换机,如图 2.3.16 所示.右边的 4 口可以与左边的 8 口通过切换连通起来,通道插损小于 1.2 dB.在用户较多的局域范围内,我们安放一个 16 口全通光交换机,其任意两个端口均可实现连通,同一时刻可实现八对端口连通.其中一个端口连接其上级的可信中继站,即 4×8 矩阵光交换机的 8 个端口之一,其余 15 个端口

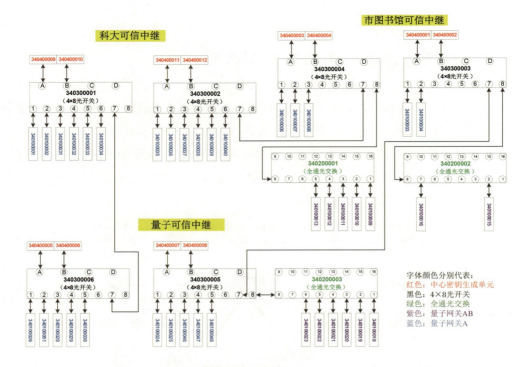

图 2.3.14　合肥城域量子通信试验示范网结构图

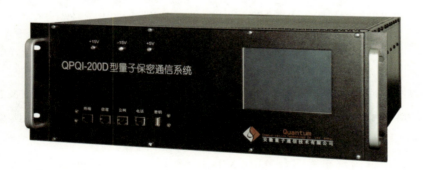

图 2.3.15　20 MHz 量子密码机

可以最多接 15 个终端用户,这 15 个用户互联互通.当用户端入网时,与其对应的中继站需为它预置 4 Kbit/s 随机数作为初始入网认证和与中继站 Alice & Bob 密钥生成的身份认证.在生成密钥后,即可利用中继站来中继一份与同一全通光交换下用户终端的 4 Kbit/s 初始认证随机数,以实现全通光交换下的用户间量子密钥生成.密钥生成采用分时复用形式,切换时间为 15 分钟.当某两个用户之间密钥消耗非常快时,优先安排消耗得快的用户进行量子密钥生成.

图 2.3.16　4×8 矩阵光交换机

使用的光开关主要有两种:一种是由 4 个 1×8 光开关模块和 8 个 1×4 光开关模块之间互相连接,但同类型模块自身之间互不连通的 4×8 矩阵型(以下简称"4×8 型");一种是由 16 个 1×15 光开关模块之间互相连接成光通路的 16 端口全通型(以下简称"16 - AllPass型"或"16 - AP 型").4×8 和 16 - AP 光开关内部光路连接示意图分别如图 2.3.17 和图 2.3.18 所示,对应实物图如图 2.3.16 和图 2.3.19 所示.

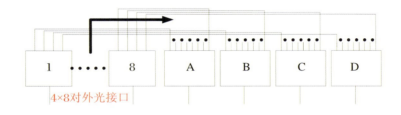

图 2.3.17　4×8 光开关内部光路连接示意图

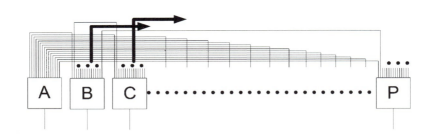

图 2.3.18　16 - AP 光开关内部光路连接示意图

密钥管理以及加密、解密系统(简称密钥管理系统)在整个量子通信网络中处在QKD与网络应用系统/数据转发系统之间,主要用于量子密钥的获取、管理及其在数据通信中的使用.其主要功能包括密钥获取、密钥管理、密钥倍增、密钥应用、数据传输、命令传输和逻辑隔离.

图 2.3.19   16-AP 光开关

系统采用可编程逻辑器件来作为密钥管理系统的主控制器,协同外围存储、接口等器件,共同实现密钥管理系统的功能和密钥管理系统的硬件化.可编程逻辑器件主要完成以下工作:硬件化的密钥存储管理、硬件化的数据加解密、灵活的外围芯片控制、多任务的并行处理、逻辑隔离.实际上,密钥生成也全部是由可编程逻辑器件完成的.

2.3.8　京沪干线

量子保密通信"京沪干线"技术验证及应用示范项目由国家发展改革委 2013 年7 月批复立项建设.2014 年 2 月,中国科学院批复京沪干线项目的初步设计方案和概算.

根据京沪干线初步设计方案,京沪干线总体目标是建成连接北京、上海,贯穿济南、合肥等地的量子保密通信骨干线路,连接各地城域接入网络(与合肥城域量子通信试验示范网类似结构的网络),打造广域光纤量子通信网络,建成大尺度量子通信技术验证、应用研究和应用示范平台.其主要工作内容包括远距离量子通信关键技术的验证和设备定型,量子保密通信干线系统的室内联调和工程建设,应用研究和应用示范系统的开发与建设,现实条件下量子通信系统的安全性规范研究和测评方法、测评工具研发.

具体而言,京沪干线总长 2000 余千米,设 5 个干线接入站和 27 个干线中继站,以可信中继方式实现全线量子密钥分发,用于为接入城市的金融、政务等数据提供加密传输服务,其中数据类型包括但不限于银行灾备、机关报文、保密视频等.各接入站之间的密钥供应量不小于 8 Kbit/s,基于加密算法提供的安全传输带宽不小于 10 Gbit/s.干线全线可持续运行时间应达到 10000 小时.干线节点和线路示意图如图 2.3.20 所示.

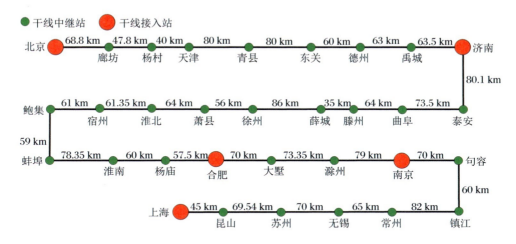

图 2.3.20 干线节点和线路示意图

2.3.9 结语

现有的网络构架方式主要包括基于光开关或者 WDM 的全光交换,以及基于可信中继的路由方式.全光交换的用户可以在不需要对网络有任何特殊要求的条件下保证保密通信的安全性.但在该网络中,用户需获得整个网络的拓扑结构,这对网络的可用性增加了限制.并且,该切换方式引入的额外损耗,使得全光交换网络切换方式不适用于大型网络.而基于可信中继的路由方式的网络虽然需额外保证中继节点的安全性,但可以获得无限扩展的安全通信距离.与此同时,每个网络节点只需了解附近可信中继节点的连接,即可加入这个网络,因此,这种网络构架方式也适用于全球量子通信网络的扩展.此外还有一种网络扩展方式,即量子中继,可在未来实现.量子中继器不需要像可信中继器那样附加额外的安全性要求即可实现距离很远的两个用户间的通信.这样,远距离量子通信将可以实现比可信中继方式更高的安全性,但其基本网络构架将与目前网络构架有所区别.

　　结合以上分析,在短期内,量子通信网络构架仍将以可信中继为主,用以实现城域以及城市间的大范围网络构架.在小范围内,如果需要更高的安全性,可以考虑使用全光中继进行网络构造.从整体看,网络将是大范围的可信中继节点与少部分全光中继的有机结合.长期研究的重点则集中在量子器件的研制,以及量子中继器的理论与实验研究.一旦实用化的量子中继器可以加入量子通信网络,整体网络构架将发生彻底的变化.

2.4 量子隐形传态：用量子纠缠传输量子比特

陆朝阳

2.4.1 "隔空传物"可能吗？

我们能够从科幻小说或电影中看到隔空传物这种令人震惊的过程.首先,被传输的物体在一架特制的扫描机器中进行扫描,提取出有关该物体的一切信息;这样的一系列信息被传输到预定位置;之后,另外一个机器利用特定的原材料,根据所收到的信息恢复原物体.

这个过程虽然看上去很合理,但事实上它是不符合这个世界的运行规律的.仔细回想这个过程,我们就会发现,该方案的顺利实施依赖这样一个事实:我们能够将待传输物体所包含的每一个粒子的性质都通过扫描仪,也就是测量,提取出来.事实上,对于微观粒子的很多性质,哪怕简单到一个电子的位置,我们都没办法准确观测.以电子为例,由于电子体积太小,质量太轻,哪怕我们最不经意的观察也都会至少有一两个光子向其射去,这一两个光子就足以扰动这个电子的状态.我们称这种微观世界的性质为不确定性原理.根据这个原理,我们无法准确得到任何一个微观粒子的全部准确信息,更不要说提取出一个宏观物体包括宏观和微观在内的所有性质了.

这样说来,这种隔空传输就不可能实现了吗？ 为了回答这个问题,我们需要再次回顾反思一下我们需要解决的问题.我们需要将一个物体隔空地,也就是非实体地传输到另一个地方;而不确定性原理告诉我们从这个物体里面提取出一切信息是不可能的.仔细推敲可以发现,这两者并不对立,我们的需求是传输这个物体,而不是提取出这个物体的全部信息,也就是说可能存在一种不需要测量粒子信息的方法,帮助我们突破不确定性原理的限制,完成这种"隔空传物".

2.4.2　量子隐形传态的概念

　　1993 年,来自世界各地的六位理论物理学家合作,发表了名为《通过经典和量子纠缠信道传输未知量子态》的文章,对这个问题给出了量子力学解答,即量子隐形传态(quantum teleportation).从这篇文章的题目显而易见,为了隐形传输,我们需要两条信道.其中经典信道很容易理解,它在我们日常生活中随处可见,比如我们日常上网使用的网线,在我们上网浏览信息时,由 0 和 1 构成的比特串在其中高速"流淌".那么什么叫作量子纠缠信道呢? 为了理解量子纠缠信道,我们需要从量子纠缠(quantum entanglement)出发.

　　量子纠缠是一个量子力学特有的概念,这是一个和经典世界规律截然不同的现象,这个现象由爱因斯坦(Einstein)和两位年轻合作者波多尔斯基(Podolsky)、罗森(Rosen)于 1935 年提出,EPR 是他们三人姓氏的首字母,所以量子纠缠源通常称作 EPR 源,量子纠缠信道通常称为 EPR 信道.直观来看,量子纠缠,就好比有两只骰子,如果它们处于量子纠缠态,则无论怎么扔,我们会发现它们都被扔出同一种点数.当然对于宏观物体如此反经验的事情不会发生,但是若深入微观领域,我们便会发现,这样一种性质广泛存在于光子、电子、质子、中子等各种微观粒子上.当谈到两个粒子处于量子纠缠状态时,我们首先应该问自己:这两个粒子的哪个性质被纠缠了? 事实上,粒子的多种性质可以被纠缠,比如对于两个光子而言,它们的偏振、传输路径等方面的性质可以被纠缠.若两个光子的偏振方向互相纠缠,我们便无法得知这两个光子各自的任何偏振信息,它们的"隐私"被抹去了,其所处的状态被"公共地"保存于由双方共同构成的纠缠态中,直到其中一个光子被测量,我们会观察到一个随机的偏振,而另一个光子一定处于与其相同的偏振状态.在量子隐形传态中,将这样一对相互纠缠的粒子分发到发送端和接收端,则称在传输的双方之间建立了一条 EPR 信道.

　　这样,我们就可以构建量子隐形传态的协议了.Alice 要将粒子 C 所处的量子态 X 传输给 Bob(一般在量子信息领域,科学家们将通信的双方称为 Alice 和 Bob).如图 2.4.1 所示,EPR 源产生一对处于量子纠缠状态的粒子 A 和 B,粒子 A 发送至 Alice,粒子 B 发送至 Bob,此时 Alice 和 Bob 各持有这对纠缠粒子中的一个,他们之间就建立了一条 EPR 信道.为了将量子态 X 传输给 Bob,Alice 对粒子 C 和她手中的粒子 A 做一个名叫贝尔态分析的联合测量,这个操作能够将粒子 C 和 A 随机地以四种可能的方式纠缠起来,对应于贝尔态分析的四种输出结果.贝尔态分析完成后,Bob 手中的粒子 B 就会处于与这个贝尔态分析输出结果相关的四种不同状态之一.尽管如此,这四种状态均包含

量子态 X 的全部信息.最后,Alice 只需将她的贝尔态分析结果通过经典信道告诉 Bob,Bob 便可以采取对应的手段,将粒子 B 转换到状态 X,这就是量子隐形传态的全部过程.这个过程可以通俗地这样理解:贝尔态分析将粒子 C 和 A 纠缠在一起,量子态 X 便由粒子 C 和 A 共享起来,并通过粒子 A 和 B 的纠缠传递到粒子 B 上.

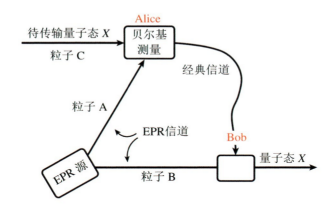

图 2.4.1　量子隐形传态示意图

在该过程中,贝尔态分析的结果决定了粒子 A 和 C 以一种怎样的方式产生纠缠.由于量子力学的概率性,Bob 需要根据 Alice 给出的贝尔态分析可能的四种结果之一对其手中粒子 B 做相应操作,从而使粒子 B 确定性地处于量子态 X,因此量子隐形传态过程中经典信道必不可少,也正因为如此,量子隐形传态不能超光速传送量子态.尽管在整个协议的执行过程中,我们执行了一次测量,用以将粒子 C 与 A 纠缠起来,但没有任何一个操作询问了待传输粒子 C 所处的量子态 X,也就是说,量子隐形传态绕开了粒子的不确定性原理,以一种合乎物理规律的方法实现了科幻小说中所描述的"隔空传物".

2.4.3　量子隐形传态的实现

自从 1993 年量子隐形传态的方案提出以来,科学家们尝试以各种物理手段来实现.直到 1997 年,潘建伟所在的奥地利因斯布鲁克大学蔡林格小组,在《自然》杂志发表成果,首次利用光子的偏振在实验上实现了量子隐形传态,将一个光子的未知偏振态在不传送该光子本身的前提下,利用量子纠缠成功传输至另一个光子.该实验直观地向人们展示了量子力学的神奇,并在当时引起了巨大轰动,随后与伦琴发现 X 射线、爱因斯坦建立相对论、沃森和克里克发现 DNA 双螺旋结构等影响世界的重大科技成果一起入选了

《自然》杂志"百年物理学 21 篇经典论文".从线性光学体系的角度看,该工作是从双光子实验踏向多光子实验十分重要的里程碑,在该实验首次引入的干涉技术基础上,接下来的 20 年中,纠缠光子数目被不断刷新,一大批量子算法演示、量子力学基础检验工作在线性光学体系内被开展,奠定了线性光学体系在量子信息科学发展过程中的重要地位.值得一提的是,我国在该方向上一直处于领先地位,潘建伟教授带领的研究团队在国际上率先实现了五、六、八、十光子纠缠,始终保持着光子纠缠态制备的世界纪录,并系统性地应用于量子通信、量子计算等多个研究方向,成为国际上多光子纠缠领域的开创者和引领者.

量子隐形传态是量子信息处理的基本单元,在量子通信和量子计算网络中发挥着至关重要的作用.作为国际学术界量子信息实验领域的重要研究热点,量子隐形传态又先后在冷原子、离子阱、超导、量子点和金刚石色心等诸多物理系统中得以实现.然而,这些工作都局限于单个粒子的单一自由度.2006 年,潘建伟教授团队首次实现两个光子的偏振态传输;2015 年,该团队又成功实现了多自由度的量子隐形传态,该成果被英国物理学会新闻网站"物理世界"评选为"国际物理学年度突破".量子隐形传态的另一研究目标是不断拓展传输距离,沿着该方向,潘建伟教授团队于 2010 年、2012 年先后在长城、青海湖上空实现 16 km、97 km 量子隐形传态;2017 年,借助全球首颗量子科学实验卫星"墨子号",该团队成功实现长达 1400 km 的量子隐形传态,保持着最远传输距离的世界纪录.这一系列突破的取得为发展可扩展的量子计算和量子网络技术奠定了坚实的基础.

尽管到目前为止,量子隐形传态无论在粒子数目、自由度数目,还是在传输距离方面,相比于 1997 年的早期工作都有了飞跃式的进步,但离实现科幻小说中所描述的"隔空传物"还有很大的距离,科学家们仍在向着更高的目标继续探索.

2.5 冷原子系综量子存储与量子中继

包小辉

2.5.1 量子中继原理

量子信号在信道内的传输衰减及退相干是限制远距离量子通信距离的主要因素. 光子由于具有与环境耦合小的优点, 成为了远距离量子通信的最优载体. 光子信号的远距离传输信道主要可分为自由空间以及光纤信道两大类. 自由空间信道的主要优点是, 可利用外太空低损耗的特点通过卫星中转的方式实现超远距离的广域量子通信. 相比而言, 光纤信道具有低成本、方便灵活等优点, 更适合构建地面量子通信网络.

当光子信号在光纤内远距离传输时, 信号的损失率随距离的增加而指数衰减. 目前, 通信波段光信号的典型衰减率为 0.2 dB/km, 即光强每千米衰减 5%, 限制了最远的量子通信距离为 400 km 左右. 量子中继方案的提出[188]原理上很好地解决了这一问题, 其基本原理如图 2.5.1 所示. 其核心思想是将光子信号在远距离的直接传输更改为纠缠光子的分段传输, 之后利用纠缠交换的方式逐渐拓展纠缠分发距离. 其基本构建资源是光与存储器间的量子纠缠. 在每一段单元信道的首尾两端分别制备光与存储器纠缠, 并将光子态发送至单元信道的中间来进行贝尔基分辨. 若贝尔基分辨成功, 则在单元信道两端产生了异地纠缠. 由于光子在传输的过程中会损耗, 大多数的情况下贝尔基分辨是不成功的, 需不断重复光与存储器纠缠的制备、传输、干涉过程, 直到在单元信道上产生异地纠缠为止. 在每段单元信道上, 异地纠缠的制备过程是异步进行的, 待邻近单元信道上都已成功制备异地纠缠, 就可进一步通过纠缠交换的方式将量子纠缠由单段信道逐渐地拓展至多段信道, 并最终拓展至整个信道的首尾两端. 通过这一过程, 量子信号由在信道上指数衰减变为多项式衰减, 中远距离(500 km 以上)的传输效率将远远优于直接传输.

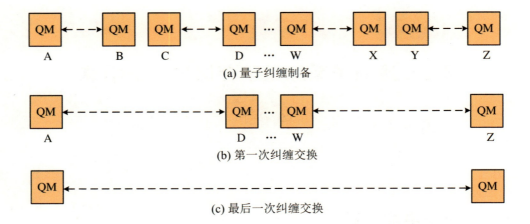

(a) 量子纠缠制备

(b) 第一次纠缠交换

(c) 最后一次纠缠交换

图 2.5.1 量子中继原理示意图

量子中继方案的核心在于如何制备高品质的光与存储器间的量子纠缠.纠缠的产生概率要尽可能高,光子部分要能够在光纤内进行低损传输,存储器要能够对单量子态进行长时间、高保真的存储.此外,为实现单元信道间的高效纠缠交换,单量子态需要能够从量子存储内高效地读出单光子,或者存储器间能够实现直接可控相互作用以及单量子态直接探测.原则上,很多物理体系都可实现量子中继中的量子存储器[189],如单个中性原子、单离子、单个固态缺陷、单个量子点、冷原子系综、热原子系综、低温固态系综等.相比于单粒子体系而言,系综体系[190]的主要优点是具有集体增强效应,比较容易实现与单光子间的高效耦合.在系综体系里面,冷原子体系的主要优点是能级简单、退相干效应小、精密操纵手段丰富等.接下来主要阐述冷原子系综体系.

2.5.2 冷原子系综量子中继方案

在初始的量子中继方案中,Briegel 等人对如何构建量子存储接口进行过很多讨论.2001 年,段路明等人完整地提出了如何利用原子系综及线性光学来构建远距离量子存储器[191].该方案(DLCZ 方案)利用原子系综内自发拉曼散射过程来产生光与原子系综间的量子纠缠,并且采用单光子干涉的方式进行纠缠连接.该方案采用系综内的集体增强效应来实现高效的单光子接口,并且可直接产生光与原子的纠缠,不需要与之匹配的纠缠光源.因此,该方案具有非常高的实验可行性,引起了很多实验小组的兴趣,成为量子中继最重要的实验方案之一.

DLCZ 方案的原理如图 2.5.2 所示. 系综内的原子初始制备于 $|g\rangle$ 态, 在一束失谐耦合 $|g\rangle \leftrightarrow |e\rangle$ 跃迁的写光脉冲作用下, 原子会小概率发生拉曼散射, 进而跃迁至能级 $|s\rangle$, 同时放出一个拉曼散射光子(也称作写出光子). 拉曼散射光子一般是 4π 分布的, 一般选取与写光具有微小夹角(一般为几度角)的方向探测写出光子. 若探测到一个写出光子, 则原子系综内肯定有一个原子跃迁至 $|s\rangle$, 并且获得了 $\hbar\Delta k = \hbar k_{\mathrm{w}} - \hbar k_{\mathrm{wo}}$ 的反冲动量. 因此制备的集体态可表示为

$$|\psi\rangle = \frac{1}{\sqrt{N}} \sum_{j=1}^{N} \mathrm{e}^{\mathrm{i}\Delta k r_j} |g_1 g_2 \cdots s_j \cdots g_N\rangle$$

其中 N 为原子数目, r_j 为原子位置. 这一量子态有时又称作集体激发态、单激发态、自旋波态等. 经过一段时间存储后, 通过打入读光脉冲, 该集体激发态可转化为单光子并沿固定方向出射. 读出光子、写出光子、读光、写光间满足动量守恒 $\hbar k_{\mathrm{w}} + \hbar k_{\mathrm{r}} = \hbar k_{\mathrm{wo}} + \hbar k_{\mathrm{ro}}$. 由于写出光子与单激发态间存在一一对应关系, 读出光子与写出光子间也存在一一对应关系, 因此二者之间是存在非经典关联的.

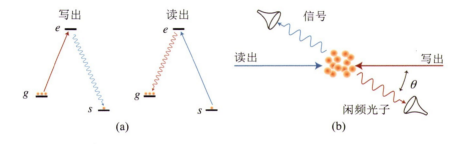

图 2.5.2　DLCZ 方案原理示意图

DLCZ 方案在单元信道上构建异地纠缠的方式是单光子干涉. 在单元信道两端分别制备写出光场与原子系综间的非经典关联, 进而将写出光场传输至信道中央进行单光子干涉. 当两端的实验参数一致时, 干涉后如果探测到一个写出光子(无法确定其究竟源自哪个原子系综), 则成功地在单元信道两端建立了如下形式的量子纠缠:

$$|\psi\rangle = \frac{1}{\sqrt{2}}(|0\rangle_A |1\rangle_B + |1\rangle_A |0\rangle_B)$$

其中 $|0\rangle$ 对应于系综内没有单激发, $|1\rangle$ 对应于系综内有一个单激发. 进一步将临近系综内的单激发转换为单光子, 并进行单光子干涉, 便可以将量子纠缠由单段拓展至多段乃至整个信道的首尾两端. 然而, 这种类型的光子数态纠缠很难用于远距离密钥分发等. 为此, 可在整个信道的首尾两端产生两对光子数态纠缠并进行干涉, 由此可以制备远程的

光子偏振纠缠.

由于 DLCZ 方案在进行纠缠连接时采用的是单光子干涉,远距离单光子干涉在实验上实现起来难度很大.为此,赵博等人于 2007 年提出了基于双光子干涉的原子系综量子中继方案[192].当采用双光子干涉时,如何抑制高阶事例在纠缠连接时的进一步传递成为了一个重要难点.赵博等人巧妙地将纠缠连接过程分成两种类型,采用不同的线性光学贝尔基分辨方案,巧妙地将高阶事例的影响控制在了二次纠缠交换以内,成功地抑制了高阶事例的增长.

在双光子干涉方案中,构建量子中继的基本资源是非光子数态的光与原子纠缠.其产生方法主要有两种:第一种是将纠缠光子对中的一个光子存储在量子存储器内[193];第二种是直接在存储器内通过拉曼散射等方法产生光与存储器间的量子纠缠.第一种方法对纠缠光子有较高要求,需要其具有较窄的频率线宽,来匹配存储器内的原子跃迁.相对而言,第二种方法不需要其他额外的实验装置,显得更为简便.直接产生纠缠有两种常见形式:一种是利用拉曼散射过程中原子内态与散射光子偏振间的量子关联[194];另外一种是利用散射光子出射方向与激发原子动量模式间的量子关联[195].

2.5.3 存储时间提升

存储时间是量子存储器的重要性能指标.在量子中继中,只有量子比特的存储时间远超过量子中继基本单元的纠缠产生时间,才有可能进行高效的纠缠连接.不同量子中继方案对量子存储时间的要求有一定差异,不过一般来说 100 ms 至 s 量级的存储时间是需要的[190].在冷原子系综体系中影响存储时间的因素有很多,如图 2.5.3 所示,下面分别进行阐述.

和很多量子体系一样,磁场也是影响量子存储寿命的一个主要因素.在早期的冷原子量子存储实验里,并没有分辨塞曼能级的光学泵浦,因此会有很多塞曼能级参与量子存储过程.如果偏置磁场稳定,多个塞曼能级间的量子干涉会导致光子在不同时间读出而会呈现一种坍缩恢复(collapse and revival)现象.这一现象导致单量子态无法在任意时间读出.通过光学泵浦的方法将原子制备在单塞曼子能级并对操控光进行精确偏振控制,可以将单激发态制备在指定的两个能级之间,进而完全避免坍缩恢复现象.在这种情况下,磁场依然会影响量子存储寿命,其影响方式主要有两种:一种是磁场强度随时间的不确定性涨落,导致每个原子在 $|g\rangle$ 与 $|s\rangle$ 间的相位都会发生涨落,然而如果磁场是均匀的,则每个原子经历的相位涨落是相同的,因此对集体态来说并不会导致退相干.另外一种则是磁场的空间非均匀性,会导致每个原子在 $|g\rangle$ 与 $|s\rangle$ 间的相位演化发生紊乱,进而

导致退相干.在典型实验条件(磁场非均匀性为几毫高斯)下,该机制限制了存储寿命为几十至一两百微秒.磁场非均匀性导致的退相干可以进一步通过选取"钟态跃迁"的方式进行抑制.对于铷-87原子来说,可能的钟态跃迁包括$|-1,1\rangle$和$|0,0\rangle$,其中两个标号分别对应于$5S_{1/2}(F=1)$与$5S_{1/2}(F=2)$的塞曼能级.采用钟态跃迁并将磁场设置在最优点时,磁场非均匀性本身导致的相干时间一般都可以达到s量级以上.

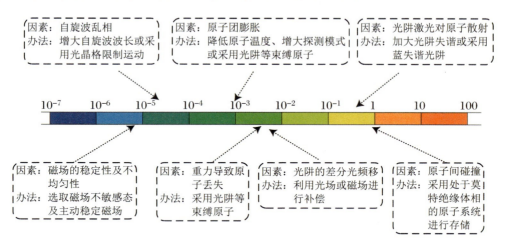

图2.5.3 冷原子量子存储的退相干机制

原子运动是影响系综量子存储寿命的另一个主要因素.原子运动导致的退相干存在两种方式:第一种方式是原子运动导致的集体态相位紊乱.在制备单激发态过程中,光子的动量变化会转移至原子.由于是集体态,每个原子均有可能携带这一动量转移,如果每个原子的运动方向是随机的,自然就会导致集体态的相位紊乱,进而在读出过程中通过集体增强来高效地转化为单光子.在实验中,一般为获取足够高的信噪比,读/写控制光与读出/写出单光子方向间的夹角为3°左右,对应自旋波态的波长为15 μm左右,在典型原子温度情况下原子运动给出的存储寿命为几十微秒.原子运动导致的自旋波乱相可以通过减小控制光与单光子间的夹角,或者采用光晶格来限制自旋波方向的原子运动来进行抑制.原子运动导致的原子数丢失是原子运动退相干的另外一种方式.在磁光阱情况下,量子存储器间的原子完全是自由运动的,在一般ms量级时间尺度原子就会由于热膨胀以及重力等因素跑出相互作用区域.因此,采用光阱等手段在存储期间限制原子运动就成为获取毫秒以上存储时间的必由之路.当存储时间达到s量级尺度时,原子间的碰撞、原子与背景气体的碰撞等将成为主要限制因素.

在冷原子量子存储研究的早期,量子存储寿命仅为10 μs左右,主要受限于磁场导致的多塞曼通道干涉等因素.2009年赵博等人采用原子钟态进行量子存储时,发现原子运动导致的自旋波乱相是几十微秒量级存储时间限制的主要因素,并通过减小探测角度的方法成功地将存储时间提升至 ms 量级[196]. 与此同时,R. Zhao 等人通过一维光晶格限制自旋波方向原子运动也获得了 ms 量级的存储时间[197]. 为延长原子与控制光的作用时间,包小辉等人设计沿重力方向读写的实验装置,并于 2012 年将存储时间由 1 ms 提升至 3.2 ms[198]. 为获取百毫秒的存储时间,Radnaev 等人[199]于 2010 年在一维光晶格装置中采用光补偿的方式限制了光晶格导致的差分光频移,进而获得了 0.1 s 的存储时间. 2010 年 Dudin 等人[200]在一维光晶格装置内又发展了差分光频移的磁补偿方案,实现了 0.2 s 的存储时间. 然而,一维光晶格是无法同时实现高效存储的,2016 年杨胜军等人首次实现了三维光晶格内差分光频移的磁补偿,获得了 0.53 s 的存储时间[201].

2.5.4　光子接口效率提升

单光子接口的效率是量子存储器的另一个重要性能指标. 在量子中继中,光子接口效率直接决定了量子中继基本单元产生纠缠的速率,以及在临近中继单元间进行纠缠连接的效率. 在单粒子体系中,光子的出射方向一般是 4π 分布的,只能够通过增大收集立体角以及采用高品质因子的谐振腔来提高收集效率. 在系综体系中,利用单光子与大量原子间的集体相互作用,可以较容易地实现光子辐射的定向读出. 2016 年 J. Laurat 等人通过对读写过程的参数进行仔细优化,并采用一个光学厚度为 12 的原子系综,实现了高达 50% 的单光子读出效率[202].

利用集体增强效应实现单光子接口的效率受限于原子的光学厚度. 采用光学谐振腔可进一步提升单光子接口的转换效率. J. Simon 等人于 2007 年使用线性谐振腔的方法增强了写出光子与读出光子,实现了高达 84% 的单光子读出效率[203]. 在这一实验中,线性谐振腔无法选择写出过程的前向散射光子与后向散射光子. 然而,后向散射光子属于噪声项,其对应的自旋波波长仅为几百纳米,对应极短的存储时间. 为此,包小辉等人于 2012 年首先实现了基于环形腔的系综量子存储器[195]. 在他们的实验中,前向散射光子与后向散射光子在输出时具有不同的传播方向,很容易分开,使得仅仅筛选前向散射光子成为可能.

2.5.5　确定性纠缠制备

在传统的 DLCZ 类方案中,产生光与原子的纠缠依赖于自发拉曼散射过程. 这一过程决定了纠缠产生只能以低概率的方式进行.假如一对光与原子纠缠的产生概率为 p,则同时产生两对光与原子纠缠的概率为 p^2.为了获得较高的纠缠保真度,纠缠产生概率一般控制在 0.01 左右.如果采用两对光与原子纠缠来构建量子中继基本单元,则成功的概率仅为 0.0001,也就意味着量子信道内绝大多数时间传输的是没用的真空态.如何能够提升光与原子纠缠的产生概率而又不以牺牲纠缠保真度为代价呢? 基于里德堡态的原子-原子相互作用为这一问题提供了一个非常好的解决方案[204].

里德堡态是指主量子数非常大($n\approx100$)的量子态.当主量子数 n 增加时,原子半径按 n^2 增加,而原子间的偶极-偶极相互作用按 n^4 增大.当主量子数达到 100 时,一个处于里德堡态的原子可以阻止另外一个与它相距 10 μm 远的原子进一步激发到里德堡态.这就是所谓的里德堡阻塞效应.如果能够制备一个 10 μm 左右大小的微小原子系综,在激光光场的耦合下,整个系综将会在所有原子处于基态与一个原子处于里德堡态的单激发态间进行相干拉比(Rabi)振荡.若控制激光脉冲的持续时间使其对应为一个 π 脉冲,则可以确定性地制备一个单激发态.

2012 年,Dudin 等人首次在微小系综体系内利用里德堡相互作用制备了单光子态[205].随后,Dudin 等人进一步在该体系内观测到了集体拉比振荡[206],发现拉比振荡频率与原子系综内原子数 N 的平方根成正比.2013 年,李霖等人进一步将一个里德堡态的单激发分两次读出,进而产生了单光子与原子系综间在光子数态上的量子纠缠[207].为了产生单光子与原子系综内单激发间的量子纠缠,需要在系综内同时制备并且操纵两个单激发态.2014 年 Ebert 等人制备了一个基态单激发与一个里德堡态单激发,并进一步利用里德堡阻塞效应演示了 $N=2$ 原子数态的产生[208].2016 年,李骏等人成功地制备了两个独立的基态单激发,并采用调整拉曼光角度的方法完美地演示了单激发态间的 Hong-Ou-Mandel 效应[209].该实验为接下来产生单光子与单激发间的确定性量子纠缠奠定了基础.

2.5.6　通信波段接口

冷原子量子存储器的工作波长一般位于近红外波段,例如铷原子的波长在 780 nm 或者 795 nm.然而在此波段,光纤的损耗是较高的,单位长度衰减一般为 4 dB/km 左右.而在通信波段,光纤的单位长度衰减则要小很多,比如在 1550 nm 附近的损耗为 0.2 dB/km,在 1310 nm 附近的损耗为 0.3 dB/km.因此,为实现基于量子中继的远距离量子通信,量子存储器需具备高效的通信波段接口技术.

实现与冷原子相兼容的通信波段接口主要有两种方式:一种方式是产生近红外波段

光子与通信波段光子间的量子纠缠,之后将近红外波段光子存储在冷原子系综内,进而便制备了通信波段光子与原子系综间的量子纠缠.这种方式对纠缠光源的要求较高,不仅要求纠缠光子的频率具有超窄线宽,而且也对光源产生概率、传输损耗、模式复用等有较高要求.另一种方式是采用单光子频率转换技术,将近红外波段的光与原子纠缠转移至通信波段.这一方式仅仅对频率转换单元提出了高转换效率、低噪声的要求.关于具体技术实现,主要有两条途径:第一条途径是采用原子系综内的四波混频过程,Radnaev等人于 2010 年实现了 54% 的转换效率[199].这一途径主要受限于原子的能级结构,只适用于原子的激发态能级中恰好有与通信波段相匹配的组合.对于铷原子来说,恰好可以利用 5P 态与 6S 间的跃迁来实现 1324 nm 或者 1367 nm 的频率转换.另一条途径是采用非线性晶体内的差频过程.为实现较高的转换效率,一般需要采用准相位匹配的波导结构来延长光子的相互作用距离.采用差频方法进行频率转换的优点是转换过的波长取决于泵浦激光波长,原则上可转移至通信波段的任意波长.技术上的主要难点是如何实现低损波导的加工及耦合,以及如何抑制波段内的四波混频噪声等.

2.5.7 多模复用

量子中继的一个关键是如何提升基本单元首尾两端的纠缠产生速率.采用里德堡阻塞效应的确定性光与原子纠缠制备大大地提高了异地纠缠产生速率.在单个量子存储器内,如能够实现多个模式复用,将进一步提高量子中继基本单元的纠缠产生速率.由于原子系综内具有大量原子,因此相比于单粒子体系而言,拥有大量的自由度可用于模式复用.比较常见的可用自由度包括原子内态、集体态的空间模式、原子团的空间模式、集体态的时间模式等.

一般来说,冷原子系综具有较大尺寸(mm 量级),而量子存储过程一般仅需要几十至几百微米大小的原子团.因此一段较大的原子系综可以分割成很多微小阵列,分别用于进行独立的量子存储过程.2009 年,S. Y. Lan 等人首次采用这一方法在一个大系综内实现了一维 12 个小系综的阵列复用[210].2007 年,Y. F. Pu 等人进一步将这一方法拓展至二维阵列复用,最终实现了高达 225 个小系综的阵列复用[211].在单个原子系综内,可进一步采用多个空间模式的方法来增加复用数目.2012 年,戴汉宁等人利用单个系综的四个空间模式,成功地实现了双光子窄带纠缠的量子存储[212],其原理如图 2.5.4 所示.轨道角动量是空间模式的另外一种表达形式,也可以在单个系综内进行存储.2016 年,丁冬生等人在两团原子系综间建立了高达七维度的轨道角动量纠缠[213].此外,原子系综内单激发也可以具有不同的时间模式.2015 年,B. Albrecht 等人首次演示了两个时间模式的量子存储[214]，不过在模式增加的同时信噪比下降得较为厉害.

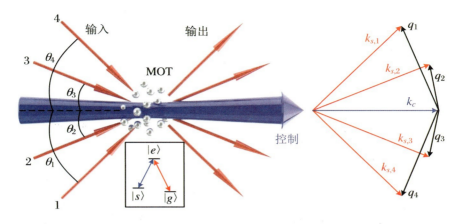

图 2.5.4　原子系综内多模式存储示意图

2.5.8　综合存储性能提升

量子中继对量子存储性能的要求较高，不但要求具备较长的存储时间，还要求同时具有较高的单光子接口效率；此外，也对纠缠产生速率、通信波段接口效率等有较高要求.在量子存储研究的起步阶段，一般对单个量子存储指标分别进行攻关.然而，单个性能指标较优的存储器是肯定无法满足远距离量子中继需求的.因此，量子存储研究的终极目标是在单一实验装置上集成多个较优的量子存储性能.个别存储指标在不影响量子中继应用的情况下，采用其他方式实现并能跟量子存储器进行高效连接也是可行的.比如，通信波段接口能力完全可以通过基于非线性晶体的单光子频率转换来实现，将量子存储器的工作频率拓展至适合光纤内远距离传输的通信波段.

对于冷原子系综体系，存储寿命与单光子接口效率在 2012 年之前均已有非常好的结果.然而在存储寿命较优的实验里，光子读出效率非常低.在光子读出效率高的实验里，量子存储寿命非常短.2012 年，包小辉等人设计了一个巧妙的实验装置，将原子系综存储器与环形腔增强相结合，首次成功地实现了长存储时间与高读出效率的结合.当时的存储时间是 3.2 ms，主要受限于有限原子温度导致的原子扩散.按照估算，为满足500 km量子中继需求，量子存储时间至少需要提高至 100 ms 量级，同时需要保持较高的光子读出效率.通过几年的努力，2016 年，杨胜军等人首次实现了百毫秒级的高效量子存储[201].他们主要采用了三维光晶格来限制原子运动，并对光晶格导致的差分光频移效应采用磁场补偿的方法进行解决.他们最终实现了长达 220 ms 的存储时间,同时获得了 76%的单光子读出效率.该结果的里程碑式意义在于第一次将存储时间与读出效率提升至满足 500 km 量子中继需求,如图 2.5.5 所示,而 500 km 恰恰是光纤信道通过直接传输进行量子通信的极限距离.接下来,在量子存储综合性能指标提升方向的趋势是,进一步综合确定性纠缠制备、通信波段接口、多模存储等性能.

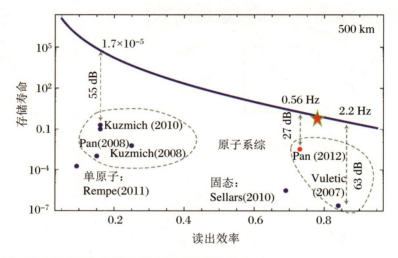

图 2.5.5　500 km 量子中继器对存储寿命与读出效率的要求

2.5.9　量子中继和量子网络的原理演示

随着冷原子系综量子存储研究的不断深入,单个量子存储的性能正在不断提升之中,同时操纵多个原子系综的能力也在不断提升.采用几个量子存储实验装置已经可以对量子中继以及量子网络的基本单元、原理等进行演示(图 2.5.6).通过这些原理演示实验,可对量子存储装置进行检验,并对指标提升指明方向,同时也为未来搭建多节点量子中继及量子网络系统奠定基础.

在实验进展方向,C. W Chou 等人于 2007 年第一次在冷原子系综内演示了 DLCZ 量子中继方案的基本单元[215].他们一共采用了四个原子系综,两个系综构成一个节点,两个节点相距 3 m.他们成功地在两个节点间制备了两对光子数态的原子-原子纠缠,并将两对纠缠进行干涉,进而在两个节点间最终产生了单激发态空间模式间的量子纠缠,并通过进一步转化为双光子间的极化态纠缠进行验证.在双光子量子中继方向,苑震生等人于 2018 年首次实现了两个由 300 m 光纤相连的量子中继节点间的量子纠缠[216].该实验采用空间关联方法制备两对光与原子纠缠,并采用双光子干涉方法进行纠缠连接,对光程相位扰动免疫.2012 年,包小辉等人首次实现了由 150 m 光纤相连的两个原子系综间的量子态隐形传输[217].他们在第一团原子系综内制备一个任意单量子态,在第二团原子系综内制备一对光与原子纠缠.通过将第一团原子系综内的量子态读出为单光子后与第二团原子系综给出的单光子进行贝尔基分辨,即实现了两团系综间的量子态隐形传输.通过控制两团原子系综的激发概率,量子态隐形传输成功时会给出信使信号,大大增强了该实验的应用价值.目前限制该方向的瓶颈因素是有限的量子存储性能,相信随着量子存储性能的不断提升,更大尺度的量子中继及量子网络将会逐渐成为可能.

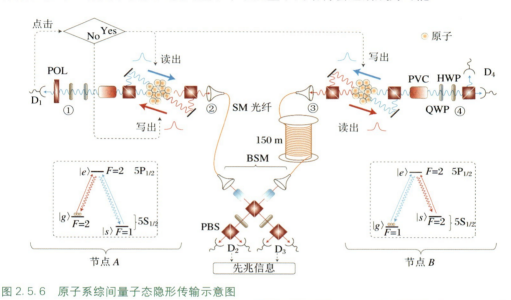

图 2.5.6　原子系综间量子态隐形传输示意图

2.5.10　结语

综上所述,采用量子中继技术是解决地面中远距离(大于 500 km)量子通信的必由之路,而量子存储技术又是重中之重.冷原子系综体系的实验研究开展得比较早,发展得较为成熟,在多个量子存储性能上处于领先地位.该体系后续发展的重点是提升光与原子纠缠的制备效率,兼容长寿命高效率存储,发展高效通信波段接口技术以及与远距离光纤通信相兼容的模式复用技术等.量子存储综合性能指标的提升,结合多节点量子中继以及量子网络的原理性演示,逐渐地使量子中继能够由原理走向实用,为构建大尺度量子互联网奠定了基础.

2.6　稀土原子量子存储与量子中继

李传锋　周宗权　郭光灿

光的量子存储对于量子网络至关重要.过去十几年间,多种物理系统被用来实现这一目标.其中基于稀土掺杂晶体的固态量子存储具有操作装置简单、可按需读取、性能稳定、便于集成等优点.我们将阐述固态量子存储的工作原理,回顾当前研究进展,并探讨其在量子信息领域及在检验量子物理基本问题中的应用.

2.6.1　量子存储简介

量子信息科学为人类带来各种超越经典信息过程的独特技术.光子是量子信息的天然载体,因此光量子信息过程在量子技术中占有重要地位.光的量子存储,即光量子态的存储与读出,是构建量子网络的重要基石.量子存储是量子中继的核心元器件[188],而量子中继则是实现量子信息长程传输的基础.在基于线性光学的量子计算模型中,量子存储可以用来实现量子比特的同步,从而完成量子并行操作[218].事实上,量子存储可以应用于对几个随机独立事件进行同步的各种过程.

由于光的量子存储的重要性,近年来量子存储研究突飞猛进.评价量子存储器性能的主要指标有:① 保真度,即读出量子态与输入量子态间的交叠程度,保真度越高,存储操作的成功率越高;② 存储时间,对长距离量子通信尤其重要,存储时间越长,两个通信节点相距可以越远,相应传输距离也可以越远;③ 存储效率,对线性光学量子计算等应用,可容忍的存储效率须大于 50%,对于量子中继应用来说,效率越大,对应光子的可传输距离越远;④ 存储带宽,根据时间-能量的不确定性关系,带宽决定了可以存储的最短脉冲,脉冲越短,相同时间内可以传输的脉冲就越多,信息量也就越多,高速信息处理和实用宽带量子光源都需要宽带的量子存储器;⑤ 多模式工作能力,如果系综型存储器能实现时间域或空间域上的多模式并行存储,则可以有效提高量子通信的重复频率及成功效率;⑥ 工作波段,实用化的量子存储器应可以工作在光纤通信窗口 1550 nm 或 900 nm 左右以实现与其他量子光源系统的耦合.除以上指标外,存储器的工作环境需求、机械稳定性、化学稳定性、经济适用性等也都是构建实用化量子网络时应考虑的因素.

各种物理系统被用来实现光的量子存储,包括原子系综[219]、单原子系统[220]、稀土掺杂晶体[221]等.同时,光与不同物质系统的相互作用也促进了相关领域的发展,如材料科学、原子光谱学、电子和核自旋操控等.量子存储还可以帮助我们探索量子物理的基本问题.近年来,量子存储领域取得了长足的发展,包括大幅度提升量子存储时间和存储容量,以及基于量子存储器构建初步的量子网络[222-224]等.

2.6.2 基于稀土掺杂晶体的固态量子存储

因看中量子存储器的巨大应用潜力,欧盟联合项目"量子比特应用(qubit applications,QAP)"资助了丹麦哥本哈根大学玻尔研究所、英国牛津大学克拉伦敦实验室、德国马普学会等9个单位,在各种体系下研究量子存储器的物理实现.所采用的物理体系包括稀土掺杂晶体、NV色心、半导体量子点、单个Rb原子、热原子、冷原子.从2010年该联合项目结题后发表的综述文章[189]中可以看出,当时基于稀土掺杂晶体的量子存储器在诸多性能上处于领先地位.

稀土离子具有十分丰富的光学谱线,它的4f层中未配对的电子被外层满电子层屏蔽,故与周围环境耦合弱,相应能级迁移具有较长的寿命.这些优良特性使得稀土离子过去几十年在激光产业中获得了广泛而重要的应用.随着稳频可调谐激光器、低温强磁场等技术的发展,近些年来人们可以精确地操控掺杂晶体的吸收谱线[225].由于各种特征的稀土离子吸收谱与光相互作用,出现了许多新奇有趣的物理现象,利用人工可控的晶体吸收谱实现量子存储的课题随即迅速发展起来[221].稀土离子的4f层中未配对的电子在4f层内部的能级迁移在低温下具有很长的光学相干时间($10~\mu s \sim 10~ms$),其核自旋超精细分裂能级最长具有超过6 h的超长相干时间,这使得稀土离子十分适合单光子的量子存储.相对于其他量子存储体系,稀土掺杂晶体具有明显的优势:离子激发态相干寿命长,可提供长时间的存储;有多种掺杂离子可选,工作波段丰富,并且可提供光纤通信窗口波长;离子系综非均匀展宽很宽($1 \sim 100~GHz$),可提供宽带存储;光与物质相互作用强,存储效率高;杂质离子天然囚禁在宿主中,位置稳定,适合做空间信息存储;实验所用样品商业化,易加工和购买;作为固态体系,易集成和扩展,物理化学性质稳定.在原则上,几乎每一种稀土离子都可以用于固态量子存储,目前常用的稀土离子有铒离子、钕离子、镨离子、铕离子等,每一种离子都有其特定的存储波长,其中铒离子的存储波长在1.55 μm的通信波段.常用的掺杂晶体有硅酸钇、钒酸钇等,不同的晶体会引起稀土离子存储的光波长的nm量级的平移.在一般情况下,由于稀土离子只有在低温下才具有较长的相干时间,故为获得较长的存储寿命,稀土离子掺杂晶体需要放到 3 K 左右的低温腔中进行实验.

2.6.3 两能级的固态量子存储

除了具有很长的光学跃迁相干时间[225]和核自旋超精细跃迁相干时间[226-228]外,稀土离子掺杂晶体还具有很宽的带宽,这是由晶体场的非均匀展宽造成的[229-230],不同稀土掺杂晶体的带宽不同,从 1 MHz 到 100 GHz 量级不等.存储带宽很宽是个重要优点,但同时也意味着光子被存储到离子能级后,其相干性会很快衰减,所以大多数稀土离子晶体的存储方案都是为了解决相位消相干问题.常见的方案包括电磁感应透明(electromagnetically induced transparency,EIT)[231]、受控恢复型均匀展宽(controlled reversible inhomogeneous broadening,CRIB)[232-233]、原子频率梳(atomic frequency comb,AFC)[234],以及 DLCZ 方案[191,235].需要指出的是,对于特定的存储介质,还没有哪种方案展示出绝对的优势,必须根据需要选择合适的方案.

例如,作为量子存储的最重要的应用之一,大多数的量子中继方案需要存储寿命较长的存储器[190,236],但是这并不意味着两能级原子频率梳存储方案不能应用于量子中继.2014 年,Tittel 教授研究组证明采用频域多模式并行复用技术,利用存储寿命短的量子存储器也可以完成量子中继任务[237].其主要思想是利用频域(或其他自由度)的多模式并行复用确保以接近于 1 的概率完成节点间的贝尔基测量,并辅以模式变换和前反馈控制技术,由此即可实现量子中继.此外,两能级存储方案因具有极高的保真度还可应用于量子计算等任务.

1. 光的两能级存储

2008 年,瑞士日内瓦大学的 Gisin 教授研究组首次在 Nd:YVO$_4$ 晶体中利用原子频率梳技术实现了单光子水平弱相干光的存储[238].原子频率梳方案示意图见图 2.6.1,它需要利用泵浦激光对下能级 $|g\rangle$ 到激发态 $|e\rangle$ 跃迁的非均匀展宽吸收带做频率选择性泵浦,获得一系列频率域上周期为 Δ 的吸收峰.那些不需要的离子被泵浦到另一个辅助下能级 $|aux\rangle$ 上.$|g\rangle \rightarrow |e\rangle$ 的周期性吸收谱如同频域上的一个光栅,在吸收一个光子后,它的自然演化将导致时域上的"衍射",即在一定时间后发射出该光子.原子频率梳方案目前取得了众多重要实验进展,我们对此方案做重点介绍.与 $|g\rangle \rightarrow |e\rangle$ 共振的单光子输入晶体后,将被这些尖锐的吸收峰同时吸收,这时的原子系综量子态可以用下式表达[234]:

$$| \Psi \rangle_a = \sum_j^N c_j e^{i\delta_j t} e^{ikz_j} | g_1 g_2 \cdots e_j \cdots g_N \rangle$$

其中 N 是原子频率梳中的原子数目，g_j 和 e_j 代表第 j 个原子（即 Nd 离子）的基态和激发态；k 是光子的波矢；z_j 是第 j 个原子的位置；δ_j 是第 j 个原子的频率失谐；系数 c_j 依赖于第 j 个原子的空间位置和频率. 不同频率的原子将会经历相位消相干，然而由于频率梳的周期性结构，相位将会发生再定相（rephasing），光子将会在 $2\pi/\Delta$ 时刻发射，相应的存储时间为 $2\pi/\Delta$，由光学频率梳的频率间隔决定. 这个过程与光学频率梳的工作原理非常类似. 原子频率梳方案的最大优势是，它的存储带宽原则上可完全利用晶体的非均匀展宽，且存储模式数也随之相应增多.

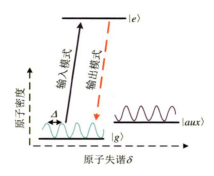

图 2.6.1　原子频率梳方案示意图[237]

为了证明原子频率梳方案的高保真度特性，Gisin 组制备了双重原子频率梳，从而使相邻的两个输入脉冲在发射时干涉，通过调节两脉冲的相对相位，他们获得了 82% 的干涉可见度. 在该实验中单光子存储的效率仅约为 0.5%，这主要是因为其制备的原子频率梳具有较高的本底吸收深度，90% 的入射光子由于本底吸收而损耗. 此后，Gisin 组又通过改进泵浦技术，优化原子频率梳结构，在 Pr 掺杂的晶体中实现了效率为 25% 的单光子原子频率梳存储[239].

上述实验对单光子的存储都是对衰减激光即相干态的存储. 基于对存储器性能的不断提升，2011 年 Gisin 组和 Tittel 组成功实现了对时间-能量纠缠光子对的存储和读出. 在 Gisin 组的实验[240]中，纠缠光子对由参量下转换过程制备，其中信号光子经过频率滤波、带宽匹配后送入光学泵浦的 Nd:YSO 晶体中被存储后再由单光子探测器探测. Gisin 小组测得读出后的光子对贝尔不等式的违反达 2.64，充分证明了掺杂晶体原子频率梳方案量子态存储的优异表现. Tittel 小组的存储介质为 Ti:Tm:LiNbO₃ 波导[241]，该介质工作波长为 795 nm，存储带宽高达 5 GHz. Tittel 组的实验也实现了存储后读出的光子对贝尔不等式的违反，存储保真度达 95%. 基于对纠缠光子对中一个光子在两块晶体中的相干存储,2012 年 Gisin 组成功完成了两块晶体的预报性纠缠[242].

2010 年,Lauritzen 等人利用受控恢复型均匀展宽方案在掺铒晶体中实现了通信波段单光子水平的量子存储[243].这种方案利用电场控制非均匀展宽.采用光谱烧孔技术制备一个窄的吸收线,由于外加电场的斯塔克效应,吸收线将被展宽.展宽后的谱线宽度应该与待存储光子的带宽相匹配.信号光在 $t=0$ 时刻被展宽后的谱线吸收和被与中央频率相差 δ 的原子存储后将逐步积累相位,在 $t=\tau$ 时刻,相位为 $e^{-i\delta\tau}$.这时突然对电场进行极性翻转,原子随后的失谐 δ 也会相应翻转.当 $t=2\tau$ 时,积累的相位为 $e^{-i\delta\tau}$,和前面演化积累的相位恰好抵消,导致相位再定相,光子就会从晶体中发射出来.在 CRIB 方案中,若控制外场分布使离子的共振频率在晶体空间位置上单调排布,则获得了一种特殊的 CRIB 方案,称为梯度回波存储(gradient echo memory,GEM)[244-245].在这种存储方案中,由于离子共振频率与空间位置一一严格对应,可以避免读出光子在晶体其他位置上的重复吸收,故理论上存储效率可逼近 100%.2010 年,Longdell 教授研究组在 Pr∶YSO 晶体中实现了对单光子高达 70% 的存储效率[246],这是目前实验上实现的最高存储效率,但受限于可利用的外场强度,存储带宽仅为 1 MHz.Gisin 组利用 GEM 方案还在 Er∶YSO 晶体中实现了通信波段的单光子存储[243].

2. 光子偏振态的高保真度存储

原子频率梳方案具有独特的优势,它的存储读出过程中不需要额外经典光的存在,故应具有更高的存储保真度.然而绝大多数稀土掺杂晶体都具有各向异性的吸收特性,单块的晶体只能对某一特殊偏振态实现存储,而无法实现对任意偏振编码的光子的存储.

笔者所在实验室首次实现了对单光子偏振态的存储[247].由于单块 Nd∶YVO$_4$ 仅对水平偏振光有强吸收作用,故我们采用了两块等厚且平行的 Nd∶YVO$_4$ 晶体,分别处理光的水平偏振及竖直偏振成分.为实现对两种正交偏振的对称化操作,一个 45° 半波片放置在两块晶体中间,用以交换这两种正交偏振态.整块样品由两块晶体包夹半波片胶合而成,如同一个紧凑的"三明治",如图 2.6.2 所示.泵浦光由声光调制器产生,其偏振方向接近 45°,其中水平偏振成分将对第一块晶体实现操纵,而竖直偏振成分经样品中间的半波片旋转后将对第二块晶体吸收带实现操纵.为进一步提升偏振态制备的纯度并降低来自泵浦光的噪声,采用泵浦光与待存储光非共线型的光路.实验样品置于温度为 1.5 K、磁场为 0.3 T 的低温腔中.我们实验得到的存储保真度达到 99.9%,目前仍然是所有量子存储器中保真度最高的.

Gisin 组和 de Riedmatten 组也同时实现了光子偏振态的量子存储.Gisin 组的偏振存储保真度为 97.5%[248],de Riedmatten 组的存储保真度为 95%[249].Gisin 组在此后所有偏振存储的实验中均改用我们的"三明治"型量子存储器方案[247].

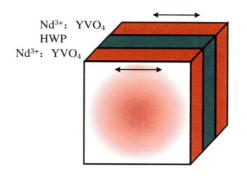

图 2.6.2　"三明治"型存储器示意图[247]

3. 时间、空间、频率的多模式存储

　　量子存储的多模式并行复用操作将极大地提升量子中继过程的信道容量[190,236-237]. 在稀土掺杂晶体中,时域的多模式和存储带宽直接相关.2010 年,Gisin 组在 Nd:YSO 晶体中制备了带宽达 100 MHz 的原子频率梳,并演示了 64 个单光子脉冲(脉宽约 10 ns)的存储,充分展现了原子频率梳的宽带宽、多模式存储能力[250].2015 年,笔者的实验把这一纪录提升至 100 个单光子时间模式[251].Bonarota 等人利用经典光脉冲,在0.93 GHz 的存储带宽中展示了 1064 个模式的存储潜力[252].频域的多模式复用纪录则是 26 个模式,是在 Ti:Tm:LiNbO_3 波导中实现的[237].

　　2015 年,笔者所在研究组首次利用稀土掺杂晶体 Nd:YVO_4 实现了 3 维轨道角动量纠缠的量子存储[253].不同于光子的偏振只有水平和垂直两个维度,光子的轨道角动量可以取任意正整数,理论上具有无穷维.在实验中,笔者利用 PPKTP 晶体的自发参量下转换过程制备出与存储带宽匹配的 3 维轨道角动量纠缠光子对,然后把光子对中的一个光子存储到稀土掺杂晶体中.通过过程层析的办法,我们得到 3 维存储过程的保真度达到99.3%.我们还验证了存储前后 3 维贝尔不等式的违反,证实在存储的过程中量子态的非局域性被很好地保持下来.为了探索存储器的高维存储能力,我们利用弱相干光制备了各级轨道角动量的叠加态,然后存储到 Nd:YVO_4 中,结果显示稀土掺杂晶体的空间高维存储能力达到 51 维.

4. 构建基本的量子网络

　　一个量子网络将由多种量子系统组成,如何实现不同系统间的连接和构造量子界面是量子网络的重要问题.随着固态量子存储操控水平的提高,目前已经开始初步探索和其他物理系统间的量子界面的实验研究.

2015 年,笔者所在研究组首次实现了两个固态系统之间的连接,即把自组织量子点发射的确定性单光子源存储到了稀土掺杂晶体 Nd：YVO$_4$ 中[251],如图 2.6.3 所示.我们将 InAs/GaAs 量子点放在低温腔中,用光脉冲激发后会发射出接近 Nd：YVO$_4$ 的运行波长 879.7 nm 的确定性单光子.同时利用局部加热的方法精细改变量子点的温度,相应地微调量子点发射的单光子的波长至与存储器工作波长完全匹配,然后把单光子存储到 5 m 外的另一光学平台上的固态量子存储器中.我们测得的存储保真度达 91.3%.在实验中我们进一步展示了时域多模式量子存储,证实一次存储过程可以同时存储 100 个单光子脉冲,即 100 个时间模式,创造了单光子多模式存储的最高水平.

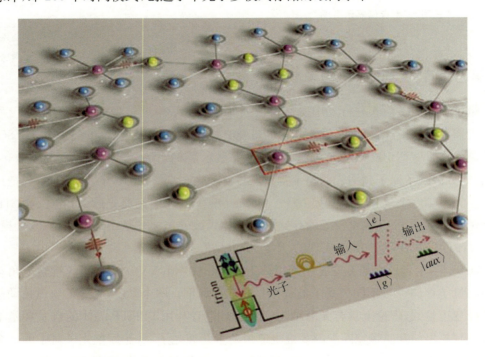

图 2.6.3　基于量子点和固态量子存储器的量子网络界面示意图

2017 年,de Riedmatten 组首次实现了冷原子气体系统与稀土掺杂晶体的对接[254].他们首先利用铷原子气体的拉曼过程产生触发式单光子,波长为 780 nm.量子界面由级联的波长转换过程完成.第一个 PPLN 波导的差频过程把 780 nm 的光转换到1552 nm,第二个 PPLN 波导的和频过程把 1552 nm 的光子转换到606 nm.最后一步则把单光子存入 Pr：YSO 晶体.实验测得的量子比特的存储保真度为 85%.

2.6.4 自旋波存储

在以上介绍的实验中,光子被存储到稀土离子的激发态上,故存储时间受限于上能级激发态的寿命.要想提高存储寿命,需要把量子态存储转移到相干寿命更长的下能级核自旋超精细能级中,这种技术叫作自旋波存储,其示意图如图 2.6.4 所示.2010 年,Gisin组在 Pr:YSO 晶体中实现了对经典光的自旋波存储[255].这种晶体的下能级在无磁场下即有三个精细结构劈裂,实验中 606 nm 的光子被原子频率梳共振吸收 $|g\rangle \rightarrow |e\rangle$ 泵到激发态以后,又被一个与 $|e\rangle \rightarrow |s\rangle$ 共振的控制光脉冲转移到下能级 $|s\rangle$ 上,经过一段时间的存储后,另一个控制光脉冲重新将其转移到激发态 $|e\rangle$,然后如同两能级原子频率梳存储一样转移到 $|g\rangle$,从而发射光子.在该实验中,存储时间被延长至 20 μs,然后受限于控制脉冲的低转移效率以及自旋退相干效应,其存储效率仅约为 0.2%,信噪比过低,故不能完成单光子存储实验.

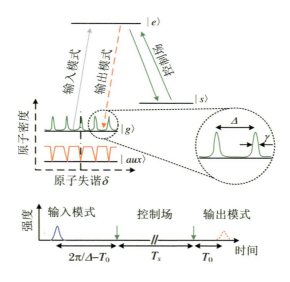

图 2.6.4　结合自旋波的原子频率存储方案示意图[231]

此后存储技术不断提高,终于在 2017 年,de Riedmatten 组首次在 Pr:YSO 中实现了单光子的自旋波存储[256].他们利用 PPLN 晶体的自发参量下转换制备出关联光子对,然后将其中一个光子存入自旋波.

2.6.5　超长相干寿命

2015 年，Sellars 组把 Eu：YSO 的核自旋超精细分裂能级的相干寿命提升到惊人的 6 小时[257]，从而为量子信息的传输提供了一种新思路，即量子优盘．这让我们有可能把光子携带的量子信息存储到超长寿命的固态量子存储器，然后用经典交通工具进行运输，由此可以实现远程的量子信息传输．

这里最重要的是塞曼分裂一阶导数归零（ZEFOZ）技术．对于没有未配对电子的稀土离子（如 Pr 和 Eu），其哈密顿量为

$$H = B \cdot M \cdot I + I \cdot Q \cdot I$$

其中 B 为外磁场，I 是核自旋，M 是塞曼矩阵，Q 是四极相互作用矩阵．在特定的磁场下塞曼效应和四极相互作用会抵消，导致自旋跃迁对周围环境磁场变化不敏感（跃迁频率对磁场的一阶导数接近于零），从而极大地提升了自旋波的相干寿命．Eu：YSO 中 Eu 离子的核自旋能级分裂随磁场变化以及 ZEFOZ 跃迁点如图 2.6.5 所示．另外，通过与动力学解耦技术结合，可进一步减弱环境对系统的干扰，进一步延长自旋波相干寿命．

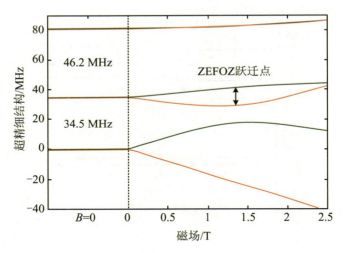

图 2.6.5　ZEFOZ 跃迁点示意图[257]

2.6.6 结语

经过近 10 年的努力,基于稀土掺杂晶体的固态量子存储各方面性能均已得到极大的提升,但是综合这些优异性能于一体而实现量子中继仍然很有挑战性.根据笔者的半层级式量子中继方案[258],要想实现 600 km 的量子中继,除了要具有确定性纠缠源之外,量子存储器需要达到 35% 的存储效率,同时存储寿命要达到 6.1 ms,并要具有 300 个复用模式.

另外,超长寿命的自旋波存储将开辟量子优盘的新方向.这个方向的下一步目标是将携带量子信息的光子在稀土晶体中存储到 h(小时)量级,并演示量子优盘的可移动特性.

此外,稀土掺杂晶体的长寿命特点将使它可以用来实现量子传感,以及用来研究量子物理基本问题,如宏观实在性的实验检验[259]等.

2.7 自由空间（卫星）量子通信与天地一体化量子通信网络

彭承志　王建宇

2.7.1 背景介绍

1. 全球量子通信的意义

量子通信的长期目标是向更远距离和更大覆盖范围的网络延伸,最终构建出全球范围的量子通信网络.目前量子通信地面光纤网络已经趋于成熟,我国在这方面走在了世界的最前面.2013 年国家批准立项的量子保密通信"京沪干线"由中国科学技术大学承建,于 2017 年建成.该干线连接北京、上海、济南、合肥四个城域网,全长 2000 多千米,是世界上首条量子保密通信主干网.京沪干线将大幅提高我国军事、政务、银行和金融系统的安全性.

虽然光纤量子通信网络可以覆盖我国大部分国土,但是面对光纤无法到达的地方,如南海诸岛、驻外领馆、远洋舰队等,就需要借助自由空间量子信道,即量子通信卫星.卫星可以实现全球范围的覆盖,保障我国在全球范围内的通信安全.我国于 2016 年 8 月发射的"墨子号"量子科学实验卫星,一个主要目标就是对此展开技术验证,这是世界上第一颗具备量子通信终端能力的卫星.通过天上卫星和地面光纤网络的结合,可以形成一个覆盖全球的天地一体化量子通信网络.

天地一体化量子通信网络首先在地面通过光纤网络实现各主要城市的城域覆盖,同时通过高效的量子中继器实现城域网之间的连接;在天上通过多颗低轨和高轨的量子通信卫星组成量子星座,每颗卫星都通过地面站与地面光纤网络连接,最终形成一个能实时覆盖全球的网络.该网络能够将更安全的互联网带给每一个用户.

2. 国内外进展

自由空间量子通信一开始就呈现中国和欧洲竞争的态势.中国科学技术大学潘建伟

团队在 2005 年就实现了距离达 13 km 的自由空间量子纠缠分发和量子通信,在国际上首次证明纠缠光子在穿透等效于整个大气层厚度的地面大气后,纠缠仍然能够保持,并可应用于高效、安全的量子通信,为后续自由空间量子通信实验奠定基础.2010 年,潘建伟团队又实现了当时国际上距离最远的 16 km 自由空间量子隐形传态.2012～2013 年,潘建伟团队实现了 10^5 m 的自由空间量子传隐形态和量子纠缠分发,并对星地量子通信可行性进行全方位地面验证.这些研究工作坚实地证明了实现基于卫星的全球量子通信网络和开展空间尺度量子力学基础检验的可行性.

在欧洲,奥地利蔡林格团队于 2007 年在大西洋上实现了两个海岛之间的 143 km 纠缠光子传输,并在 2013 年实现了 143 km 的自由空间量子隐形传态.意大利研究团队在 2008 年实现了将光子发射到卫星并接收到反射光子的实验.

2012 年底,英国《自然》杂志在其评选的年度十大科技亮点中专门报道了潘建伟团队在量子通信领域的研究成果,并指出:"在量子通信领域,中国用了不到十年的时间,由一个不起眼的国家发展成为现在的世界劲旅,将领先于欧洲和北美……"

2016 年 8 月,潘建伟团队在自由空间量子通信的长期国际竞争中取得了领先,由我国自主研制的"墨子号"量子科学实验卫星在国际上率先发射升空."墨子号"的目标是开展世界首个星地间量子通信实验,包括星地高速量子密钥分发、星地双向量子纠缠分发和地星量子隐形传态等任务."墨子号"的成功研制和发射,标志着我国在国际自由空间量子通信领域从并跑和小幅度领先,变为大幅度领跑.

与此同时,国际上也加快了追赶中国的步伐.2016 年,欧盟启动 10 亿欧元的量子技术旗舰计划《量子宣言》,将星地远距离量子通信列为优先发展的目标.2017 年,奥地利科学院牵头提出了 CubeSat 计划,利用低成本的微型卫星实现星地量子通信网络覆盖.2017 年,日本的 SOCRATES 卫星通过和地面站的激光脉冲传输实验,验证了利用微型卫星进行星地量子通信的一些关键技术.

随着"墨子号"量子科学实验卫星的成功发射和运行,自由空间量子通信已经进入了卫星时代.截至目前,"墨子号"量子科学实验卫星依然是唯一在轨的具备量子通信终端能力的卫星.

2.7.2 "墨子号"量子科学实验卫星

1. 项目简介

"墨子号"量子科学实验卫星是中国科学院空间科学战略性先导专项的首批科学卫

星之一,其科学目标由中国科学技术大学潘建伟教授提出,通过在卫星与量子通信地面站之间建立量子信道完成一系列具有国际领先水平的科学实验任务.科学目标包括进行星地高速量子密钥分发实验,并在此基础上进行广域量子密钥网络实验,以期在空间量子通信实用化方面取得重大突破;在空间尺度进行量子纠缠分发和量子隐形传态实验,开展空间尺度量子力学完备性检验的实验研究.2011年底卫星项目正式立项,2016年8月16日成功发射,2017年8月完成三大既定科学目标.

卫星项目突破了一系列关键技术,包括同时与两个地面站的高精度星地光路对准、星地偏振态保持与基矢校正、高稳定星载量子纠缠源、近衍射极限量子光发射、卫星平台复合姿态控制、星载单光子探测、天地高精度时间同步技术等.

根据量子科学实验卫星的特点和实际需求,在卫星工程研制上设置了工程总体和六大系统,包括卫星系统、运载火箭系统、发射场系统、测控系统、地面支撑系统和科学应用系统.中国科学院上海微小卫星创新研究院负责研制卫星系统及卫星平台;中国科学院上海技术物理研究所联合中国科学技术大学研制有效载荷;中国科学技术大学负责科学应用系统研制;中国科学院国家空间科学中心负责整个卫星工程以及地面支撑系统的研制运行.

2. 卫星系统和载荷

量子科学实验卫星配置有四个主载荷,分别为量子密钥通信机、量子纠缠发射机、量子纠缠源、量子实验控制与处理机,如图2.7.1所示.

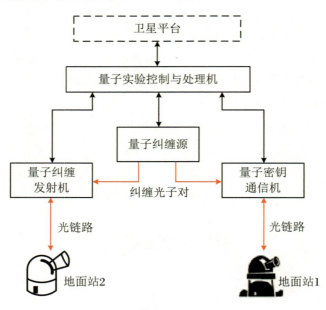

图 2.7.1　量子科学实验卫星有效载荷关系图

量子密钥通信机与量子纠缠发射机均可与地面站建立双向跟瞄链路,实现光信号的传递.其中,量子密钥通信机在卫星姿态机动指向地面站1的基础上,进行小范围跟踪,实现与地面站1的ATP链路对接,并可发射量子密钥信号、接收地面站的量子隐形传态信号以及发射一路纠缠光对.量子纠缠发射机可通过自带二维转台机构实现与地面站2的大范围光链路对接,进行另一路纠缠光的发射.量子纠缠源则是星上纠缠光子对的产生源头,将纠缠光子对分发给两个发射光机载荷,是纠缠分发实验的核心.量子实验控制与处理机进行量子科学实验任务的流程控制,时间同步,实现密钥分配实验密钥基矢比对、密钥纠错和隐私放大等数据处理,最后提取最终密钥,此外实现纠缠实验和隐形传输接收的数据分析处理.

（1）卫星平台

"墨子号"量子科学实验卫星为太阳同步轨道卫星,轨道高500 km,降交点地方时为22:30～次日01:00.该卫星轨道的选取可保障科学实验在地球阴影区进行,以及每天相对恒定的实验轨数.整星质量不大于640 kg,平均功耗小于560 W.为了实现一星同时对两个地面站建立量子链路,卫星平台具备姿态机动对站指向能力,精度优于0.5°(3σ).

卫星平台由结构分系统、姿态控制分系统、星载计算机、总电、热控分系统、测控分系统以及数传分系统等组成,为有效载荷提供实验平台需求,包括供电、姿控指向、指令与状态遥测、科学数据传输等(图2.7.2、图2.7.3).

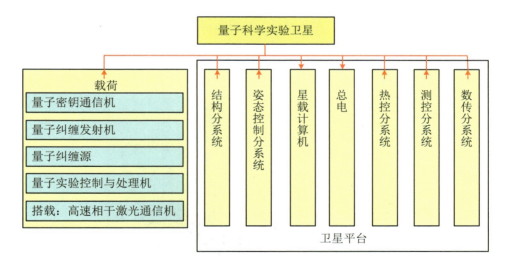

图2.7.2　量子科学实验卫星组成示意图

图 2.7.3　量子科学实验卫星发射前综合测试

（2）量子密钥通信机

量子密钥通信机（图 2.7.4）在卫星姿态机动基础上实现对地面站的捕获、跟踪与高精度瞄准功能；具备量子密钥通信信号的产生与发射功能；具备量子纠缠光的极化检测与校正功能，实现纠缠光发射；具备量子隐形传态信号的接收与探测功能；具备信标光、同步光的发射与接收探测功能.望远镜口径大于 300 mm，采用二维指向镜机构进行粗跟踪，采用快速反射镜进行精跟踪.在轨对地面站跟踪误差最优小于 0.5 μrad（1σ），量子信号发散角小于 12 μrad（$1/e^2$），实现 780 nm、810 nm、850 nm三个波段保偏，通过抗辐照设计实现单光子探测器在轨长期应用，暗计数每天增量小于 1 个/s.

图 2.7.4　量子密钥通信机实物图

其工作原理框图如图 2.7.5 所示.量子密钥通信机首先利用 ATP(捕获、跟踪、瞄准)系统与地面站建立精密光链路,量子光收发、同步光收发等均与 ATP 系统共用光路,完成与地面站的对接.量子密钥通信机由光机主体与电控箱两个单机组成:光机主体单机包括 ATP 执行机构、探测器、量子收发模块及电子学等;电控箱单机主要负责 ATP 系统的电子学控制.

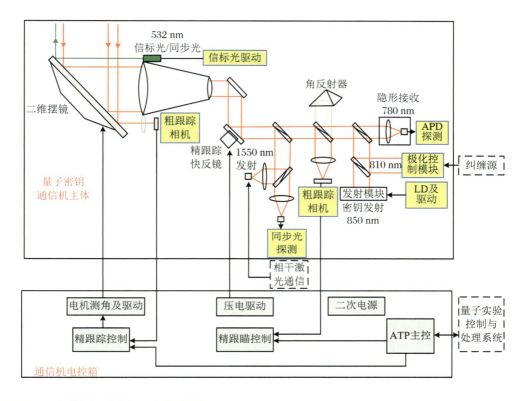

图 2.7.5　量子密钥通信机工作原理框图

(3) 量子纠缠发射机

量子纠缠发射机(图 2.7.6)基于轨道预报数据及卫星姿态机动,对地面站进行大范围初始指向以完成捕获,实现高精度跟踪与瞄准;具备量子密钥信号的产生与发射功能;具备量子纠缠光的极化检测与校正功能,实现纠缠光发射;具备信标光、同步光的产生和发射功能.量子纠缠发射机望远镜口径大于 180 mm,采用二维转台机构进行粗跟踪,快速反射镜进行精跟踪.跟踪范围方位轴 $\pm 90°$,俯仰轴 $-30° \sim +75°$,在轨对地面站跟踪误差最优小于 $0.5\ \mu\mathrm{rad}(1\sigma)$,量子信号发散角小于 $12\ \mu\mathrm{rad}(1/e^2)$.

其工作原理框图如图 2.7.7 所示.量子纠缠发射机同样由光机主体与电控箱两个单

机组成:光机主体单机构建和保持空地间高精度量子通信链路,提供纠缠源接口,实现量子信号的产生与发射;电控箱单机实现载荷工作流程以及跟踪控制.

图 2.7.6　量子纠缠发射机实物图

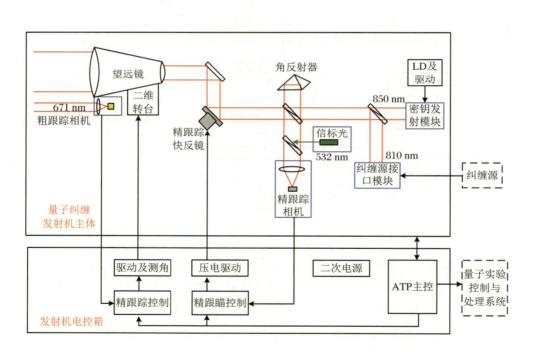

图 2.7.7　量子纠缠发射机工作原理框图

（4）量子纠缠源

量子纠缠源(图 2.7.8)是星地量子纠缠分发的核心,产生高亮度的纠缠光子对,纠缠亮度达到 5.6 MHz 以上.量子纠缠源产生的纠缠光子分别通过光纤传输给量子密钥通信机与量子纠缠发射机,然后发送到两个地面站.

量子纠缠源的难点在于实现航天工程化,在空间复杂环境下保持系统内各光学组件的稳定性与可靠性.其工作原理框图如图 2.7.9 所示.量子纠缠源采用周期性极化晶体 PPKTP,基于 Sagnac 环产生纠缠光子.波长 405 nm 泵浦光被波片调节成 45°后经过

图 2.7.8　量子纠缠源实物图

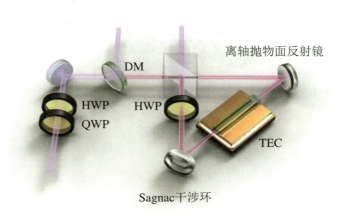

图 2.7.9　量子纠缠源工作原理

PBS,被等概率地分为顺时针(1路)和逆时针(2路)两路进入 Sagnac 干涉环.1路泵浦 PPKTP 晶体产生信号光与闲频光,再经光路中半波片后发生极化反转.2路泵浦光先经过半波片变为 H 偏振光,再泵浦 PPKTP 晶体同样产生信号光与闲频光.两路产生的参量光经 PBS 完成单光子干涉出射后,在 PBS 的透射路与反射路进行探测时,无法区分探测到的光子是来自1路还是2路,这就形成了双光子纠缠态.

(5) 量子实验控制与处理机

量子实验控制与处理机(图2.7.10)负责:量子实验流程的控制,包括数据指令转发解析、载荷遥测采集等;在密钥分发实验中产生随机数,调制量子密钥光源,对量子密钥数据进行采集、密钥的提取与存储,以及量子密钥管理、中继等;在量子纠缠分发中进行同步光时间测量与调制,实现星上纠缠时间测量;在量子隐形传态中进行上行同步光时间测量、量子测量信号的数据采集与存储等.星上量子密钥诱骗态光源调制频率最大为 200 MHz,信号时间测量精度达到 100 ps(1σ)以下,数据存储区大于 10 GB,采集密钥分发数据处理时间小于 1 s.

图 2.7.10　量子实验控制与处理机实物图

其组成如图2.7.11所示.量子实验控制与处理机为主备单机配置,包括电源管理、量子通信与流程控制电路、量子实验处理电路、数据存储电路以及电路箱结构等.

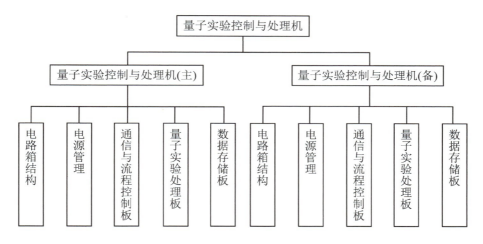

图 2.7.11　量子实验控制与处理机组成图

3. 科学应用系统

　　科学应用系统是空间量子科学实验系统的核心. 科学应用系统负责整个量子科学实验卫星项目科学实验计划的制订, 科学实验的运行控制, 科学数据和应用的处理、传输、存储管理与发布, 是整个量子科学实验计划的大脑. 同时, 科学应用系统将与卫星系统一起构成星地一体化系统, 科学应用系统负责建设包括北京兴隆、乌鲁木齐南山、青海德令哈、云南丽江四个量子通信地面站以及西藏阿里量子隐形传态实验站, 配合量子科学实验卫星完成科学实验目标.

　　(1) 兴隆地面站

　　中国科学院国家天文台兴隆观测站(图 2.7.12)是目前东亚大陆上规模最大的光学

图 2.7.12　兴隆地面站

观测基地,始建于 1965 年,位于燕山主峰南麓(117°34′30″ E,40°23′36″ N)、长城北侧,海拔 960 m,隶属于国家天文台光学天文重点实验室,是国家天文台恒星与星系光学天文观测基地.兴隆观测站建于海拔 960 m 的山顶,周围无山脉遮挡,地平高度 10° 以上的目标都能观测.兴隆观测站天文视宁度好(峰值为 1.65′),大气透明度好,每年有 240～260 个光谱观测夜、100～120 个测光观测夜.通过改造兴隆观测基地原有口径 1 m 的光学望远镜所建设的量子通信地面站将与卫星一起完成星地高速量子密钥分发实验.

(2) 南山地面站

中国科学院南山观测基地(图 2.7.13)位于乌鲁木齐市以南的天山(87°10′40″ E,43°28′10″ N),距乌鲁木齐市约 70 km,海拔 2080 m,距亚洲地理中心约 20 km.南山站建于 1991 年,现有 25 m 射电天文望远镜、40 cm 精密光电观测望远镜、太阳色球望远镜、GPS 卫星定位观测系统等仪器设备.通过新建包括口径 1.2 m 光学望远镜的量子通信地面站,南山站将不但能够与卫星协同完成星地高速量子密钥分发实验,还能够通过卫星中继与兴隆地面站一起完成广域量子通信网络演示实验.

图 2.7.13　南山地面站

(3) 德令哈地面站

中国科学院紫金山天文台德令哈观测站(图 2.7.14)位于青海省海西蒙古族藏族自治州德令哈市蓄集乡境内的泽令沟小野马滩,西距德令哈市 33 km,南距青海省省会城市西宁至德令哈主干公路 3.2 km(97°43′40″ E,37°22′40″ N),海拔 3158 m.所处地貌部位为巴音郭勒河冲洪积扇的前缘轴部,地形开阔平坦,微向南倾,坡度 1%,对天文观测来说基本没有遮挡.依托德令哈观测站新建的 1.2 m 口径光学望远镜将构成德令哈量子通信地面站的主体.

图 2.7.14　德令哈地面站

（4）丽江地面站

中国科学院云南天文台丽江天文观测站（图 2.7.15）位于丽江市玉龙纳西族自治县太安乡高美古村,至丽江市区的直线距离约 30 km,海拔 3200 m,相对高度 800～1100 m,北纬 26°42′附近,属低纬度天文观测台.该地区年平均晴夜达 250 天,没有人为光线和沙尘的干扰,加之天光背景暗、空气透明度好,具备良好的大气宁静度,因此成为国内很好的天文观测位置.丽江天文观测站园区地势开阔,还将安装多台望远镜,形成不同口径、不同学科目标、多台天文望远镜协同工作的局面,成为我国南方名副其实的最重要的天文观测基地.通过改造丽江观测站已有 1.8 m 望远镜,建成能够满足空间量子通信实验需求的量子通信地面站.量子科学实验卫星飞过青海德令哈站与云南丽江站之间时,可在两个地面站之间进行星地量子纠缠分发实验.

（5）阿里地面站

科学应用系统在西藏阿里地区建设了空间量子隐形传态实验站（图 2.7.16）.当量

图 2.7.15 丽江地面站

图 2.7.16 阿里地面站

子科学实验卫星飞过阿里地面站上空时,实验站向量子科学实验卫星发射纠缠光子,完成星地量子隐形传态实验.西藏阿里天文观测站位于阿里地区狮泉河镇南的东西向山脊的头部($80°1'39''$ E,$32°19'18''$ N),海拔 5100 m,山顶宽阔平坦.距离狮泉河镇 30 km,距离昆沙机场 25 km.观测站西北方向迎风面宽阔平坦,相对高度大于 700 m.西藏阿里地区西南部是中国境内天文观测条件最佳区域,阿里天文观测站正处于该区域的典型位置.

4."墨子号"科研成果

(1) 星地高速量子密钥分发

星地高速量子密钥分发是"墨子号"量子科学实验卫星的主要科学目标之一.量子密钥分发实验采用卫星发射量子信号、地面接收的方式."墨子号"量子卫星过境时,与河北兴隆地面光学站建立光链路,通信距离从 645 km 到 1200 km.在 1200 km 通信距离上,星地量子密钥的传输效率比同等距离地面光纤信道高 20 个数量级(1020 倍).卫星上量子诱骗态光源平均每秒发送 4000 万个信号光子,一次过轨对接实验可生成300 Kbit安全密钥,平均成码率可达 1.1 Kbit/s.这一重要成果为构建覆盖全球的量子保密通信网络奠定了可靠的技术基础.以星地量子密钥分发为基础,将卫星作为可信中继,可以实现地球上任意两点的密钥共享,将量子密钥分发范围扩展到全球.此外,将量子通信地面站与城际光纤量子保密通信网(如合肥量子通信网、济南量子通信网、京沪干线)互联,可以构建覆盖全球的天地一体化保密量子通信网络.

(2) 星地双向量子纠缠分发

星地双向量子纠缠分发是"墨子号"量子科学实验卫星的主要科学目标之一.双向量子纠缠分发采用卫星发射纠缠光子、两处地面分别接收的方式."墨子号"量子卫星过境时,与青海德令哈地面光学站和云南丽江地面光学站建立光链路,卫星到两个地面站的总距离平均为 2000 km,跟瞄精度为 0.4 μrad.卫星上的纠缠源载荷每秒产生 800 万个纠缠光子对,建立光链路,可以以每秒 1 对的速度在地面距离超过 1200 km 的两个站之间建立量子纠缠,该量子纠缠的传输衰减仅仅是同样长度最低损耗地面光纤的$1/10^{12}$.在关闭局域性漏洞和测量选择漏洞的条件下,获得的实验结果以 4 倍标准偏差违背了贝尔不等式,即在兆米距离上验证了量子力学的正确性.

(3) 地星量子隐形传态

地星量子隐形传态是"墨子号"量子科学实验卫星的主要科学目标之一.量子隐形传态采用地面发射纠缠光子、天上接收的方式,"墨子号"量子卫星过境时,与海拔 5100 m 的西藏阿里地面站建立光链路.地面光源每秒产生 8000 个量子隐形传态事例,地面向卫星发射纠缠光子,实验通信距离 500 km 变到 1400 km,所有 6 个待传送态均以大于

99.7%的置信度超越经典极限.假设在同样长度的光纤中重复这一工作,需要3800亿年(宇宙年龄的20倍)才能观测到1个事例.这一重要成果为未来开展空间尺度量子通信网络研究,以及空间量子物理学和量子引力实验检验等研究奠定了可靠的技术基础.

(4) 基于纠缠的星地量子密钥分发

以"墨子号"量子科学实验卫星的星地量子纠缠分发为基础,纠缠光子对中的一个光子在"墨子号"卫星上做测量,另一个光子发到青海德令哈地面站,从而实现了从卫星到地面的纠缠编码方式(BBM92协议)的量子密钥分发.实验时卫星与地面站的距离从530 km变到1000 km,对应的光学链路衰减从29 dB变到36 dB.在整个530~1000 km范围内,量子密钥的最终平均成码率为3.5 bit/s.这项工作为星地量子密钥分发开拓了新的方向,对单光子编码方式(诱骗态BB84协议)的高速星地量子密钥分发技术起到了补充作用.

2.7.3 自由空间(卫星)量子通信未来展望

"墨子号"量子科学实验卫星是低轨卫星(轨道高度500~600 km),相对地面飞行速度较快(约8 km/s),每次过站时间小于10分钟.至少需要三天才能遍历全球范围的地面站,过站时间过快,并且采取了只在夜间工作的模式来避免太阳光背景噪声的干扰,因此无法满足全天时量子通信需求.

为实现全球天地一体化量子通信网络的目标,必须研制高轨量子通信卫星.单颗高轨卫星能够同时覆盖整个国土,过站时间可以达到几小时.由若干颗高轨卫星和低轨卫星组成一个"量子星座",就可以全天24小时覆盖整个地球.但是越高轨的卫星在太阳光范围内的比例越高,在地影区(黑夜)的比例越小.因此要求"量子星座"必须能够在太阳光背景下工作,即尽可能地排除太阳光对探测端的影响.为解决这个问题,首先要改变量子通信使用的光子波长.传统自由空间量子通信(包括"墨子号")使用的光子波长集中在800 nm附近.如果我们选取1550 nm的通信波段,太阳光的辐射强度只有800 nm时的1/3左右,大气散射也只有800 nm光子的7%左右.同时,1550 nm作为光通信波长,可以和地面的量子通信网络自然对接,还可以通过"上转换探测器"来解决1550 nm光子的探测效率问题.

因此,自由空间量子通信的短期目标是实现全天时量子通信技术,研制并发射高轨量子通信卫星,同时发射低成本的低轨微型量子通信卫星;长期目标为发射多颗由高轨和低轨卫星共同组成的"量子星座",实现覆盖全球的天地一体化量子通信网络.

第 3 章

量子计算与量子模拟

量子计算与量子模拟是量子信息学研究的重中之重,它利用量子力学规律对微观粒子进行精确的量子操控来完成量子信息的计算过程,目标为实现可实用化的量子计算机,从而引领下一次信息革命.

"天下武功,唯快不破",用这句台词来形容量子计算机再合适不过了.量子叠加态赋予了量子计算机真正意义上的"并行计算"能力.经典计算机已经接近 CPU 计算能力的极限,目前只能靠并列更多的 CPU 来艰难地维持着摩尔定律.在全世界对信息处理速度的需求越来越高的今天,量子计算凭借量子叠加态的先天优势,能够达到经典计算机无法比拟的速度,因此越来越受到重视.

诺贝尔物理学奖得主、美国著名物理学家费曼(R. Feynman)在 1981 年的一次演讲中阐述了使用量子系统来计算的基本想法.1985 年,David Deutsch 提出了现代量子计算机的模型,并探讨了概率图灵机与量子计算机能否有效地模拟任意的物理系统的问题.1994 年,Peter Shor 提出了质数因子分解量子算法,可以在短时间内破解目前广泛使用的公钥加密系统(如 RSA),让世界看到了量子计算的威力.随后一系列理论研究表明,量子计算机在大数据处理和全局优化问题上有着明显的速度优势,因此在人工智能方面具有显著的应用前景,越来越受到互联网巨头们的重视.同时,量子计算机在量子化学、凝聚态物理等量子系统的计算上更有着先天的优势,这些领域很可能成为量子计算实用化的突破点.

量子计算机的研制分为通用型和专用型两种.通用型量子计算机指的是利用量子逻辑门控制量子比特来做量子计算.它可以看作是数字化的量子计算机.理论上证明通过受控非门(CNOT gate)的各种组合就可以实现任意的量子逻辑过程,因此提到未来实用化的量子计算机,一般都指这类通用型的量子计算机.

但是通用型量子计算机需要大量的量子比特和量子逻辑门,对物理系统的可扩展性要求很高.并且,由于量子比特必须经过量子逻辑门的幺正演化,某种程度上量子叠加态的威力也打了些折扣.为了让量子计算机更早地展现出它的优势,物理学家想到了针对一些特殊的问题,可以采用专用型的量子计算机来解决.这些专用型量子计算机可以不需要量子逻辑门,只靠自身量子系统的特点通过模拟的方式来有针对性地解决问题,因此专用型量子计算机也称为量子模拟机.

于是量子计算机的研制目标可以分为三个阶段:

第一个是"量子霸权"阶段.即专用量子计算机对特定问题(如玻色采样、随机线路取样)的计算能力超越经典超级计算机,学术界将这一成就称为"量子霸权".一般实现量子霸权大约需要50位量子比特的相干操纵.实现量子霸权的技术难度是量子计算能力的重要体现,将是该研究领域的一个分水岭.

第二个是实用化量子模拟机阶段.实现数百个量子比特相干操纵的量子计算系统,应用于具有实用价值的组合优化、量子化学、机器学习等方面,指导新材料设计、药物开发等.

第三个是通用可编程的量子计算机阶段.即相干操纵数亿位量子比特且可容错的量子计算机,能在经典密码破解、大数据搜索、人工智能等方面发挥巨大作用.完成这三个阶段,意味着人类实现了量子计算机的梦想,这将是人类实现第二次信息革命、全面进入量子信息时代的标志.

本章内容全面地介绍了各种物理系统在量子计算和量子模拟研究中的进展.其中3.1节~3.3节分别介绍了既可做通用型量子计算又可做专用型量子计算的光子、囚禁离子和超导电路三种方案.目前三种方案都取得了重大进展,其中超导电路方案因其在可扩展性方面的优势,最受Google,IBM,Intel等互联网巨头们的重视.3.4节介绍了主要用于专用型量子计算的超冷原子方案,在某些量子模拟上可能最先实现量子霸权.3.5节、3.6节分别介绍了面向通用型量子计算的两种固体材料方案.3.7节介绍了一种基于准粒子的、理论上更有优势的方案.3.8节介绍了和物理实验系统相配套的各种量子计算算法.

3.1 多功能的光子：光学量子计算与量子模拟

陆朝阳

光,是万物生存的根本条件之一.日出而作,日落而息,自古以来人类按照此规律生生不息,我们对此司空见惯.想象在一个盛夏的夜晚,仰望繁星,那些来自不同星球、穿越茫茫星际、历经千万甚至上亿年的一个个光子打在我们的视网膜上,这是一种什么样的感受? 光子又是什么? 人们对光的认识艰难而曲折,从开始仰望星空的那一刻起,对光的本质的思考就从来没有停止过,在近代科学发展中,从牛顿到普朗克,再到爱因斯坦,很多我们耳熟能详的科学家都参与其中.最终随着量子力学的发展,以"光既是波又是粒子"而和解.波是什么? 我们小时候会把石头投到水面,激起的层层涟漪就是水波;同样,光也是这样的波.我们知道,量子力学里的粒子是指微观粒子,比如原子,它是组成万物的基本单元.光子也是如此.假设我们家里有一台 100 W 的白炽灯发光,将光能量均等地分割成 10^{20} 份,这时每份能量你不能再分割,这就是光子,也称光量子.这一概念是由物理学家普朗克在 1900 年为解释黑体辐射而提出的,在科技发展了 100 多年后的今天,我们能够产生、操纵和测量一个个的光子,并可以用光子来构造一种全新的计算机——光学量子计算机.

3.1.1 光学量子计算机的系统组成

想象现在要制造一台高效的光学量子计算机,我们可能需要攻克哪些零零碎碎但又不可或缺的技术呢? 就像我们现在使用的个人电脑一样,我们需要有灵敏的鼠标和键盘输入指令、高效集成的中央处理器进行运算与数据处理,并需要有精准而清晰的结果输出设备.类似地,构建一台量子计算机,最主要的是实现量子比特的制备、调控和测量.在光学量子计算机中,通过制备高品质单光子作为基础的量子资源,进行量子比特的编码;而光量子比特的调控可以通过自由空间中的光学器件或者集成波导线性网络来实现;最后,利用单光子探测器,对光量子比特进行测量,完成结果读出.下面分别介绍这几个部分.

1. 单光子源

前面提到,我们可以使用单光子编码量子比特.由于单光子的重要性,如何产生高质量和高亮度的单光子源对量子计算非常重要.一个理想的单光子源要求以 100% 的概率发射一个光子,并且每次发射的光子都是相同的.如果我们将生活中常见的光源如白炽灯、激光或者火焰发出的光进行衰减,会发现这些光是由一个个单光子组成的,尽管如此,这些光源每次激发的光子数目也是不确定的,可能是一个,也可能是多个,因此这些经过衰减的弱光并不是单光子源.

常见的一些小规模的光学量子计算实验中采用的光子大多是基于非线性晶体的自发参量下转换过程产生的,如图 3.1.1(a)所示.当一束频率较高的泵浦激光经过非线性晶体时,高频的光子会以一个很小的概率劈裂为一对低频的光子,可以利用这个过程中产生的单个光子编码量子信息.这种实验技术成熟,效率较高,可以用于光量子计算,但由于自发参量下转换过程是概率性的,可能一次不发射或发射多个光子,从而造成计算准确性下降并且可扩展性较差.

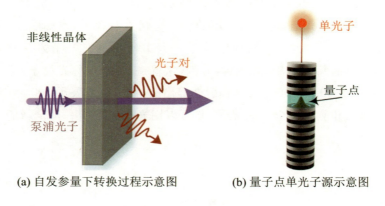

(a) 自发参量下转换过程示意图　　　(b) 量子点单光子源示意图

图 3.1.1　常见单光子源产生示意图

真正的单光子源每次激发只会产生一个光子,一个典型的例子就是单个原子的辐射,但是非常不幸运的是,"囚禁"一个原子而让它固定在一个地方通常需要光阱或者其他电磁阱进行捕捉,这使得基于单原子的单光子源目前还很难得到应用.为实现确定性的可扩展单光子源,采用半导体量子点光源是一种重要的途径,如图 3.1.1(b)所示.量子点是半导体上生长的一些非常小的颗粒,电子和空穴之间有一个离散的能级结构,又称为"人造原子",当用激光进行激发时,就能像原子一样辐射单个光子,由于这些光子是朝着四面八方发射的,为了控制光子出射的方向,可以在量子点的两边都长一个小"镜子"

（称为分布式布拉格反射镜），也可以将量子点放到微腔结构里面，当光子的能量和偏振与谐振腔匹配时，量子点的自发辐射将大大增加．这种触发式光源非常稳定，产率高，可以集成，但因单色性较低，故通常需要在低温下工作．近些年，在对量子点的生长、调控等技术方面取得了很大的进展，但实用化可扩展的单光子源还存在不少的挑战，例如提高耦合效率，未来将不断优化这种单光子源，从而获得高纯度、高效率的单光子．

2. 光学线性网络

制备了光量子比特以后，需要对光量子比特进行相干操纵．在量子光学实验发展的早期，大量的光量子计算方案验证主要是基于自由空间的线性光学实验，我们可以采用散装的分束器、波片、相移片等线性光学器件实现对量子比特的调控．例如，我们可以用 45° 的半波片实现光子偏振比特的翻转，利用半波片和 1/4 波片组合，实现任意单比特操作．另外，利用光子在分束器上的干涉，能够制备多个光子的纠缠态．这种基于自由空间的线性光学量子计算实验技术已经较为成熟，且光子在晶体中的损耗以及在自由空间的衰减都很低．但从长远来看，随着量子比特的增加，这种光学网络会变得很庞大，对实验操作与稳定性的要求会越来越高，可扩展性稍差．

于是，研究人员开始尝试对这种庞大的系统进行小型化和集成化，发展了集成光学（integrated photonics），将基本的光学元件集成到小小的"芯片"上．比如，基于波导的光量子计算，把光学干涉网络集成为波导芯片，来进行光量子计算，不仅集成度高，而且还可以自由地调控集成的光学干涉网络，实现"编程处理"．2008 年，英国科学家 Politi 等人在一块硅基二氧化硅芯片上构造了分束器的线性网络（图 3.1.2），进行了两个光子的干涉和简单的光子逻辑门实验演示[260]．由于波导芯片都是整片加工的，相对自由空间光学元件更加稳定，并且可扩展性更强，但由于器件表面不是绝对平滑的而造成散射以及光纤的衰减，效率还不够高，因此，集成光学技术仍然需要进一步发展．

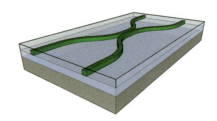

图 3.1.2　波导结构示意图

3. 单光子探测器

最后,我们需要对光量子比特进行测量,实现计算结果的读出.一个单光子的能量约为 200 zJ,可想而知,对这样一个低能量的光子进行探测是非常困难的,一般的光电检测器无法有效地对光子进行探测,需要使用单光子探测器,将单个光子的信号放大并进行记录.

最早的单光子探测器是 20 世纪 30 年代发明的光电倍增管(photo multiplier tube,PMT).它的工作原理是光电效应,由于光子在金属上激发产生电子,通过多级的二次激发放大形成一定电流,实现对光子的探测,光电倍增管具有很低的噪声,并且在很大的一个角度敏感,非常适用于粒子探测,但这种探测器不稳定,探测效率受限于光子激发电子的效率.如果探测器吸收了一个光子却没激发电子,则这个光子就丢失了,因此光电倍增管慢慢地被其他更适宜的探测器代替.

目前在光学量子计算实验中最常用的是基于雪崩二极管的单光子探测器(single photon avalanche diode,SPAD).雪崩光电二极管由硅材料制成,雪崩的意思是在光子到达探测器之后,会像雪崩一样越来越多且越来越快地增加载流子,从而形成电流信号,实现探测.这种探测器的效率较高,使用广泛,但它不能分辨光子数目,而且探测波段通常受限于可见光到近红外范围.后来发明了一种可见光光子计数器(visible-light photon counter,VLPC),也叫作固态光电倍增管,这种探测器使用一层半导体材料进行光子吸收,当有一个光子入射时,会产生一对电子-空穴,其中的一个粒子(通常是空穴)会进入一个高的 P 掺杂区,当杂质能带电子非常靠近导带时就会产生雪崩效应.由于总的雪崩增益受限于缓慢移动的正电荷,所以可以进行光子计数.

对光子进行探测的另外一种选择是使用超导单光子探测器,这类探测器包括转变边缘探测器和纳米线单光子探测器两种.它们的原理是通过单光子能量局域超导薄膜或纳米线的边缘加热,将局部的超导态转换为非超导态,实现电流或电压的突变,利用这个突变不仅可以探测到光子,还能根据突变的大小分辨光子的数目,这种探测器正逐渐被广泛采用.

3.1.2　光学量子计算的发展

量子计算的概念最早可以追溯到 1982 年,诺贝尔物理学奖得主费曼指出用经典的计算机不能模拟一些复杂的量子系统,不管是存储方面还是速度方面,他认为只有量子计算才能从原理上解决这些问题.在量子模拟方面,后来人们提出了很多相对于传统经典算法有着巨大优势的量子算法,如可用于大数因式分解的 Shor 算法、用于数据库搜寻的 Grover 算法,以及用于求解线性方程组的 HHL 算法.量子算法的广泛研究与光量子操纵技术的进步,从"软件"和"硬件"两方面刺激了光学量子计算的发展,各个国家的研究组开始探索构建实用的光学量子计算机.

1. 光量子比特的制备和操控

我们能够利用光子进行量子计算的一个最重要原因是光子有很多自由度,例如光子的偏振、路径、时间信息、频率、轨道角动量等.利用这些自由度,我们就可以编码量子信息,并且光子与环境几乎没有相互作用,易于传播,因此光子也称为"飞行的量子比特".在经典信息领域,信息的最小单位用比特表示,我们可以使用低电平和高电平编码数字逻辑 0 和 1.与经典计算机类似,量子比特是量子计算机的最基本单元.

在早期以及现在的一些光学量子计算实验中,用光子的偏振作为量子比特是最吸引人的,比如我们可以用光子的水平偏振表示逻辑 0,用光子的垂直偏振表示逻辑 1.最神奇也最能体现量子计算机优势的地方是,光子的偏振态可以处于叠加态,即偏振能同时处于 0 和 1,这在经典信息里面对应"又低又高"的电平显然是做不到的.光子的偏振态能够很容易被双折射材料制成的波片调控,但是实现光子比特之间必要的相互作用较为困难,因为光子之间的作用需要非常强的光学非线性效应,需要电磁诱导透明技术或光学腔中的原子-光子作用才能实现.因此在相当长的一段时间里,人们认为光学量子计算机是不能实现的.最令人惊喜的转机出现在 2001 年,Knill,Laflamme 和 Milburn 证明了仅仅使用线性光学元件、单光子源和单光子探测器就可以构建普适的量子计算机,这个方案就是著名的 KLM 方案[218].这个方案的提出可以利用和经典的逻辑电路类似的线路模型构建量子逻辑门,对单个量子比特进行相干操纵,利用量子隐形传态实现近确定性的受控的量子门,有效地进行精确的量子计算.KLM 方案为光学量子计算扫除了原理障碍,光学量子计算从此进入了高速发展轨道,然而尽管 KLM 方案原理上是可扩展的,但实现一个量子门需要消耗大量的资源,例如,实现一个概率为 95% 的近确定性 CNOT 门需要消耗 10000 对以上的纠缠光子[261],这给大规模量子计算带来了障碍.为了实现真正可扩展的量子计算,人们提出了各种各样的方案,最受关注的是 Raussendorf 和 Briegel 提出的基于测量的量子计算模式(图 3.1.3),最早命名为单向量子计算模型[262],这种计算模型首先需要制备一种大规模的高度纠缠的多比特纠缠态——"簇态"作为计算资源,然后按照特定的顺序对某一个确定的量子比特做局域操作和经典通信,就可以确定性地完成计算.由于这种巨大的优势,光子计算机成为一种可能,科学家们研究多光子纠缠的工作就广泛开展了起来.从 1999 年 Bouwmeester 首先实现了三光子纠缠态[263]开始,四光子纠缠[264]、五光子纠缠[265]、六光子纠缠[25]、八光子纠缠[267]、十比特纠缠[268-269]、十光子纠缠[269]相继被潘建伟团队实现.除此之外,德国的 Weinfurter 小组、奥地利的蔡林格小组、澳大利亚的 White 小组以及英国的 O'Brien 小组都在进行多光子操纵的实验研究,并且取得了一系列令人瞩目的成果.

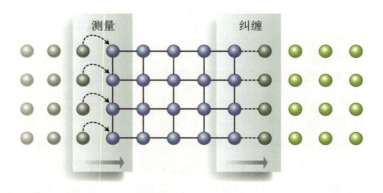

图 3.1.3 "簇态"单向量子计算模型

另外,随着波导的应用,人们常用光子的路径进行编码.和使用偏振的情形类似,光子可以处于两条或多条路径的叠加态.我们可以通过调节两根波导管空间上靠得比较近的区域(称为定向耦合器)来准备需要的量子比特(图 3.1.4(a)),在定向耦合器之前和之后,两根波导管被分开,从而没有了耦合作用.量子比特的相位通常可以利用电-光效应或者热-光效应,进行局部加热或者加上一个电场调节波导的双折射指数,调节相位.在波导芯片上,我们可以利用一个由两个定向耦合器和两个相位调节器组成的马赫-曾德尔干涉仪(Mach-Zehnder interferometer,MZI)准备任意的量子比特(图 3.1.4(b)),这

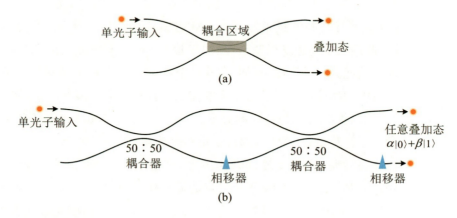

图 3.1.4 路径编码基本光学结构示意图

是在波导上构建复杂光学网络的基础结构,利用这些线性网络,人们还可以构建纠缠态和更高维度的量子比特.例如,2010 年英国科学家 O'Brien 小组利用多个耦合器演示了关联光子的量子游走实验[270].

2. 量子算法的实现

在能够进行量子比特编码以及对量子比特进行逻辑操作之后,人们开始探索如何将光量子计算的"硬件"与"软件"结合起来,进行量子算法的演示以及对特定问题的求解.

2005 年,奥地利蔡林格小组利用图 3.1.5(a)所示的实验装置,用一束脉冲激光两次泵浦非线性 BBO 晶体,再利用波片、极化分束器等光学器件进行单比特和双比特操纵,首次制备了四光子簇态,演示了单向量子计算模型,并进行了 Grover 搜寻算法验证[271].随后在 2007 年,我国潘建伟团队利用四个量子比特成功实现了 Shor 算法,演示了 15 = 3×5 的分解[272].同一年,蔡林格小组演示 Deutsch 算法[273].2009 年,英国 O'Brien 小组在波导芯片里实现了 Shor 算法,他们的实验装置如图 3.1.5(b)所示,相比之前的平台实验,这个实验具有小型化和集成化的特点[274].

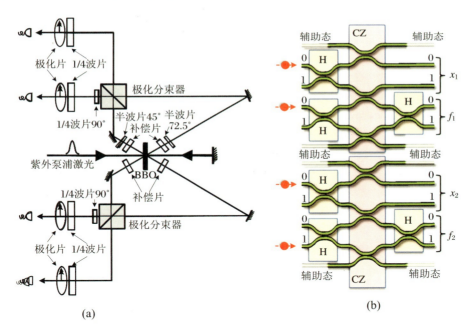

图 3.1.5　光量子算法演示示意图

基于小规模的光学量子计算平台,人们对一些大数据量子算法进行了探索,潘建伟团队先后在该领域取得了多项科研成果:2013 年,基于光学量子计算平台成功实现了线性方程量子求解算法,求解了一个 2×2 的线性方程组[275];2015 年,实现了监督和非监督量子机器学习算法的演示[276];2018 年,实现了量子拓扑数据分析算法的演示[277].另外,由于目前还无法实现量子计算机的普遍化,为了能够满足一些用户的量子计算需求并保护用户的数据安全,科学家提出了盲量子计算方案.在这种方案中,用户能将自己的计算任务外包给量子计算服务商,并保证自己的数据不会被泄露.最早在 2012 年蔡林格小组用线性光学实验演示了盲量子计算实验[278],他们利用光子作为信息的载体,将量子态传输到量子服务器进行计算.其后又有很多相关的方案提出,但他们的实验需要客户有能力去执行一些量子任务.2017 年,潘建伟团队基于光学量子计算证明了一个完全使用经典设备的客户可以委托自己的量子计算任务给一个不可信的量子服务商,同时可以保证隐私不会被窃取[279].这些量子算法的实现无疑是光学量子计算的极大进步,也为光学量子计算的实用化奠定了基础.

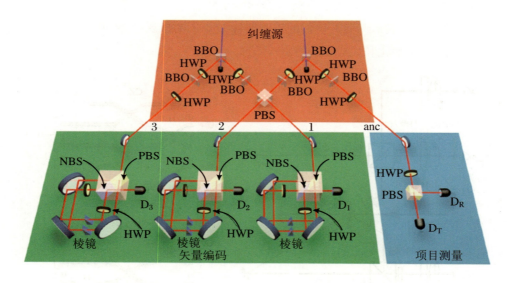

图 3.1.6　量子机器实验装置[276]

此外,美国 MIT 的 Aaronson 和 Arkhipov 于 2011 年专门为线性光学量子计算设计了玻色采样(图 3.1.7)问题的实验方案,旨在短期内演示量子计算机能够解决经典计算机不能解决的问题,并证明量子计算机的绝对优越性:通过把 n 个光子输入到光网络幺正矩阵中,研究其干涉行为(图 3.1.8),并采样输出结果.从数学角度来看,想要得到玻色采样的输出分布,需要计算幺正矩阵的积和式(permanent),而矩阵积和式的计算是一个 NP 难问题.因此,对于经典计算机而言,随着玻色子数目的增加,玻色采样问题的计算难度呈指数上升.与 Shor 算法等标准的量子算法相比,玻色采样对实验的要求相对较低,因此受到了广泛关注.2013年,来自意大利[280]、英国[281]、奥地利[282]和澳大利亚[283]的四个研究小组,分别利用参量下转换单光子源和集成光学芯片,实现了三光子玻色采样.2016年,潘建伟团队基于高品质量子点单光子源,实现了时间纠缠(time-bin)编码方式的四光子玻色采样[284],并于2017年提升至五光子玻色采样(图3.1.9)[285],该玻色采样机在采样率上已超越早期经典计算机.

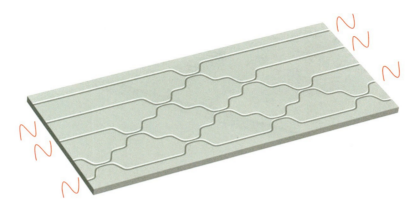

图3.1.7 玻色采样示意图

红色波形代表光子,从左边注入一个线性网络,最后在右边每个输出端口进行光子探测[289]

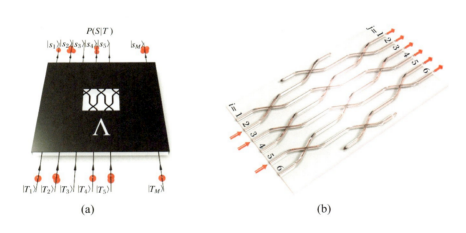

(a)　　　　　　　　　　　　(b)

图3.1.8 玻色采样量子器与光量子干涉网络示意图[281]

随着光子数 N 的增大,实现更大规模的玻色采样需要克服更多光子丢失、光子制备过程、光量子线路和探测等带来的错误.幸运的是,人们一直在通过发展新的理论和实验技术努力解决这些问题.例如,为了高效地实现对概率性的自发参量下转换单光子源的应用,科学家提出了散粒玻色采样(scattershot Boson sampling)[286],并在 2015 年进行了实验演示[287].2018 年,潘建伟团队进行了容忍光子损耗的玻色采样实验,并证明这种新型的玻色采样可以提高采样率[288].

图 3.1.9　五光子玻色采样机装置图

一般认为,当玻色采样的光子数达到 50 时,便有望实现对经典计算机的超越,从而实现"量子霸权"[289].虽然实现量子霸权并不是光学量子计算的终极目标,但它是发展光学量子计算非常重要的一步,基于光学的量子计算正在逐渐靠近展示量子计算的绝对优势这一目标.未来,通过发展高亮度、高效率单光子源和低损耗波导芯片,以及探测效率接近 100% 的超导探测器,有望实现通用容错量子计算机的终极梦想.

3.2　被囚禁的电荷：离子阱量子计算与量子模拟

段路明　尹璋琦　张静宁　张　翔

量子计算与量子模拟是当前量子信息技术核心的研究方向.在量子计算与量子模拟的物理实现中,离子系统是最早提出的实验系统,也是一直处于引领地位的系统之一.离子系统具有优异的相干性能,基于离子的量子比特相干时间已经超过 10 分钟,可以实现超高保真度(＞99.9%)的普适量子逻辑门.基于此系统,人们已经制备了 14 个量子比特的多体纠缠态,并在超过 50 个离子的系统中实现了自旋多体模型的量子模拟.由于离子系统在量子物理学,特别是量子计算与量子模拟上的重要意义,发明离子阱的泡利(Wolfgang Paul)获得了 1989 年的诺贝尔物理学奖,第一次把离子技术用于演示量子计算的 David Wineland 获得了 2012 年的诺贝尔物理学奖,首次提出离子量子计算理论方案的 Ignacio Cirac 和 Peter Zoller 也获得了 2013 年的沃尔夫物理学奖.

我们将简要介绍离子阱的基本物理原理,对基于离子的量子计算与量子模拟的技术现状做一个回顾,并对其未来发展进行展望.

3.2.1　离子囚禁与泡利型阱

囚禁离子的目的是将离子与环境隔离开来,使其成为一个纯净的量子系统.离子是单个带电原子,因此通过电场特别是静电场让离子在其中实现稳定平衡是最直接的想法.然而稳定平衡点必须是电势场的极小值点,数学上要求电势场在该点处三个空间方向的二阶偏导都小于零.但根据真空麦克斯韦方程,电势场沿三个方向的二阶偏导之和为零,这与我们的要求矛盾,因此仅凭静电场无法实现三维空间中离子的稳定囚禁,必须引入其他形式的场.

泡利教授提出利用交变电场实现离子的稳定囚禁,发展起来的装置现在称为泡利型阱.离子量子计算与模拟实验均使用泡利型阱[290].被泡利型阱束缚的离子会排成一列,形成线性晶体,可以通过聚焦激光光束独立地寻址并相干控制各单个离子.为减少空气分子对囚禁离子的撞击,实验中离子阱放置于超高真空系统中,然后加热原子炉使原子汽化后产生原子束,再使用激光束将原子电离为离子.通过控制原子喷射速率及电离强度,可以精确实现单个到成千上万个离子的稳定囚禁.图 3.2.1 为典型的离子实验装置.

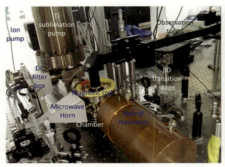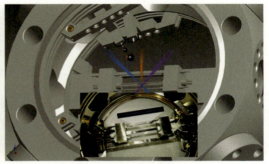

(a) 清华量子信息中心的离子实验系统   (b) 离子阱内部结构

图 3.2.1　典型的离子实验装置

3.2.2　囚禁离子的相干控制

　　囚禁离子的量子相干操控的主要奠基人是 David Wineland[291].刚被束缚的离子在阱中震动得很剧烈,因此需要先将它们冷却下来,最常用的方法是基于多普勒效应的激光冷却[292].激光光束起到一个类似于摩擦力的作用,将离子的动能逐渐降低下来,然后再通过边带冷却将离子的振动量子态从热态一直冷却到量子基态.

　　在离子冷却下来进入量子区域后,我们就可以开始进行离子量子比特的初始化与读取,一般通过光泵浦技术来实现.我们会选取三个能级,其中两个寿命较长的作为量子比特能级,一个寿命很短的作为激发态能级,并且在选取时根据选择定则,保证激发态能级自发辐射后只会落到第一个能级上.然后用频率等于激发态与第二个能级频率差的窄线宽激光照射离子,几微秒后离子就会以百分之百的概率被制备到第一个能级上,从而实现离子量子比特的初始化.读取方法与之类似,只是换作不同的激发态能级,保证自发辐射后离子只会落到第二个能级上.假如离子开始处于第二个能级上,那么在激光照射过程中,离子的量子态会来回振荡并放出大量的自发辐射光子,而通过收集并统计光子数目就可以测量出离子一开始处于第二个能级上的概率.通过不断的努力,人们对离子量子比特初始化与读取的保真度都已经近乎完美.

具备了初始化与读取的能力后,对于离子量子比特就可以相干控制.对于量子比特能级差位于微波频段(比如超精细分裂能级)的情形,通过施加可调相位的微波场,可以直接实现任意的单比特量子逻辑门操作.对于能级差位于光学频段的稳定能级,可以借助声光或电光调制器,先通过调控微波实现对窄线宽激光的频率、相位控制,然后用窄线宽激光来调控实现任意的单比特量子逻辑门.

3.2.3 离子量子计算

实现量子计算的关键是在任意一对离子量子比特之间实现纠缠量子逻辑门(如受控非门)操作,这需要利用离子间的库仑相互作用,该相互作用体现在离子晶体的振动谱上,量子化后用声子态描述.

Cirac 和 Zoller 于 1995 年首次提出了基于囚禁离子的通用量子计算方案[293],其基本思想是通过振动声子作为数据总线在离子之间传递信息以实现纠缠量子门操作.假定一串离子囚禁在线性离子阱中,在离子的集体振荡被激光冷却到振动基态后,通过对不同的离子施加独立的聚焦激光束,离子的比特量子态分别与振动声子态耦合,然后通过声子态的传递实现任意一对离子间的受控非门.受控非门与上一小节提到的单比特量子逻辑门一起构成了一组通用量子逻辑门,通过通用量子逻辑门的组合可以实现任意量子操作,从而用于构造通用量子计算机.

Cirac-Zoller 方案要求初始声子处于绝对基态,对环境热噪声的容错能力较差.为克服此问题,Mølmer 和 Sørensen(及稍后的 Milburn)于 1999 年提出另一种方案来构建受控非门.他们使用正负失谐的双色激光同时照射两个离子,失谐量略小于声子频率.在此过程中,一系列的红蓝边带虚能级将产生多条拉曼跃迁路径,这些路径干涉后恰好可以实现强度、相位与初始声子态和环境热噪声几乎无关的两比特纠缠操作.只要控制激光开启时间为半个拉曼跃迁周期,再插入一系列单比特操作就可以实现两比特受控非门.该方案的纠缠操作中所施加的激光对两个离子完全相同,从而允许人们通过更简单的一束光同时作用于所有离子上而实现多比特量子纠缠.

Cirac-Zoller 和 Mølmer-Sørensen 方案仍然有个共同问题,就是都要求激光只与某个单一振动模式耦合,因此必须使用频谱间隔较大的纵向声子模式(线性离子晶体对称轴方向).然而纵向声子模式的频率很低,对环境热噪声较为敏感,而且离子间距的不均匀性导致不同位置处离子的振动幅度略有不同,这些都会影响方案的速度以及对于多离子的可扩展性.因此,Duan 研究组于 2006 年提出使用能量较高且对离子完全对称的所有横向声子模式一起来传递相互作用[293].激光与所有横向声子模式总的相互作用非常复杂,但通过最优控制的方法,该系统可严格求解,并通过数值方法求解出合适的控制参数,实现高保真度的量子逻辑门[294],该方法称为最优控制方案,具有完全的可扩展性,已成功应用于实验[295].现在实验上对于较小系统的量子计算(例如 10~20 个量子比特),一般直接使用 Mølmer-Sørensen 方案.对 20 个以上量子比特的离子量子计算系统,由于上述的原因,必须使用最优控制方案.

离子量子计算系统在实验方面拥有所有物理系统中多方面的世界纪录,包括迄今为止最大的量子纠缠态(薛定谔猫态)的制备[296]、最高的普适量子逻辑门的保真度[297]、最长的单量子比特相干时间[298]以及最完备的可编程性(任意比特间的连通性)[299].

完成一个具有实用意义的量子计算过程往往需要上亿个量子逻辑门操作,为了实现这一点,必须提高普适量子逻辑门的保真度,超过容错量子计算的阈值要求,并延长量子存储时间,实现容错量子计算.

早在 2011 年,奥地利因斯布鲁克大学实验组就制备了 14 个离子量子比特的最大纠缠态(薛定谔猫态)[296].2016 年,英国牛津大学实验组利用钙离子的超精细结构作为量子比特,实现了保真度分别为 99.9% 的两量子比特门和 99.9934% 的单量子比特门,显著高于容错量子计算所需的 99% 最小阈值[297].在同一年里,美国马里兰大学实验组展示了一个五量子比特完全可编程的离子量子计算机,该计算机可以通过执行任意通用量子逻辑门序列来实现任意的量子算法[299].2017 年,清华大学量子信息中心实验组通过钡离子协同冷却镱离子,并应用动态解耦脉冲来抑制磁场波动和环境噪声,在单量子比特上成功地观测到相干时间超过 10 分钟的量子存储[298].

3.2.4 离子量子模拟

在研究多体物理和材料特性时,物理学家抽象出了基于格点自旋系统的物理模型.它不仅可以用来描述物质磁性和相变现象,而且可以作为连续空间物理高频截断后的近似模型.囚禁离子系统是人们用来模拟格点自旋模型的量子模拟器的主要实现平台.通常每一个囚禁离子代表一个格点自旋,通过离子与激光的相互作用来调节自旋间耦合的形式和强度.

德国马普研究所的 Cirac 研究组于 2004 年提出可以利用激光与离子的相互作用在囚禁离子系统中实现有效的量子自旋模型的哈密顿量[300],进而通过改变哈密顿量的相互作用强度来模拟量子相变.通过调节控制激光的强度、偏振和失谐,可以使离子受到与自旋态相关的光偶极力的作用,实现各种形式的可控多体自旋模型.在格点自旋模型中,格点的维度和链接性质对系统的物理特性具有非常重要的影响,通过巧妙地调节多模激光场的频率、强度和相位,可以在线性离子阱中产生任意维度、任意链接的格点自旋模型[301].

近 10 年来,在利用离子量子模拟器模拟格点自旋系统的实验方向上也取得了丰硕的成果.德国马普研究所的实验组于 2008 年在包含两个囚禁离子的量子模拟器上实现了横场伊辛(Ising)模型哈密顿量[302],并通过调节参数观测到由顺磁态向铁磁态的转变.随后,马里兰大学 Monroe 研究组于 2010 年在包含三个离子的量子模拟器上实现了横场伊辛模型,并首次研究了阻挫网络对系统量子行为的影响[303].

相变在自然界中普遍存在,是物理学家最关心的物质变化现象之一.量子相变是经典相变的量子对应,理论上只发生在热力学极限条件下.为了在离子量子模拟器中观测和研究量子相变,人们致力于提高离子量子模拟器中包含的离子数目.2011 年,Monroe 研究组首先实现了包含 9 个离子的量子模拟器[304],并且观测到随着离子数目的增加,从顺磁态到铁磁态的转变越来越陡峭,初步显示出量子相变的特征.随后,通过连续调节长程相互作用的范围,该研究组在包含 16 个囚禁离子的量子模拟器中研究了阻挫反铁磁相互作用对量子行为的影响[305].最近,该研究组成功地搭建了包含 53 个囚禁离子的量子模拟器[306],并研究了具有长程相互作用的横场伊辛模型的非平衡动力学,观测到动力学相变现象.

与经典模拟类似,量子模拟也可大致分为仿真和数字模拟两大类.在仿真模拟实验中,人们在量子模拟器中产生目标哈密顿量,并按照预设方案连续地调节参数,实时地模拟待研究的量子过程.上述对格点自旋模型的量子模拟均属于量子仿真模拟的范畴.另外,人们也可以将待研究的量子过程离散化,通过小型量子计算机上系列逻辑门操作来实现模拟目标哈密顿量,这一方式称为数字量子模拟.

2011 年,奥地利因斯布鲁克大学研究组以数字模拟方式实现了包含 5 个离子的量子耗散系统模拟器[307],其中时间演化被分解为一系列相干和耗散过程.随后,该研究组利用量子耗散系统模拟器研究了量子多体系统的非平衡演化[308],并观测到动力学相变的某些特性.2016 年,该研究组将基于囚禁离子的数值量子仿真器的应用推广到格点规范理论[309],用包含 4 个囚禁离子的系统模拟了 $(1+1)$ 维的施温格(Schwinger)场论模型,该模型描述费米物质和规范玻色子之间的相互作用.清华量子信息中心研究组也利用离子的自旋和声子态实验模拟了时间反演[310]和非平衡态热力学特性[311].

3.2.5 离子量子计算的规模化与扩展性

虽然囚禁离子系统已经达到了量子计算的各项基本要求,但要将此系统扩展到包含大量离子,足以解决经典计算机做不了的大规模计算问题,我们还面临着规模化和扩展性的问题.对于囚禁离子量子计算平台的规模集成化,人们提出了不同的架构模型.这些模型的共性是将大规模计算平台划分为基本模块.最主要的架构模型有两种:离子输运架构和离子量子网络架构.在离子输运架构中,不同的量子计算模块通过离子在不同阱之间的相干输运来链接,而在离子量子网络架构中,不同的计算模块通过光子纠缠通道形成量子计算网络.下面我们分别介绍这两种典型架构.

离子输运架构 离子输运架构由大量相互连通的小型模块离子阱组成[312],离子比特在不同离子阱之间相干输运.通过改变模块离子阱的操作电压,我们可以在每个离子阱中束缚少数离子,或者令某个离子在阱间移动.被束缚在任何一个离子阱中的离子都可以按照现有单个离子阱的技术进行操作,同时离子的阱间移动将这些小型离子阱连接成一个大规模的量子计算系统.在这一架构中,组成量子网络的小型离子阱被分为记忆区和操作区.携带量子信息的离子存储在记忆区.当进行逻辑操作时,相关离子首先被移动到操作区,进行逻辑操作后再放回记忆区.

美国国家标准与技术研究所的 Wineland 研究组于 2014 年验证了初步具备离子输运架构的实验系统[313],即在分别被束缚在两个独立的势阱中的囚禁离子之间产生可调的量子逻辑门操作.将来这一基本模块有可能可以通过微加工技术扩展成为二维量子网络,从而构建基于囚禁离子的大规模量子计算平台.

离子量子网络架构 构建基于囚禁离子的大型量子网络的另一种可能途径是通过概率性的离子-光子映射来连接各个小型分布式离子阱,即通过以光子为媒介的相互作用来远距离耦合囚禁在不同离子阱中的离子,这种架构最早在文献[314]中提出.具体而言,在两个离子都处在激发态而有可能放出光子的情况下,测得一个光子而不区分其来自哪个离子,这种测量会将两个离子投影到量子纠缠态.在这种情况下,光子损耗只影响成功率,而不降低纠缠保真度.这种架构通过概率性的远距离纠缠和确定性的局域量子门来构造确定性的远距离量子门,以实现规模化量子计算网络.在实验方面,密歇根-马里兰大学研究组在 2004 年成功地观测到单个囚禁离子和单个光子的纠缠[315],实现了存储比特和通信量子比特之间的量子态传输,2007 年成功地产生了远程不同量子阱中量子比特之间的纠缠[316].2014 年,马里兰大学研究组演示了通过辅助量子总线来传播量子纠缠的模块化量子网络构建方法的最小模型[317].关于这一架构理论和实验方面的进展可以参见段路明和 Monroe 的综述文章[318].

3.2.6 结语

囚禁离子系统是最有希望实现大规模通用量子计算机和大型量子模拟器的物理平

台之一,它既可以作为一个独立的多比特量子计算节点完成大部分量子计算、量子存储等任务,也可以借助离子-光子接口实现多个可扩展节点间的长程量子纠缠与量子网络通信.离子阱是同时能满足全部 DiVincenzo 判据的系统,DiVincenzo 判据描述了实现量子计算机和量子网络所必须满足的条件.

经过数十年的发展,基于囚禁离子系统的量子计算和量子模拟在理论和实验上均有巨大进展.其中,单个量子模拟器中可相干操作的量子比特数已达到 53,能够初步揭示无法通过经典方法计算模拟的量子特性和动力学行为.通过开发芯片离子阱等新型囚禁技术,囚禁离子系统还可以与其他类型的量子计算平台如超导量子电路系统相结合,发挥各自的优势,实现更强大的混合型量子计算平台.有关大规模量子网络架构的理论也日趋完善,相应的基本模块和最小模型正在实验室中建成和测试.与此同时,人们仍然致力于在理论和实验技术两方面提高系统的各项量子指标,相信在不远的将来,基于囚禁离子的系统有望实现展示量子优越性的大规模通用量子计算和量子模拟平台.

3.3 超导电路量子计算与量子模拟

朱晓波

和许多其他量子计算实现方案基于天然物理系统不同，用于超导量子计算与量子模拟方案的超导量子电路是一个人造物理系统．要让电路呈现出用于量子计算的量子特性，需要最大限度地减少能量损耗，因而零电阻的超导体是量子电路的理想选择．最简单的超导量子电路是一个电感（L）和一个电容（C）并联组成的 LC 电路，其物理特性和经典谐振子相同．如果将外界的噪声扰动和温度降至远小于谐振子零点能，则能观察到量子效应，比如等间距的分立能级．

LC 电路的线性能级结构使得单个能量态很难被独立操控而形成独立的量子二能级系统，即量子比特．所以不能用简单的 LC 电路实现量子计算，我们需要在电路中引入非线性元件．超导约瑟夫森结正是这样的元件．基于约瑟夫森效应的超导约瑟夫森结（图3.3.1）由两个被一层很薄的绝缘势垒层隔开的超导体构成，其电学特性等效于非线性电感．结合自身结电容以及其他线路电感电容，超导约瑟夫森结组成的超导量子电路能级分布不再是等间距的，在高能态的激发可以忽略的情况下，其最低的两个能量态可以当作一个二能级子系统进行独立量子调控，构成超导量子计算的基本组成单元——超导量子比特．

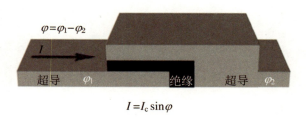

图 3.3.1 超导约瑟夫森结示意图和电路符号

超导量子比特电路特性主要由引入电路的电容值和电感值,以及约瑟夫森结的约瑟夫森能 E_J 和电容的电荷能 E_c 等共同决定,其中约瑟夫森结的两个能量尺度的大小决定了超导量子比特的基本类型.超导量子比特大致分为电荷量子比特、磁通量子比特、相位量子比特和传输子(transmon)量子比特等几种类型.

相对于用其他物理系统实现量子计算,基于超导量子电路的量子计算有诸多优势:超导量子电路是一种电路,有很高的设计自由度;超导量子比特的操控使用工业上广泛应用的微波电子学设备,易于实现复杂的调控;超导量子计算芯片的制备工艺基于成熟的半导体芯片微纳加工技术,从少量比特组成的实验样品扩展到由大量比特构成的复杂量子计算芯片要比其他方案更容易实现,目前已经制备出集成数十个量子比特的超导量子芯片.

下面就不同类型的超导量子比特及其读取进行详细的介绍.

3.3.1　电荷量子比特

电荷量子比特由一个很小的超导电荷岛通过约瑟夫森结和外界的超导电极耦合起来构成(图3.3.2),电荷岛的电容和约瑟夫森结的电容都很小,电荷能 E_c 远大于约瑟夫森能 E_J.电荷岛上增加或减少一个电子对引起的能量变化远高于温度等环境扰动的能

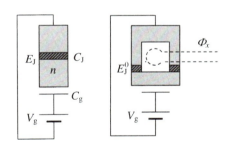

图 3.3.2　电荷量子比特示意图

量尺度,而电荷岛上多余电子对数量有相对确定的值,因而可以用多余电子对数量来表示量子态,比如电荷岛上多余 0 个和 1 个电子对可以分别表示量子比特的 $|0\rangle$ 态和 $|1\rangle$ 态.这种类型的超导量子比特称作电荷量子比特.除通过约瑟夫森结和超导电极耦合在一起外,超导电荷岛还通过一个门电容 C_g 和外界连接,通过这个电容给电荷岛加门电压可以调节岛上电荷偏置 n_g 以调节电荷能,达到调节电荷量子比特能级的目的.门电压调到合适值,使电荷偏置 $n_g = 0.5$ 时,电荷岛上有 0 个和 1 个电子对的状态能量相等,也就

是 $|0\rangle$ 态和 $|1\rangle$ 态简并,约瑟夫森效应让这两个简并态耦合在一起而形成一个大小为约瑟夫森能 E_J 的能隙.电荷偏置在 0.5 左右时,电荷量子比特量子电路可近似为二能级系统,哈密顿量形式和自旋 1/2 系统相同:$H = -\frac{1}{2}B_z\hat{\sigma}_z - \frac{1}{2}B_x\hat{\sigma}_x$,哈密顿量的纵向分量 $B_z = 4E_c(1-2n_g)$ 是电荷能,哈密顿量的横向分量 $B_x = E_J$ 是约瑟夫森能.

为获得更大的调节自由度,实际电荷量子比特通常用两个约瑟夫森结并联组成的 dc-SQUID 代替单个约瑟夫森结(图 3.3.2),通过外加磁场可调节约瑟夫森能 E_J,使哈密顿量的横向分量和纵向分量都可独立调节.电荷量子比特门操作通过门电容实现,加门电压慢速控制哈密顿量的纵向分量小幅度变化,可使比特两个态之间累积相位实现 σ_z 操控,加微波控制脉冲可实现 σ_x 操控,通过 σ_z 操控和 σ_x 操控组合可以实现所有单比特门操作.

电荷量子比特通过电荷态来编码信息,比特读取通过用单电子晶体管(SET)探测电荷岛上的电荷量实现,由 SET 构成的读取电路和电荷岛耦合在一起.不做读取时不加传输电压,SET 仅仅相当于一个额外的电容,不影响比特演化;需要读取比特状态时给 SET 加上传输电压,通过测量传输电流可探测到电荷岛上电荷期望值,从而确定比特所处的量子态.通过电容直接相互作用或通过腔间接相互作用,多个电荷量子比特可以耦合起来形成多比特系统.

实际电荷量子比特芯片上电荷噪声很难屏蔽或消除,这造成常规的电荷量子比特退相干时间很短,较难完成复杂量子操控实现量子计算.为提高退相干时间,电荷量子比特有很多种改进类型,目前使用最广泛的超导量子比特类型 Transmon/Xmon 是电荷量子比特的改进类型,通过降低电荷能来降低对电荷扰动的敏感性而提高比特退相干时间.

3.3.2 磁通量子比特

电荷量子比特电荷能 E_c 远大于约瑟夫森能 E_J,操控和读取主要与电荷自由度相关,这导致电荷量子比特对电荷扰动相关的噪声很敏感;磁通量子比特情况刚好相反,约瑟夫森能 E_J 远大于电荷能 E_c,操控和读取主要与磁通自由度相关,对电荷的扰动不敏感.

最简单的磁通量子比特是 rf-SQUID,由一个超导环被一个约瑟夫森结隔开(图 3.3.3(a)).不考虑约瑟夫森效应时,rf-SQUID 相当于一个 LC 谐振电路,其势能是抛物线结构.超导环中的磁通偏置在半整数个磁通量子附近时,约瑟夫森效应使抛物线结构

势能底部变成两个势阱.在极低温下,高能态的激发可忽略,只考虑最低两个能态,这两个势阱分别对应超导环中顺时针和逆时针方向的超导电流环流,环流的大小 I_p 略小于约瑟夫森结的临界电流 I_c.类似于电荷量子比特,这两个环流态可以用来表示量子比特的 $|0\rangle$ 态和 $|1\rangle$ 态.环流直接对应超导环中的磁通,因此这种类型的超导量子比特称为磁通量子比特,量子态的读取可通过探测超导环中的磁通大小实现.

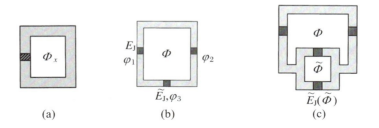

图 3.3.3　磁通量子比特示意图
(a) 简单磁通量子比特;(b) 三结磁通量子比特;(c) 能隙可调磁通量子比特

在半整数个磁通量子附近调节超导环路中的磁通偏置可近似线性地调节两个环流态能量变化,变化方向相反.当偏置磁通等于半整数个磁通量子时,这两个环流的态能量相等,两个态简并.两个势阱间的宏观量子隧穿效应使简并消失并形成一个能隙 Δ.当磁通偏置在半个磁通量子附近时,磁通量子比特哈密顿量同样可近似为自旋 $1/2$ 系统哈密顿量:$H = -\frac{1}{2} B_z \hat{\sigma}_z - \frac{1}{2} B_x \hat{\sigma}_x$.哈密顿量的纵向分量 B_z 和磁通偏置成正比,哈密顿量的横向分量 B_x 由两个势阱间隧穿强度决定.通过调控超导环中外加磁通偏置可调控哈密顿量的纵向分量 B_z 而实现单比特门操控.

通过调节环路磁通偏置可调节磁通量子比特能级变化,这导致磁通量子比特对外界的磁场扰动很敏感,磁通量子比特和外界磁场扰动的耦合强度和环路电感、超导环流成正比.超导环电感和超导电流的大小乘积值要做到足够大才能形成磁通量子比特的双势阱结构,这导致普通 rf-SQUID 磁通量子比特超导环路和约瑟夫森结需要做得很大,和外界磁场噪声耦合很强,退相干时间极短.为降低对磁场噪声的敏感度,通常实际的磁通量子比特用两三个约瑟夫森结代替环路电感(图 3.3.3),这些额外的约瑟夫森结临界电流比原有的约瑟夫森结临界电流大,流过它们的电流远小于临界电流,因此工作在线性区域,其作用等效于电感.通过这种设计,磁通量子比特的超导环路电感和超导环流可以做到很小,极大地降低和外界磁场噪声的耦合强度,从而获得更长的退相干时间.

虽然磁通量子比特对磁场噪声敏感,但在磁通偏置为半整数个磁通量子的位置,磁通量子比特对磁场扰动的一阶响应为零,从而获得最佳的退相干性能,该位置称为最优工作点.最优工作点的比特频率由最小的约瑟夫森结面积和其他大结面积比值 α 决定,样品制备完成后这个值就固定不变了.为了让实际中的磁通量子比特总是能够工作在最优工作点,可以将最小的约瑟夫森结用两个约瑟夫森结组成的 dc-SQUID 替代(图 3.3.3(c)).通过额外的磁通偏置调节其临界电流大小实现 α 值可调,可调节磁通量子比特最优工作点的比特频率,等效地调节哈密顿量的横向分量 B_x.这种磁通量子比特叫作能隙可调磁通量子比特.

多比特门操作需要比特之间存在耦合,磁通量子比特对磁场变化敏感,比特之间的耦合一般通过电感的方式实现,分为直接耦合和间接耦合:直接耦合利用两个磁通量子比特超导环路之间的互感实现,一个比特状态的变化会引起另外一个比特超导环路中的磁通偏置变化,从而实现耦合.这类似于两个磁矩之间的相互作用,耦合强度正比于两个超导环路互感大小和两个比特超导环流的大小.直接耦合方式实现简单,缺点是耦合强度固定,在实际使用中缺少灵活性.

间接耦合通过额外的耦合线路实现耦合,耦合强度可调或者耦合能够动态打开、关闭,比如用一个 dc-SQUID 分别和两个磁通量子比特的超导环路耦合,通过调节 dc-SQUID磁通偏置可以把耦合强度从正值调到零再调到负值.间接耦合的具体实现方案多种多样,比如可以通过一个 LC 谐振电路实现耦合,也可以通过一个磁通量子比特实现耦合,等等.除和超导量子比特耦合外,磁通量子比特的磁通特性使它能够很方便地和其他量子物理系统耦合起来,从而将超导量子比特易于操控、读取的特点和其他系统退相干时间长的优点结合起来.比如将磁通量子比特和 NV 色心自旋耦合起来,长寿命的自旋可以作为超导量子计算的量子存储器.

量子计算对比特退相干性能、参数的可重复性和一致性有极高要求.为提高磁通量子比特的退相干性能、参数的可重复性和一致性,新型的磁通量子比特使用更小的超导环流进一步降低对环境磁通噪声的敏感度,同时增加一个大旁路电容以降低对电荷噪声的敏感度.大旁路电容的引入使得在磁通量子比特退相干性能大大提升的同时,约瑟夫森结参数以及寄生电容的不确定性对比特性能参数的影响程度降低,从而大幅提升样品参数的可重复性和一致性.

3.3.3　相位量子比特

一般相位量子比特的电路结构如图 3.3.4(a)所示,根据约瑟夫森结的 RSCJ 模型,给出了图 3.3.4(b)的等效电路模型,整个电路可以用以下运动方程描述:

$$i_b = I_c \sin\psi + \frac{\hbar}{2eR_J}\frac{\mathrm{d}\psi}{\mathrm{d}t} + \frac{\hbar C}{2e}\frac{\mathrm{d}^2\psi}{\mathrm{d}t^2} \tag{1}$$

其中 I_c 和 R_J 分别是约瑟夫森结的临界电流和寄生电阻,ψ 是约瑟夫森结两端的相位差,$C = C_B + C_J$(C_J 是约瑟夫森结的寄生电容).公式(1)实际上和一个搓衣板势阱(washboard potential)中粒子的运动方程类似,这里电容 C 相当于运动粒子的质量,R_J 相当于运动粒子受到的阻尼作用,如图 3.3.4(c) 所示.在实际的电路中,R_J 通常可以忽略不计.

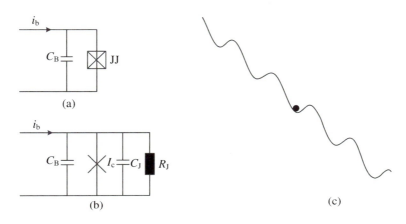

图 3.3.4　一般相位量子比特电路及其等效电路模型

(a) 相位量子比特电路图;(b) 相位量子比特等效电路模型;(c) 相位量子比特的运动方程与一个在搓衣板势阱中运动的粒子类似

　　根据相位量子比特的运动方程,我们可以对其进行量子化处理成类似原子的离散能级结构,如图 3.3.5 所示.

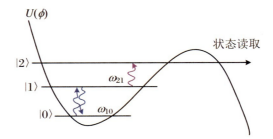

图 3.3.5　相位量子比特量子化后的离散能级结构

　　有了离散化的能级之后,我们可以使用微波来驱动比特.根据旋波近似,如果我们对量子比特施加的微波频率和量子比特的能级频率间距相同,那么量子比特将会在两个能级之间来回振荡,即做拉比振荡(Rabi oscillation).通过控制微波脉冲的长度、幅度和相位,我们可以把量子比特制备到任意的叠加态上.

在实际的量子比特实验中,除了操控比特,我们还需要对比特的操控结果进行读取.相位量子比特一般通过测量比特隧穿出势阱的概率来测量比特的状态.以图3.3.5的能级结构为例,$|0\rangle$态和$|1\rangle$态的能级位置比势阱的势垒低很多,隧穿出势阱的概率较低,$|2\rangle$态的能级高度与势垒高度相近,有较大的概率隧穿出来,同时可以在相位量子比特的两端测到一个电压态.读取时,我们可以施加一个频率等于$|1\rangle$态和$|2\rangle$态的能级差的微波.这时,如果比特处于$|1\rangle$态,那么比特可以被激发到$|2\rangle$,等待一段时间后可以测量到约瑟夫森结两端有电压输出;如果没有电压输出,则可以认为比特原来处于$|0\rangle$态.

由于给约瑟夫森结施加偏置的电流源容易引入噪声,引起比特的退相干,人们对相位量子比特的偏置方式进行了改进.利用超导环路磁通量子化的特性,将约瑟夫森结和超导线圈组成一个环路.如图3.3.6(a)所示,对超导线圈施加磁场,由于磁通量子化的要求,超导线圈会产生一个环流抵抗磁通的变化,这个环流会流经约瑟夫森结,起到偏置电流的作用.由于约瑟夫森结和超导线圈组成了超导环路,电路的等效势阱结构底部形成一个类似图3.3.6(b)的双势阱结构.同时,相位量子比特的隧穿不再形成电压态,而是隧穿到另一个阱中,这会引起超导环路电流的变化.通过探测电流变化引起的磁场变化,我们可以测量出比特的状态(图3.3.6(c)).

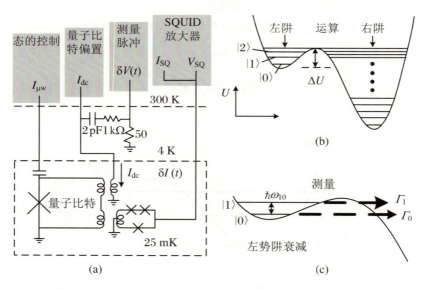

图3.3.6 约瑟夫森结和超导线圈组成的环路[319]

(a) 使用超导线圈进行电流偏置的相位量子比特;(b) 带超导环路的相位量子比特的等效势阱结构;(c) 测量时,将左边的势阱抬高,若比特处于$|1\rangle$,将有较大的概率隧穿到右边的势阱里,环流电流将发生变化,进而被SQUID探测到

虽然相位量子比特取得了许多重要的进展,但由于需要较大的旁路电容,并且与外界阻抗度较为匹配,因而相干时间这一关键参数较难进一步提高.绝大部分的实验课题组已将精力转向传输子量子比特或者改进型磁通量子比特.

3.3.4　传输子量子比特

电荷量子比特由于 E_c 较大,容易受外界电场扰动,退相干时间较短.2007 年,耶鲁大学的 J. Koch 等人提出了一种改进型量子比特,通过减小 E_c 降低比特对外界电荷噪声的敏感性,大大提高了比特的退相干时间.由于此时比特的工作模式已经与电荷量子比特不同,故而将这种比特命名为传输子量子比特.图 3.3.7(a)是传输子量子比特的等效电路图.传输子量子比特的哈密顿量与电荷量子比特类似,

$$\hat{H} = 4E_c\,(\hat{n} - n_g)^2 - E_J\cos\hat{\varphi} \tag{2}$$

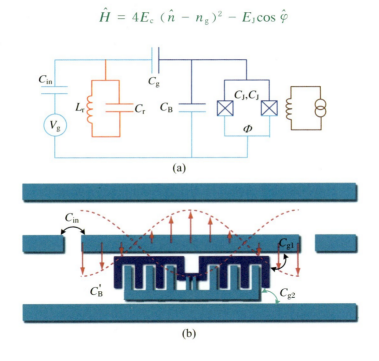

图 3.3.7　传输子量子比特的等效电路图及设计版图示意图

(a) 传输子量子比特的等效电路图;(b) 传输子量子比特的设计版图示意图[323].通过给约瑟夫森结(结电容为 C_J,约瑟夫森能为 E_J)并联一个较大的电容 C_B,可以降低比特的充电能 E_c,进而降低比特对环境电荷噪声的敏感程度,提高退相干时间.比特通过电容 C_g 与 L_r,C_r 组成的谐振腔耦合.V_g 和 C_{in} 用于分析比特的性能,在实际的设计中一般不出现

其中 $E_c = \dfrac{e^2}{2}(C_B + C_g + C_J)$，$e$ 为单电子电荷，$n_g = V_g / C_g$ 为外部偏压在电荷岛上牵引出的库珀对数量. 传输子量子比特实际上可以等价为一个放置在磁场中的带电量子单摆，如图 3.3.8(a) 所示，$E_J \cos \hat{\varphi}$ 等价于单摆的重力势能，E_c 等价于单摆惯性质量的倒数，n_g 等价于给单摆施加的垂直于单摆运动面的磁场强度. 当 E_c 较小时，单摆的惯性质量较大，系统较容易在势阱底部形成局域束缚态，量子单摆的运动幅度较小，对磁场强度 n_g 不敏感，因而对环境电荷噪声不敏感.

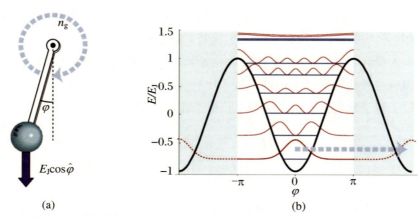

图 3.3.8　传输量子比特的等价与系统的能级图

(a) 传输子量子比特可以等价为一个在磁场中运动的带电量子单摆；(b) 系统的能级图

传输子量子比特的读取一般通过与一个谐振腔的色散耦合来实现. 如图 3.3.7(a) 所示，L_r 和 C_r 组成的谐振腔通过 C_g 与量子比特耦合. 整个系统的哈密顿量为

$$\hat{H} = 4E_c \, (\hat{n} - n_g)^2 - E_J \cos \hat{\varphi} + \hbar \, \omega_r \, \hat{a}^\dagger \, \hat{a} + 2\beta V_{rms}^0 \hat{n} \, (\hat{a} + \hat{a}^\dagger) \tag{3}$$

其中 $\omega_r = 1/\sqrt{L_r C_r}$ 为谐振腔的谐振频率，$V_{rms}^0 = \sqrt{\hbar \omega_r / (2 C_r)}$ 为谐振腔的零点振荡的电压幅值，$\beta = C_g / (C_B + C_g + C_J)$. 公式(3)可由旋波近似简化为

$$\hat{H} = \hbar \sum_j \omega_j \, | j \rangle \langle j | + \hbar \, \omega_r \, \hat{a}^\dagger \, \hat{a} + \Big(\hbar \sum_i g_{i, i+1} \, | i \rangle \langle i + 1 | \, \hat{a}^\dagger + h.c. \Big) \tag{4}$$

这里 ω_j 为量子比特的能级 $| j \rangle$ 对应的能量本征值. 在色散极限，即 $g_{01} \ll | \omega_{01} - \omega_r |$，$g_{02} \ll | \omega_{02} - \omega_r |$ 下，系统的有效哈密顿量可以近似为

$$\hat{H}_{eff} = \frac{\hbar \omega_{01}'}{2} \hat{\sigma}_z + (\hbar \omega_r' + \hbar \chi \hat{\sigma}_z) \hat{a}^\dagger \, \hat{a} \tag{5}$$

其中 $\omega_{01}' = \omega_{01} + \chi_{01}$ 和 $\omega_r' = \omega_r - \chi_{01}$，分别为约化后的比特 $|0\rangle$ 态和 $|1\rangle$ 态的能级差和谐振腔的谐振频率，

$$\chi = \chi_{01} - \frac{\chi_{12}}{2}, \quad \chi_{ij} = \frac{g_{ij}^2}{\omega_{ij} - \omega_r} \tag{6}$$

为系统的色散移动项. 根据公式(5), 由于 $\hbar \chi \hat{\sigma}_z \hat{a}^\dagger \hat{a}$ 项的存在, 实际上谐振腔的谐振频率将依赖于比特的状态产生 2χ 的移动. 当比特处于 $|0\rangle$ 态时, 腔频率为 $\omega_r' - \chi$; 当比特处于 $|1\rangle$ 态时, 腔频率为 $\omega_r' + \chi$. 腔频的移动会对谐振腔的频率响应产生变化, 这样我们可以根据谐振腔的频率响应读取比特的信息.

传输子量子比特由于优异的退相干性能, 受到了国际上的大量关注. 耶鲁大学的 R. J. Schoelkopf 和 M. H. Devoret 小组基于传输子量子比特开展了长寿命三维谐振腔方面的工作, 实现了对三维谐振腔量子态的精确操控以及两个三维谐振腔的耦合及纠缠[320], 同时在 2010 年实现了平面电路结构的三个量子比特的纠缠[321]. UCSB 的 Martinis 小组在 2012~2013 年对平面电路结构的传输子量子比特进行了持续的改进, 将传输子量子比特的寿命提升到了 57 μs[322], 同时将电路结构改造成更易于扩展的方式, 即 Xmon 型量子比特, 见图 3.3.9. 2014 年, Martinis 小组实现了保真度超过 99% 的双比

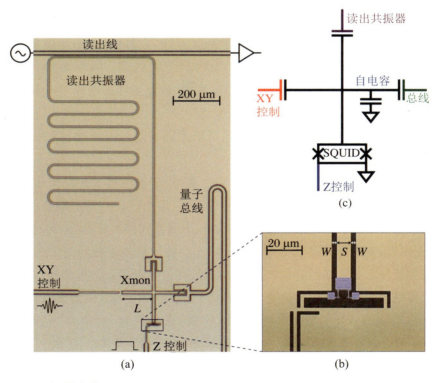

图 3.3.9　Xmon 型量子比特

（a）Xmon 型传输子量子比特显微镜照片；（b）SQUID 结区的放大图；（c）等效电路图

特门,达到了表面编码的量子纠错阈值.2015 年,Martinis 小组进一步在九比特一维链结构的样品上实现了重复编码的检错.2017 年,中国科学技术大学、浙江大学与中国科学院物理所合作实现了十个超导量子比特的全局纠缠.

3.3.5　量子比特读取

正如显示器等输出设备是冯·诺依曼结构经典计算机的必备组成之一,量子态的读出也是量子计算机构建过程中必不可少的要素.在经典计算机上,普通的磁盘使用磁性极子的正负来存储 0 和 1,固态硬盘使用栅极不同的导通状态来表示 0 和 1.在信息的传输中,使用电平的高低来表示 0 和 1.由于经典比特非 0 即 1 的特性,经典比特天生就有较高的容错性质.

由于量子态与经典态完全不同的量子特性,其读取也与经典比特的读取完全不同.量子态的读取操作是将量子态向测量算符的本征态进行投影操作.在超导量子比特的实验中,我们将超导比特的能量本征态作为测量算符的本征态:比特的基态称为 $|0\rangle$,第一激发态称为 $|1\rangle$.于是读取操作即表示为向 $|0\rangle$ 态和 $|1\rangle$ 态的投影操作.同时,通过对一个叠加态做这样的投影测量,我们会得到 $|0\rangle$ 或者 $|1\rangle$,而测量得到这两种结果的概率会由于比特所处的叠加状态不同而不同.这就意味着对于量子比特状态进行单次读取的结果并不能完整地反映量子比特的状态,只有进行针对相同量子态的多次测量或者量子非破坏性的连续测量的统计结果才能有效地反映出比特在各本征态分量的概率大小.

我们首先来看一下针对相同量子态的多次测量.在进行量子比特操作之前,我们首先必须确保初态的一致性.这在实验中很容易实现,借由比特与环境耦合而造成的退相干特性,量子比特的状态会由于能量弛豫等退相干因素回到系统基态,即 $|0\rangle$ 态.从这一确定的初态出发,我们进行完全相同的量子操作会使比特处于相同的末态.利用这一原理,我们得到了任意多个相同的量子态以供测量.在进行量子态的投影操作后,对于一次测量,我们可以观察到被测量的量子态坍缩到了 $|0\rangle$ 态或 $|1\rangle$ 态,从而使对应态的计数加 1.在进行 n 次测量后,我们统计 $|0\rangle$ 态和 $|1\rangle$ 态的计数分别为 n_0 和 n_1,从而计算出其频数 P_0 和 P_1 来近似对应态的概率.这意味着对于初态 $|\psi\rangle$,当其在 $|0\rangle$ 和 $|1\rangle$ 基矢下做展开,即 $|\psi\rangle = \alpha|0\rangle + \beta|1\rangle$ 时,我们有 $|\alpha|^2 = P_0$ 及 $|\beta|^2 = P_1$.

值得注意的是,在针对相同量子态的多次测量中,我们并不在意测量对于量子态的反作用.但测量对于量子态的反作用几乎是难以避免的.想象一下在一个无限大的平面空间中确定一个小球的位置,我们可以通过激光照射的方式,如果激光遇到小球,激光被反射,我们就可以根据被反射激光的角度和距离推算出小球的位置.但在微观世界中,由于激光有能量,因此当激光被反射时,小球也获得了动量,从而改变了原来的运动方式.这就意味着,在进行一次测量之后,小球已经不在原来的位置,也不按原来的运动方式运动了,小球跑了.这就是破坏性的测量.而非破坏性的测量要求在不同时刻进行测量的结果不发生变化,即第一次测量不会影响量子态,更不会破坏量子态.

在超导量子比特的实验中,早期人们使用 dc-SQUID 作为测量工具,利用其对磁通敏感的特性,dc-SQUID 可以探测超导线圈中由于量子比特状态改变而造成的磁通变化,从而读取相应的比特状态.但这种测量方式极大地影响了比特自身的状态,甚至可能使比特状态脱离其定义的 $|0\rangle$ 和 $|1\rangle$ 能量本征态,导致"小球跑了".得益于 2012 年诺贝尔物理学奖获得者 Serge Haroche 和 David J. Wineland 发展出的基于腔量子电动力学进行单光子量子非破坏性测量的方案,目前的超导量子比特同样借助一维谐振腔与量子比特进行耦合,在单光子水平上对比特状态进行弱测量,从而接近实现超导量子比特的非破坏性测量.

3.3.6 结语

超导量子计算与量子模拟系统利用了超导体及约瑟夫森结的宏观量子效应,工艺上与半导体平面印刷兼容,易于耦合与控制,具有良好的可扩展性.然而,正是由于超导量子比特是一个宏观量子系统,其极易受到外界噪声干扰而性能大幅下降.长期以来,各国科学家都在努力定位噪声来源,改进样品设计,屏蔽外界噪声;提高工艺水平,采用更低损耗的基础材料;优化测量平台,避免测量中引入额外噪声;提高读取效率,降低读取造成的误差.这最终使得超导量子比特的性能获得了实质性的突破,大家开始考虑大幅扩展量子比特数目,演示有价值的量子算法或进行量子纠错.

近年来,超导量子比特集成系统在门操作的保真度、可扩展性及量子读出等方面取得了长足的进步,已经可以制备出包含数十个量子比特的中等规模量子计算芯片.2019 年 10 月,权威杂志 *Nature* 刊出了谷歌量子 AI 团队的最新科研工作 *Quantum Supremacy Using a Programmable Superconducting Processor*"[88].论文报道了基于一个包含 53 个可用量子比特的可编程超导量子处理器,利用该处理器运行随机量子线路进行采样,耗时约 200 s,可进行 100 万次采样,并且估计如果使用目前最强超算 Summit 来计算得到同样的结果需耗费约 1 万年.该成果是量子计算领域的一个重要里程碑:实验证明"量子优越性",即在特定任务上,量子计算机可以大大超越经典计算机的计算能力.

谷歌量子 AI 团队制备了一块包含 54 个量子比特的超导量子计算芯片,并将其命名为 Sycamore,其中可用的量子比特是 53 个.这块超导量子芯片基本上汇聚了谷歌量子 AI 团队这几年所发展的所有最先进的实验技术,其中最突出的技术是倒装焊封装技术、可调量子耦合器和抑制串扰技术.倒装焊封装技术是一种芯片互连技术,通过倒装焊,可以实现二维排布量子芯片的制备.可调耦合器的作用是调节量子比特间的耦合强度,当我们想让比特间发生耦合实现多比特门时,可以将耦合强度调大,但是当我们不想让比特间发生耦合时,可以关掉耦合器.超导量子芯片通过微波脉冲实现量子操控,脉冲间的串扰抑制是实现高保真度操控的关键.空桥工艺、倒装焊工艺等方面的突破使得比特间的串扰错误得到有效抑制.从谷歌的基准测试来看,Sycamore 芯片在进行并行量子门操控时,还能保持 99.84% 精度的单比特门、99.38% 精度的两比特门以及 96.2% 精度的读出,综合性能代表了目前超导量子计算的最高水平.

为了说明"量子优越性",谷歌与目前世界排名第一的超级计算机 Summit 进行了性能对.在 Sycamore 上进行 53 bit、20 深度的量子随机线路采样,200 s 约可采样 100 万次,并且最终结果的保真度预计为 0.2%;作为对比,谷歌预计超算 Summit 要得到保真度为 0.1% 的结果,需要耗费 1 万年.基于此,谷歌宣称实现了"量子优越性".

需要注意的是,谷歌这次宣称的"量子优越性",目的仅仅是在实验上证明量子计算机确实有超越目前最强超算的能力,但这并不意味着我们已经实现了实用化的量子计算机.首先,从谷歌的工作来看,虽然他们在比特操控和读取上都达到了极高精度,但是运行 20 层量子线路后,保真度仅达到 0.2%,这样的精度完全无法支撑大规模量子算法的实验实现;此外,谷歌用来演示量子优越性的问题是没有实用价值的,它的目的仅在于证明量子计算的计算能力.因此,实现通用量子计算还需要很长的时间,我们需要在量子纠错方面取得突破,以支撑保持高品质的扩展量子比特数,并探索如何有效地发挥量子计算机的优势来解决真正有用的问题."量子优越性"对于量子计算的发展,仅仅是一个开始.

那么下一步,量子计算的路在何方? 2019 年 9 月 15 日在合肥成功举办的新兴量子技术国际会议形成了《量子信息和量子技术白皮书(合肥宣言)》,国际专家在宣言中对量子计算发展的三个阶段达成了共识,"要构建一台真正具有通用计算能力的量子计算机,仍需要长期的努力".为了领域的长期健康发展,除了要在基础研究领域做好操纵精度、可容错之外,规模化、实用性的量子计算研究可以沿如下路线开展:第一个阶段是实现量子优越性,即针对特定问题的计算能力超越经典超级计算机,这一阶段性目标将在近期实现;第二个阶段是实现具有应用价值的专用量子模拟系统;第三个阶段是实现可编程的通用量子计算机,还需要全世界学术界的长期艰苦努力.

我国在超导量子计算领域起步较晚,相比于领头羊谷歌,我们国内的相关科研团队仍处于追赶地位.可喜的是,近年来,以中国科学技术大学、浙江大学、中国科学院物理研究所等为代表的多个科研团队,已经突破了 20 个量子比特的超导量子计算技术[90,183,187,266].目前,他们正在攻关 50 比特量子计算技术,并有望在明年底实现"量子优越性".因此,我国在超导领域虽与美国存在差距,但是不存在代差,如果能够得到持续的投入和支持,未来可期.

3.4　最冷的物质：超冷原子量子模拟

戴汉宁　陈宇翔

温度是大家都熟悉的一个概念.我们所说的温度,其实描述了构成物体的那些微观粒子的运动状态.粒子运动的平均动能越大,物体的温度就越高,平均动能越小则温度越低.温度有现实无法达到但理论上存在的下限——"绝对零度",此时粒子"完全静止"而处于运动能量最低的状态.绝对零度用于定义物理学中常用的标准开尔文(K)温度,绝对零度(0 K)是 $-273.15\ ^{\circ}\!C$,室温大约相当于 300 K.在日常生活中,我们提到冷可能会想到零下几十摄氏度的低温,然而在实验室中,科学家们所说的"超冷"比它还要低得多,仅仅有几百纳开(nK),也就是比绝对零度约高 $10^{-7}\ ^{\circ}\!C$.部分经典的物理规律在此状态下会失效,因此必须用量子力学描述超冷原子,超冷原子也就成了功能丰富的量子力学试验场.

数十年来,超冷原子系统在量子模拟和信息科学方面的潜在应用引起了人们普遍的关注.量子模拟的思想是由费曼于 1982 年提出的[324],他提出物理学中的"量子多体"现象,也就是大量粒子在量子力学相互作用下的集体行为,可以被某些相似类型的人造量子系统模拟,通过观察这个人造系统来研究自然的多体现象.如果这个猜想可行,我们就能构建一个近似于各种量子力学系统乃至物理世界的通用量子计算机.超冷原子系统由于其特殊的光学或磁性可控性,以及低温强关联的行为,而且在一定的时间尺度内与环境隔离,成为量子多体模拟的理想系统.为了理解超冷原子量子模拟的发展、现状及未来,我们首先要了解这些系统的一般行为,以及如何操纵和设计这些行为.

3.4.1　超低温下的量子效应

对于一个由许多粒子组成的多体系统来说,要使之成为量子行为占主导地位的体系,必须抑制热效应,即实现超冷量子体系.1924 年,玻色和爱因斯坦预言了宏观上粒子占据能量最低状态的物态.这是一种凝聚现象,我们现在称之为超低温玻色气体,即冷却到临界温度以下玻色子的玻色-爱因斯坦凝聚(BEC)[325-326].在临界温度下,由于原子的动量很小,在波粒二象性中更多呈现出波动的一面,可以认为单个原子波,即德布罗意波的波长[327]变长,多个原子的波包开始互相重叠,并相互关联,表现出一致的行为,而且此时粒子的全同性质变得至关重要.

如图 3.4.1 所示,(a) 室温下,原子可以看作运动的小球;(b) 当温度降低时,原子的波粒二象性显现出来,温度越低,波长越长;(c) 温度降低到临界温度以下后,原子的德布罗意波开始重叠,出现宏观占据的基态,发生玻色-爱因斯坦凝聚;(d) 当温度为绝对零度时,原子全部处于同一个态,表现出一致的行为.许多奇特的现象,如固体中的超导性和氦-3、氦-4 的超流动性[328]都与凝聚物态的出现密切相关.很长时间以来,超流体和超导系统中凝聚态的存在是从与其存在有关的其他性质推断出来的[329].这些与凝聚态的存在有关的宏观量子现象,即宏观上多个粒子的波函数占据同一个态,已经成为重要的物理学研究主题.

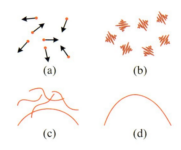

图 3.4.1　玻色-爱因斯坦凝聚示意图

由于液氦中存在强烈的相互作用,因此我们难以获得凝聚态存在的直接实验证据,所以研究人员开始寻找能够进行直接研究的替代系统.从 20 世纪 70 年代后期开始,自旋极化氢被认为是一个很有希望的系统,因为它的相互作用较弱,并且能够在绝对零度附近保持气态.虽然此后科学家们在该系统中开展了大量的研究,但最后认为难以实现凝聚体[330].清晰和直接地观察凝聚态必须等待激光冷却技术和原子气体的蒸发冷却发展后才成为可能,其实现的凝聚态的比例接近 100%.

3.4.2　激光冷却技术

在 20 世纪 70 年代和 80 年代,原子物理学是一个非常完善和受人尊重的物理学领域,但绝不是一个"热门"领域.在理论上,即使要处理复杂的多电子系统问题,大部分的方法和技术也已经被开发了出来,所考虑的主要问题是关于这些方法的优化,而不是对全新现象的革命性探索.在实验方面,量子光学正在进入黄金时代.激光物理学和非线性光学的发展使得1981年授予A. L. Schawlow和N. Bloembergen诺贝尔奖,以表彰他们"对激光光谱学发展的贡献"[331].与此同时,1989年,H. G. Dehmelt和W. Paul因离子阱技术的发展及对单粒子水平的量子系统的研究[332],N. F. Ramsey因发明分离的振荡场方法及其在氢钟和其他原子钟中的应用[333],而共同获得了诺贝尔奖.

20世纪后期激光冷却的发明导致了原子物理学的重大新发展,特别对凝聚态物质和多体物理学有着重大的影响.我们在日常生活和工业生产中经常需要用到各种降温手段,但常用的空调或者冰箱并不能将温度改变太多,最多也就能达到零下几十摄氏度.然而,在很多科学研究工作中,科学家需要在极低温度系统中进行研究,比如研究超导体就往往需要在接近绝对零度的温度下进行测量.要实现超导体实验中的极低温系统,一般是通过液氮(77 K)或者液氦(4.2 K)来将实验的系统保持在极低的温度,或者通过稀释制冷剂来获得仅仅比绝对零度高几毫开(mK)的温度.而在冷原子气体的研究中进一步将温度冷却下去,就需要激光的帮助了.

1985年,美国斯坦福大学的朱棣文教授等人首先利用激光冷却技术将钠的原子气体冷却到了240 μK的温度(仅比绝对零度高2.4×10^{-4}K)[334].朱棣文的激光冷却实验使用三对相互垂直的激光束.在这种光场中,原子不仅受黏滞力而被冷却,而且还受梯度力被囚禁在光束交汇区中.由于阻尼力的作用,原子的运动速度很慢,每扩散1 cm需要1 s.如果没有光场的作用,原子扩散1 cm只需20 ms.因此,我们将这种囚禁作用称为"光学黏胶".

激光冷却的原理[335]一般可以理解为:激光器发出的光子在钠原子上发生"散射",那么向着激光器运动的钠原子在激光的作用下速度会越来越慢.具体来讲,光子在钠原子上发生的并不是散射,而是光子将钠原子的电子激发到激发态,然后电子跃迁回来的时候会放出一个方向不确定的光子.在一段时间内,钠原子吸收的光子有特定方向,而放出的却没有,所以原子会被光束减速.就像不停地给一个穿着滑冰鞋相向运动的人扔篮球,他接住篮球后再随机选择一个方向抛出,平均来说他会运动得越来越慢.这样,由于光子不可分,原子的动能有和光子能量相关的不确定性,这也给出了通过激光冷却能够得到的最低温度,即由于滑冰者不可能只接住半个篮球,他不可能完全减速到静止.若一团钠原子气体里的大部分原子被激光渐渐减速,气体对应的温度也越来越低,这样就实现了"降温".

或许你会问:对于远离激光器运动的那些原子呢?其速度会不会越来越快?显然,为了冷却所有的原子,我们需要控制减慢那些原子.对于向着激光运动的原子来说,我们希望能减慢它们的速度;对于远离激光运动的原子来说,我们不希望把它们推得越来越快,这就需要借助多普勒效应[336].光波和声波都是波动,当物体相对于波动的源头运动的时候,它感受到的波长和频率都会发生变化.比如,向着我们运动的火车发出的鸣笛声,听起来要比远离我们运动的火车声调高一些;在天文学上,远离我们运动的恒星发出的光,在我们看来要显得波长更长、频率更低一些,即红移现象.而原子内部的电子能级发生变化的时候,会放出或者吸收特定波长(频率)的光,这构成了原子的发射光谱或者吸收光谱.每一条谱线都有一定的宽度,光的波长越接近吸收谱线的中心位置,激光就越容易影响原子,原子只会对这些特定波长(频率)的光起反应,而对远离谱线位置的光"视而不见".因此,若我们选择激光的波长在原子谱线偏红(波长偏长)的一侧,就可以使原子减速.只要我们将激光的波长选择在原子谱线略微比中心位置的波长长的一侧,那么由于多普勒效应,向着激光运动的原子感受到的波长会显得短一些(蓝移),靠近谱线中心,因此相互作用强;而背离激光运动的原子感受到的波长会更长一些(红移),更加远离谱线中心,因此不会受到作用.这样,如果在前后左右上下六个方向都有一束激光的话,就可以把原子的速度降下来.利用激光冷却技术(图 3.4.2),科学家们能够获得仅仅比绝对零度高出不到千分之一开($10^{-4} \sim 10^{-3}$ K)的低温.1997 年,朱棣文、C. Cohen-Tannoudji 和 W. D. Phillips 因共同发展了激光冷却与俘获技术而获得了诺贝尔物理学奖[337].

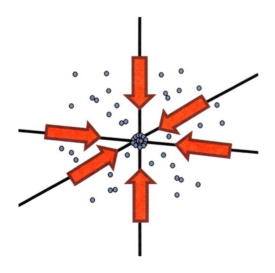

图 3.4.2　激光冷却示意图

随后,科学家们还通过精细地控制激光的偏振,进行了亚多普勒冷却,可以得到温度仅数十微开(10^{-5} K)的冷原子气体[338].但要实现玻色和爱因斯坦描绘的宏观凝聚体系,科学家们还需要将系统温度进一步冷却大约两个量级($10^{-8} \sim 10^{-7}$ K).最后一块拼图是蒸发冷却技术,它导致了开创性的实验:1995 年,E. Cornell 和 C. Wieman 在实验中第一次观察到了 2000 个 ^{87}Rb 玻色原子的纯凝聚物[30]；随后，科学家们也在实验中观察到了 ^{23}Na[340] 和 ^{7}Li[341] 的凝聚.物体有一定温度表示其内部粒子有一定的平均动能,但粒子之间的动能并不相同,而是符合一个统计学分布.在给定温度热平衡的状态下总有少数粒子的动能高、运动速度快,对高温度有更大贡献.蒸发冷却的物理机制是通过人为降低势阱高度,抛出这部分高速原子,同时利用气体的弹性碰撞使剩下的原子迅速达到低温的热平衡分布.这个过程很像我们在日常生活中将一杯热茶放置一段时间后会变凉,这是因为大量的高速水分子"逃出"了杯子,变成了水蒸气,并带走了大量的热量,留在杯中的水分子平均温度变低(图 3.4.3).

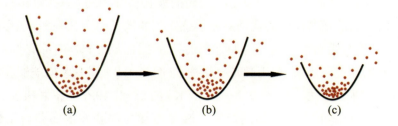

图 3.4.3　蒸发冷却示意图

诺贝尔基金会于 2001 年向 E. A. Cornell,C. E. Wieman 和 W. Ketterle 颁发了年度物理学奖,以表彰他们在碱性原子稀释气体中实现了 BEC,以及对凝聚物性质进行的早期基础研究.在实验室中产生玻色-爱因斯坦凝聚,是一个里程碑,为我们研究超冷物质及其性质带来了一场革命,为更加广泛地推动了科学技术发展,并带来了新的机遇.

在科学家经过了近 20 年的努力之后,自旋极化氢系统在 1998 年也实现了凝聚[342],但这已是在用碱性原子气体第一次实现纯凝聚物之后三年了.自旋极化氢实验的一个关键特征是产生凝聚物温度比碱性气体高得多,并通常含有大量的原子($\geqslant 10^9$个).这一实验最重要的贡献之一就是蒸发冷却的发展,这也是现在超低温气体实验的关键技术.

3.4.3　超冷原子与超导

虽然超导现象于 1911 年被发现[343],但直到 1957 年巴丁、库珀和施里弗提出 Bardeen - Cooper - Schrieer(BCS)理论[344],其微观机理才得到一个令人满意的解释,这三位科学家因此获得了 1972 年的诺贝尔物理学奖.BCS 理论把超导现象看作一种宏观量子效应.它提出,金属中自旋和动量相反的电子可以配对形成所谓的"库珀对",库珀对在晶格当中可以无损耗地运动,形成超导电流.超冷原子系统可以在实验上对 BCS 理论进行检验和观测,例如研究形成配对的特征温度(原子或库珀对的结合能)与其凝聚转变温度之比的重要性.

自然界中的基本粒子都有一种内在的属性即自旋,自旋与粒子的统计特性有关,例如两个相同的粒子是否可以处于同一个量子态.由于原子是由质子、中子和电子组成的,它们的总自旋可以是半整数或整数,即服从费米-狄拉克统计或玻色-爱因斯坦统计,一般也称为费米子或玻色子.电子是一种费米子,这意味着我们可以观察形成的类似库珀对的费米子原子对的凝聚.但是,由于费米子对的费米子性质和它们之间的弱相互作用,费米气体的凝聚需要相当严格的温度条件,因此直到 1999 年美国科罗拉多大学 D. S. Jin 的团队通过 Feshbach 共振技术[345],第一次实现钾的同位素 ^{40}K 的超冷费米凝聚气体[346],才为观察费米超流体铺平了道路.该系统由在弱相互作用极限下的 BCS 理论和强相关极限下的所谓 BEC - BCS 理论交叉描述[347].通过磁场调节原子之间的 Feshbach 共振来改变超冷原子的碰撞性质,也已经成为另一个价值不可估量的工具,在当前超冷原子研究中发挥着重要作用.

自从 1995 年的开创性实验以来,超冷原子量子气体实验中的控制改进已经导致该领域在许多不同方向上的分支,包括强关联状态的研究、低维系统中相位波动映射研究[348]以及 BEC - BCS 交叉的研究[349]等.到目前为止,人们已在包括铷(^{87}Rb, ^{85}Rb)、钠(^{23}Na)、锂(^{6}Li, ^{7}Li)、氢(H)、钾(^{39}K, ^{40}K, ^{41}K)、铯(^{133}Cs)、锶(^{84}Sr, ^{86}Sr, ^{87}Sr, ^{88}Sr)、钙(^{40}Ca)、镱(^{168}Yb, ^{170}Yb, ^{173}Yb, ^{174}Yb, ^{176}Yb)和亚稳态氦(^{4}He)等玻色或费米原子的系统中实现了超冷原子凝聚[350],甚至已经实现了分子的玻色-爱因斯坦凝聚[351].通过研究多组分的玻色-玻色混合(LiNa, LiCs, RbCs, NaRb)[352-355]、玻色-费米混合(RbK, NaK)[356-357]、费米-费米(LiK)混合量子气体[358],可以进一步理解超流体特性、化学反应动力学等.原子之间除了通常的 s 波散射之外,对有些原子或分子还能研究长程各向异性偶极-偶极相互作用,例如铬(^{52}Cr)、铒(^{167}Er, ^{168}Er)、镝(^{164}Dy)等[359],这对理解超冷化学反应、量子软物质、超固体等具有重要意义.这些成就是超冷原子系统量子模拟的很好的例子,通过适当的控制,它们可以呈现出玻色子氦-4 那样的凝聚和超流动性,或者费米子氦-3 或超导体电子的现象.

在空间和时间上对产生的凝聚物进行调控,为研究远离热平衡状态的量子气体和超流体的动态演化开辟了非凡和广阔的前景.首先,科学家们对超流体的主要特性有了系统的实验研究,如临界速度[360]、量子涡旋[361](图 3.4.4)、持续电流[362]和约瑟夫森效应[363]等.此外,玻色-爱因斯坦凝聚是一种在物理学各个尺度上都表现出来的普遍现象.

例如,将凝聚态系统和宇宙学,包括黑洞和霍金辐射等进行类比[364],通过 Kibble‑Zurek 机制自发形成拓扑缺陷[365],研究其临界现象[366]和量子湍流[367],其表现出的特性已经在超冷原子量子模拟实验中观察到了.

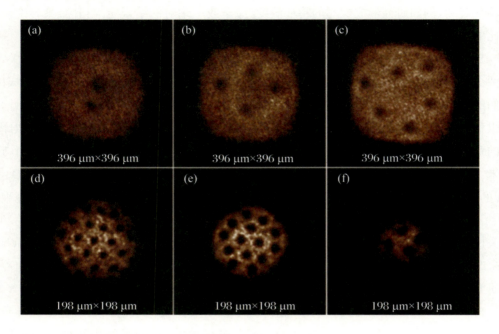

图 3.4.4   实验室中观察到的冷原子量子涡旋

3.4.4   光晶格及其应用

此外,随着近年激光技术的高速发展,光晶格技术也成为超冷原子量子模拟的一个重要调控手段.光晶格[368]是由一对或多对反向传播激光束的干涉形成的驻波,这些激光束在空间中建立了一个有效的周期性电势结构,它们提供了一个类似于实际结晶固体的"人工晶体"实验平台,从而可以在超冷原子内模拟固体物理材料特性,具有非凡的可控性.通过控制光晶格中原子的动能,减少晶格位置之间的隧穿效应等同于增加原子的有效质量,可以产生强相关的状态,如莫特绝缘体状态.在 D. Jaksch 等人的开创性建议[369]之后,M. Greiner 等人在 2002 年观察到了在光晶格中的玻色子从超流体到莫特绝缘体(Mott insulator)(图 3.4.5(b))的量子相变的特征[370],对玻色-哈伯德模型进行了有效的量子仿真.哈伯德模型是凝聚态物理中的关键概念,对深刻理解材料的电磁特性有着至关重要的作用.

图 3.4.5　在周期性的光晶格(绿色)中的原子(红色)会在不同参数下呈现出截然不同的态
(a) 超流体(原子可以在格点间跳跃);(b) 莫特绝缘体(每个格点有相同数目的原子)

2009 年,哈佛大学 M. Greiner 小组实现了^{87}Rb 玻色原子的单格点探测[371],这成为对哈伯德模型的量子模拟道路上另一个里程碑.这种能够进行单原子探测与操控的量子气体显微镜技术迅速得到人们的重视,并被用于制备里德堡晶体[372],制备和测量多体纠缠态[373],观测非平衡多体动力学演化[374]、多体局域化现象[375]、晶格拓扑体系[376]等强关联系统的研究上.2015 年,三个实验小组又几乎同时实现了费米量子气体显微镜[377-379],为实验研究费米-哈伯德模型铺平了道路.在光晶格中极低温的费米量子气体,是研究掺杂费米-哈伯德模型的理想体系,该模型被认为将能揭示铜氧化合物高温超导机制[380].尽管 BCS 理论已给出了令人满意的超导微观图像,但它不能解释高温超导现象.因此,超冷原子体系在未来高温超导的研究中有着潜在的价值.

近年来,与量子霍尔效应[381]相关的研究工作一直备受关注.这些系统可以具有非阿贝尔激励,对一般的局域退相干机制相对不敏感,这使得它们成为量子信息科学领域的重要候选系统.利用旋转或通过人造诱导的规范场[382],超冷量子气体还可以用来模拟磁场中带电粒子的运动,从而实现对量子霍尔效应的实验模拟[383].自量子霍尔效应发现以来,关于物质拓扑相的研究就一直是物理学研究的热点.其中,自旋轨道耦合效应[384]作为引起拓扑效应的关键机制,对其进行研究是探究量子反常霍尔效应[385]等新奇物态的关键.通过在冷原子体系中利用光晶格构造规范场,用中性原子模拟电子在周期势场中的自旋轨道耦合效应,由美国马里兰大学于 2011 年提出并在一维系统中实现[386].在二维系统中,因其具有更加丰富的物理内容以及跟二维材料的对应,具有更加广阔的研究前景.2016 年,科学家分别在费米气体系统[387](山西大学)和玻色气体系统[388](中国科学技术大学)中实现了二维自旋轨道耦合.2017 年,麻省理工学院和苏黎世联邦理工学院两个实验组,分别通过两个谐振腔系统[389]与超晶格系统[390]中的超冷原子气体,在实验中观测到了超固态特性[391],即一种空间上规则有序却具有超流体特性的特殊量子状态.

光晶格的其他应用包括实现低维几何结构和可扩展的量子计算与量子精密测量.值

得注意的是，D. Jaksch 等人的建议是以在晶格中用冷原子实现量子计算为出发点的[392].通过向莫特绝缘体态的转变可以有效制备每个晶格位置具有固定数量原子的量子寄存器,原子之间的纠缠则可以通过控制碰撞来实现.原子系统的精确控制使得精密测量应用实现了更高的精度.2014 年,美国国家标准局叶军组通过光晶格中的 Sr 原子,实现的测量精度为 10^{-18}[393].

3.4.5　结语

目前,超低温原子和分子体系处于现代量子物理研究的前沿,由于前所未有的量子工程水平,即由原子物理与量子光学研发和实现的量子系统的准备、操纵、控制和检测,被认为是多体物理研究最可控的体系,该体系正在推动物理领域进入一个新的量子时代,在多体系统控制方面展现了前所未有的可能性.这些系统在量子信息和量子计量学中有着很重要的应用,并将作为强大的量子模拟器.在理论层面上,超冷原子所涉及的不同领域导致了原子分子物理、量子光学、凝聚态、核物理,甚至高能物理理论之间的交叉结合,并且其对凝聚态物理学、非线性物理学、核物理学和高能物理学甚至天体物理学的影响不断增强.在经过 20 世纪初期量子力学基本理论的建立,60 年代开始对量子力学的非局域性和实验控制单粒子或少量粒子体系的实验性追求之后,我们正在进入一个新时代:对宏观量子系统进行控制的量子技术的兴起.

正如费曼提出的那样,第一台量子计算机很有可能是专用计算机——量子模拟器,它将有效地模拟量子多体系统,使用"古典"电脑完成.超冷原子量子模拟现在正在向着这个目标进发[394].

3.5 不完美的钻石：金刚石色心量子计算

张 琪 石发展 王 亚 杜江峰

3.5.1 钻石：量子比特最好的朋友？

"无论切割还是打磨，这些精灵永不退色，只有钻石才是女人的心头宝……"玛丽莲·梦露的一曲《钻石是女孩最好的朋友》几十年来广为流传.不过近 20 年，一批量子物理学家经过研究发现，钻石也是他们最好的朋友.自旋，包括电子自旋和核自旋，是目前最主要的量子信息载体之一.以固态自旋作为量子比特，可直接受惠于几十年来半导体微纳加工技术的深厚积累，灵活地实现不同的大规模可扩展架构及其集成化，因此被寄予厚望.最近 10 年，量子科学迅猛发展，各科技强国、组织和商业巨头相继推出了各自的量子科技发展规划，金刚石自旋系统的研究是重点研究方向之一.金刚石约含有 70 种顺磁缺陷，其中最受关注的是氮-空位色心（nitrogen-vacancy color center，NV）：一个氮原子替代金刚石晶格中的一个碳，邻近位置同时存在一个碳原子的空位（图 3.5.1(a)）.

相对于其他固态自旋，NV 最大的特点就是室温下优异的光探测磁共振性质.通常而言，量子相干态非常脆弱，并且多存储在小尺度的量子系统上，信号十分微弱.对大多数实验体系，量子相干的维持和读出都需要低温、强场、高真空等一系列严苛的条件.而金刚石 NV 几乎是独树一帜，在室温大气条件下仍然能实现自旋状态的初始化、读出、相干操控和 ms 量级的电子自旋相干时间.自旋态读出保真度、操控保真度等已经达到了量子容错阈值，特别是单比特门的保真度达到 99.995%，是目前固态体系中的最高纪录，因此被认为是最有可能实现室温量子计算的实验体系之一.稳固的量子相干、灵活的光学读出方法，也使其能够在宽松的温度条件、压力条件和各种不同化学环境甚至生物活体中保持优异的表现.从纳米到微米尺度，兼容磁、电、力、热等多种物理量的精密测量，它是非常理想的量子探针.在这里，我们将回顾利用基于金刚石色心的微观磁共振技术实现量子信息处理和量子精密测量的研究进展，尝试梳理相关方向面临的关键挑战，对可能的发展方向做出展望.

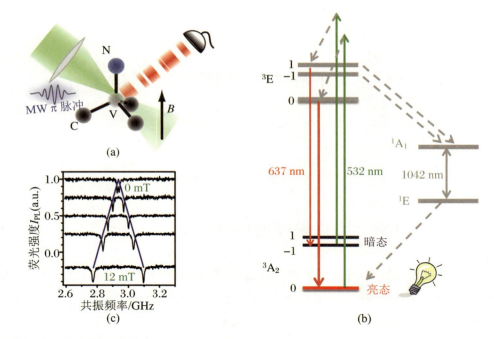

图 3.5.1　金刚石中氮-空位色心

(a) 金刚石中氮-空位色心(NV)的原子结构[395].受到 532 nm 绿光激发,其发出的红色荧光被单光子探测器接收,荧光强度反映自旋状态.共振微波(microwave,MW)可以调控基态自旋量子态.(b) NV 被激发后,自旋$|\pm 1\rangle$态倾向于额外发生非辐射过程(虚线箭头),弛豫到基态$|0\rangle$.因此激光照射下$|\pm 1\rangle$态荧光较弱(较细的红色箭头),并且最终被光极化到$|0\rangle$态.(c) 扫描微波频率得到 NV 的磁共振连续波谱[396].两条谱峰分别对应$|0\rangle \leftrightarrow |-1\rangle$和$|0\rangle \leftrightarrow |+1\rangle$的跃迁.由于塞曼效应,随着磁场升高两峰间距增大

3.5.2　量子态的初始化与读出:更纯、更亮

磁共振体系是较早的量子计算实现平台之一,为早期量子计算的发展和推广起到了巨大的推动作用,发展出了许多精巧的量子调控手段,并被其他体系如离子阱、超导比特等广泛采用.传统核磁共振的读出依赖于宏观磁感应线圈,探测数以千万亿(10^{15})计的自旋系综信号.然而随着比特数增加,制备初始"赝纯态"的难度指数升高.解决的关键是提升自旋极化度.金刚石 NV 自旋经过激光脉冲就可以实现高纯度的态初始化,室温下自旋$|0\rangle$态的布居度可以达到 92%.其附近的核自旋与暗电子自旋也可以方便地实现动力学自旋极化[397-398],因此成为最理想的室温量子计算体系之一.

室温下单自旋的光极化和光读出,是 NV 在量子信息处理和量子精密测量中一个关

键的优势[399]. NV 自旋 $|0\rangle$ 态的荧光比 $|\pm1\rangle$ 态更亮,通过测量荧光强度可以实现对自旋态的测量. 量子态读出的理想情形就是实现高保真度的投影测量,这是量子纠错、量子隐形传态等技术中关键的一环. 在日常生活中,我们若是一时看不清纸上的字,只需要多看一眼,或者更技术地讲,增加测量时间,就能分辨出字形. 然而在量子世界里,事情就没这么容易了. 量子系统一般是很微小、很脆弱的,即使是在量子态坍缩到测量的本征态之后,哪怕再多看一眼,都可能把坍缩后的量子态"看坏". 实现高保真度投影测量,要求测量对系统的扰动尽量微小,在系统状态被破坏之前得到高信噪比. 在 4 K 温度条件下,可以有选择性地只激发 NV 自旋 $|0\rangle$ 态对应的光学跃迁[400]. NV 自身具备^{14}N 或者^{15}N 核自旋,金刚石晶格中有^{13}C 核自旋. 室温下电子自旋辅助读出,可以实现核自旋的投影测量[395,401].

在光学上,可以通过进一步提升光子收集效率,甚至缩短 NV 激发态寿命来提高测量保真度和效率. 通过外加光学腔,或者将金刚石加工成固态浸没透镜[402-403]、纳米柱[404]、纳米梁、圆形啁啾光栅、抛物面镜、波导[405]等光学结构,可以降低光子损失比例,将计数率提升一个数量级左右(图 3.5.2). 与光子读出方式相比,电读出通常具有探测效率高、速度快、可集成等优势. 已经有工作采用光电结合的读出方法,探测 NV 与石墨烯之间非辐射能量转移激发的载流子,或者 NV 通过双光子电离过程产生的光电[406-407],但目前多在系综 NV 上实现.

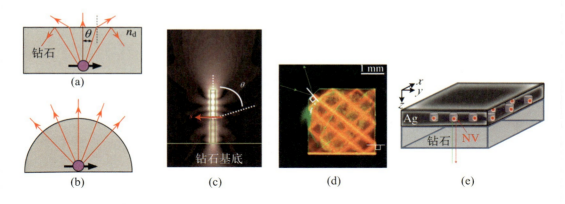

图 3.5.2　增强 NV 荧光计数的几种方法

(a) 平面金刚石表面的全反射限制了 NV 荧光收集效率[403]. (b) 将金刚石表面加工成固态浸没透镜,可以有效降低全反射导致的荧光损失[403]. (c) 金刚石纳米线具有光波导效应,对距离金刚石表面数纳米的浅层 NV 也能提升荧光收集效率[404]. (d) 合适的光学结构增强激光对 NV 系综的激发效率,从而增强荧光[405]. (e) 光学-等离子体结构提高 NV 的自发辐射速率,从而增强荧光[414]

同时,NV 在室温下能够长时间稳定发光,可以作为优良的固态单光子源[404,408],并且已经展示了在量子密钥分发[409]、基础量子物理检验、单光子开关[410]等方面的应用前景.金刚石禁带宽度大,发光缺陷种类繁多,人们一直没有停止寻找与 NV 类似甚至具有更优良性质的发光中心[411-413].这些探索也激发了对其他固态材料如碳化硅中发光点缺陷的研究.

3.5.3 量子相干及其调控:更长、更快、更准

金刚石给 NV 自旋的量子相干提供了天然的保护屏障:金刚石中的自旋轨道耦合相比Ⅲ/Ⅴ族材料要弱得多,因此其中的自旋相干更不易受电、热噪声的影响;由于主要同位素^{12}C 的核自旋为 0,所以可以给 NV 提供一个接近自旋真空的环境.不过自然丰度 1.1%的^{13}C 的核自旋仍然可以在 NV 上产生等效磁场涨落.通过同位素纯化,将其含量降低至 0.01%,室温相干时间达到 ms 量级[415-416].考虑到 NV 自旋相干调控速率可以达到 GHz 量级[417],意味着在室温下,相干时间内能够实现 $>10^6$ 次比特操控.进一步进行降温处理,77 K 下 T_2 延长到 0.6 s[416].同位素纯化去除^{13}C 噪声源的高品质样品,对于提升相关量子技术指标非常关键,然而该样品制备技术主要由欧美、日本等掌握,在我国几乎无法商业化获取.已经有一些研究显示,除了^{13}C 核自旋涨落外,表面的不饱和缺陷、金刚石内部与空位相关的顺磁缺陷、电噪声都对深度 1～50 nm 的 NV 产生较强的退相干作用,通过同位素纯化、表面饱和氧化处理、p 型层沉积控制空位电荷抑制双空位缺陷生成、高介电常数涂层等方法都可以延长浅层 NV 的相干时间.将上述技术和同位素纯化结合,值得期待.

退相干,即量子信息的流失,归根结底是由于我们不了解 NV 环境的状态和演化.事实上,可以通过 NV 电子自旋实现核自旋和暗电子自旋态的初始化和读出[395,397-398,400,418],将这些原本的退相干来源转化成比特资源.核自旋的旋磁比与电子自旋相比要低三个量级,更不易受环境噪声影响,室温下^{13}C核自旋的相干时间超过1 s[415],是理想的量子存储器.电子自旋操控速度快,核自旋存储时间长,将两者结合很有希望提供理想的量子比特节点.在了解 NV 周围核自旋特征信息的基础上,可定制有针对性的解耦合操控脉冲,通过操控 NV 自旋来延长其相干时间.

NV 自旋操控继承自几十年来技术发展极为丰富的磁共振方法,通过与自旋共振的微波脉冲实现自旋朝向的翻转,制备量子叠加态(图 3.5.3).2004 年,首次实现单个 NV 的相干调控[422-423],从此开始不断有新的研究组加入,量子门的速度和精度不断提升.利用共面波导辐射结构,室温下对 NV 电子自旋进行强驱动,可以在亚纳秒尺度完成比特

翻转[417]；利用自旋轨道耦合和皮秒激光，可以实现 GHz 以上的全光操控[421]. 但是上述方法受制于退相干效应，保真度较低. 动力学解耦（图 3.5.4）是常用的抑制退相干的方法之一[424-426]，其基本思想是通过快速地翻转中心自旋，让翻转前后外界在中心自旋上产生的扰动相互抵消. 动力学解耦也可用于保护量子门[427-429]. 目前，对电子-核自旋杂化系统，该方法的单比特门和双比特门保真度分别达到 0.99995 和 0.992[430]，已经超过容错阈值，也是目前固态自旋体系的最高纪录. 另外，还有连续波动力学去耦[431]、多次朗道-齐纳隧穿[432]、最优脉冲设计[433]、几何相位门[434]、相干反馈[435]等量子调控方法，能够达到抑制噪声的目的.

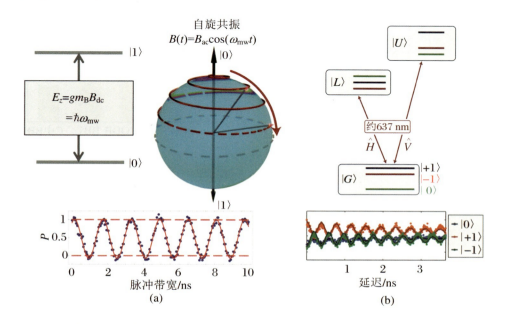

图 3.5.3　NV 自旋的量子调控方法

(a) 直接施加与自旋能级差共振的微波或者射频脉冲，可以调控 NV 电子自旋和核自旋的量子态[419-420]；(b) 基态和激发态自旋哈密顿量不同，通过激光脉冲在 ps 量级控制 NV 的轨道态，可以实现对 NV 自旋态的超快调控[421] 应变作用下 NV 激发态轨道去简并，通过调节共振光偏振可以有选择性地激发 $|G\rangle \leftrightarrow |L\rangle \leftrightarrow |G\rangle \leftrightarrow |U\rangle$

　　总体而言，目前 NV 体系逻辑比特数在小于 10 的范围内，距离实现超越经典计算的水平仍然较远. 现阶段已经有一些量子算法的初步演示，例如 DJ 算法[431]、Grove 搜索算法[427]、相位估计算法[438-439]、绝热质因子分解算法[440]等. 量子模拟对比特数资源的要求更宽松，目前已实现 HeH+ 键解离曲线的模拟[441]、拓扑数直接观测[442]、时间晶体观测[443]等. 得益于纯净的退相干环境和成熟精准的调控方法，金刚石 NV 已经成为量子物理基础研究的重要实验平台，例如，利用相距 1.3 km 的两个纠缠 NV 首次实现了同时关闭局域性漏洞(locality loophole)和探测漏洞(detection loophole)的贝尔测试[8].

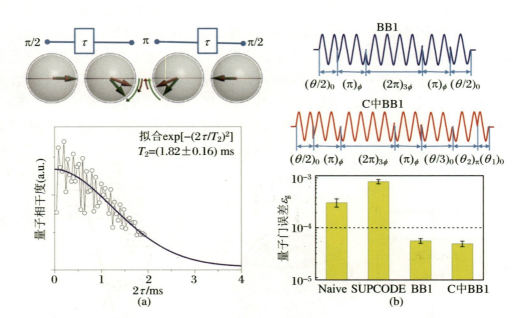

图 3.5.4　动力学解耦

(a) 动力学解耦滤除环境噪声的低频部分,室温下 NV 相干时间可以达到 ms 量级[436];(b) 动力学纠错量子门可以抵抗噪声干扰,将误差压制到小于容错阈值之下(10^{-4})[431]

3.5.4　比特扩展:耦合、寻址、纠错

可扩展问题是当前量子信息处理领域最重要、最受关注的问题之一,也是其目前面临的最大挑战之一(图 3.5.5).可扩展涵盖三个方面的要求:① 量子比特之间要存在有效的耦合,能够实现纠缠态制备;② 可寻址,即比特的初始化、操控、读出对其他比特或者单元的扰动要足够小;③ 可纠错,上述各个环节中保真度要超过容错阈值.同时满足上述三点,才能保证大规模量子比特阵列有效运行.最后,为了保证量子加速,比特数的线性增长不能导致所需资源的指数增加.

受 Kane 方案的启发[445],以 NV 电子自旋为中心节点比特,可以将其周围核自旋关联在一起,得到更多的量子比特[446].目前已经能够实现 3 个核自旋比特的纠缠和量子纠错[401,447],然而其态制备、操控、读出的保真度在现阶段仍然较低,未能达到容错阈值.容错量子计算目前仍是量子计算领域各个实验体系都希望争先实现的目标.以 NV 作为中心节点,最近可以探测到并分辨来自 19 个 ^{13}C 核自旋的信号[448],潜在的比特数可观.然而受 NV 相干时间所限,作为中心比特能有效连接的核自旋比特数也是有限的,要实现大规模量子信息处理,需实现不同 NV 之间的有效连接.

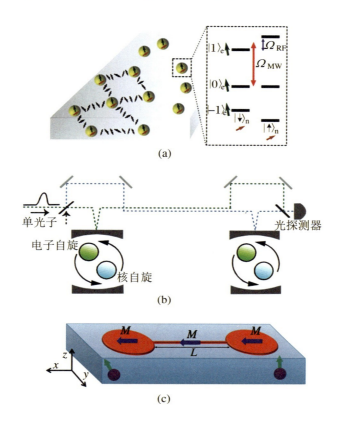

图 3.5.5　几种可扩展方

（a）电子自旋链实现 NV 节点之间的间接耦合[449],采用小系综团簇有可能将耦合增强[451];（b）光学腔增强 NV 与光子的耦合,实现两个 NV 之间的纠缠[452];（c）铁磁结构增强 NV 之间的耦合,同时也可以辅助相近 NV 的寻址操作[453]

一种方法是直接利用邻近 NV 的磁偶极作用,采取"表面码（surface code）",优势是在室温下也有望实现比特扩展.目前可以将相距 25 nm 左右的两个 NV 纠缠[398].该方法面临的突出挑战,一是如何以 nm 量级的精度生成大规模的 NV 阵列,二是如何避免邻近 NV 在读出和操控时的相互串扰,即实现比特寻址.在 NV 阵列的制备方面,可以依靠 δ-掺杂、掩膜或者 AFM 针尖辅助的 N 离子注入,但是仍需要进一步提高 N 转化为 NV 的产率,并且延长其相干时间.针对比特寻址,可以依靠纳米尺度的梯度磁场、局域电极产生的 Stark 位移和超分辨光学等方法[454-455]. 与 NV 弱耦合的^{13}C 核自旋[415],或者多个核自旋组成的退相干保护子空间,在 NV 不断被光激发的过程中,仍然能在室温下表现出超长的相干时间,是很有潜力的量子寄存器. 因此,以核自旋作为存储比特,以 NV 电子自旋作为操控、读出和扩展节点,将是一条很有希望实现室温量子计算的路径. 另一方面,通过金刚石中的暗自旋(比如 P1 中心)链条或者 NV 团簇[449],也可能实现 μm 距离的 NV 耦合.

在更大的尺度上,通过"飞行比特"光子中介,可以实现 NV 自旋与光子偏振的纠缠[456-457]和双 NV 的纠缠[458]. 作为飞行比特,光子是一个很好的载体. 相对于输运电子等,光子与外界的相互作用较弱,因此可以实现快速、低损耗的量子信息传输. 然而这也使得光子比特与目标比特之间较难耦合,降低了纠缠制备的效率. 一个重要的解决方案是制作光学微腔[459-461]. 在目前阶段,要实现光腔与 NV 的强耦合,仍然需要继续提高微纳加工的精度,比如制备厚度均匀、表面平整的金刚石薄膜,准确地控制 NV 在腔中的位置,减少加工中产生的缺陷等[462]. 除了将可见光子作为飞行比特,也可能通过超导腔内的微波光子实现耦合[463]. NV 系综与超导比特之间的强耦合已经被观测到,但是磁偶极作用较弱,目前工作都是基于大数目的 NV 系综,非均匀展宽限制了整个体系的相干时间. 另外,基于力学振子[464-465]、铁磁结构[453]、光电离载流子[466]等可扩展构架的理论方案和实验也在尝试.

在上述可能的解决方案中,原材料生长和微纳加工都起着非常关键的作用:生长更大尺寸的高质量金刚石块材,降低金刚石晶格中的各类缺陷,制备高品质的光学结构、光学腔、微波腔和力学振子,高产率、高精度地控制 NV 的空间位置、寻址电极、微波线、磁性结构的加工等. 与此同时,根据特定的可扩展架构,以及量子比特面临的特定噪声环境,定制性地优化其量子调控方法[430],以达到量子容错阈值,也将是未来规模化过程中不可或缺的一环. 量子计算能否实现,最终考验的是我们在空间和时间上对微观量子系统的操控能力. 而对量子系统及其环境了解得越深刻,我们对其操控的能力就越强.

3.5.5 小小探针,可堪大用

提起量子相干,一个最先与之联系在一起的词就是"脆弱". 如前所述,人们发展了一系列方法来保护量子系统的相干. 所谓"脆弱",也就意味着"敏感",一些研究已经开始利用量子系统对外界物理量的灵敏响应实现精密测量. 但是为了保证量子相干时间,这些体系大多需要低温、真空等条件,应用范围受限.

金刚石为 NV 提供了稳固的天然屏障,使其在多种复杂条件下都可以维持优良的量子相干性质,也就意味着能够保持灵敏的精密测量能力.这对原位地研究生物分子动力学、化学反应、半导体材料和器件的性质等非常关键(图 3.5.6).单个 NV 是原子尺度大小,并且在金刚石的纳米颗粒中也稳定地存在,所以可以作为探针以纳米尺度靠近被测样品,得到极高的灵敏度和空间分辨率.将 NV 探针引进相关方向,有望在一些重要科学问题上取得突破,推动物理学、生命科学、化学、材料学等多个学科的发展[467].

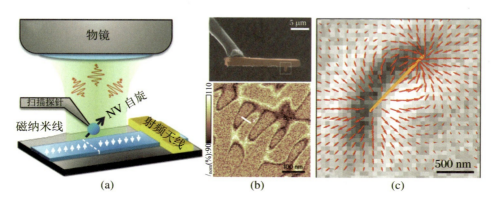

图 3.5.6 基于 NV 的静磁场成像

(a) 粘有纳米金刚石颗粒的 AFM 探针扫描磁畴结构[475];(b) 利用金刚石纳米柱扫描磁盘结构[476];(c) NV 阵列成像活体趋磁细菌内部磁性颗粒[477]

利用固体中的单个点缺陷,配合扫描探针显微镜实现近场成像的想法,早期有一些理论方案提出[468-469].2008 年,美、德科学家首次在实验上展示了利用 NV 作为探针实现室温纳米尺度弱磁探测[470-471],由此引发了金刚石量子精密测量如火如荼的研究热潮.总体而言,NV 的能级会受环境中磁场、温度、电场、应力等多个因素的影响,通过测量 NV 能级的扰动就可以反推出这些物理量的变化.不同因素导致 NV 的能级移动方式也不相同,因此可以通过特定脉冲序列或者温度磁场等实验条件,将来自不同物理量的影响很好地区分开来.这种多工作模式的特点也是 NV 探针的一个重要优势.

3.5.6 NV 的弱磁探测

NV 的弱磁探测基于塞曼效应,当有外磁场或者邻近自旋存在时,$|\pm 1\rangle$ 能级会由于塞曼分裂或者磁矩-磁矩相互作用而分开.通过测量分裂的大小来获知弱磁场或者自旋作用的大小.考虑量子投影噪声和光子涨落噪声,NV 的最小可探测磁场满足[472]

$$\delta B \sim \frac{h}{g\mu_B \sqrt{\eta C T_2 N T}}$$

其中 h 是普朗克常量；μ_B 是玻尔磁矩；g 是 NV 电子自旋的朗德因子；C 是 NV 电子 $|0\rangle$ 态和 $|1\rangle$ 态的荧光对比度，实验上约为 30%；η 是荧光收集效率，普通的共聚焦显微镜实验条件下只有 0.1% 左右，通过本节量子态读出部分提及的技术可以提高到接近 10%；T_2 是 NV 的相干时间（对直流磁场的测量受限于退相位时间（dephasing time）T_2^*），可以通过本节量子相干保护部分提及的手段得到延长；T 为每次测量序列所用时间，相干时间较长时主要依赖于 T_2，相干时间较短时主要依赖于光极化和光读出时间；N 是测量次数，而增加 NV 探针的数目等同于增加 N[405]. 借助相位估计算法[438-439] 或者多比特量子纠缠等对标准探测方式进行改进，可以使 δB 对 N 的依赖从平方根反比达到或接近反比关系，显著提升探测效率. 一般而言，对单个 NV，计数为 100 k/s，$T_2^* \sim 1\ \mu s$，测磁灵敏度可以达到 $\mu T \cdot Hz^{-1/2}$ 量级，即积累一秒钟的信号可以分辨 μT 量级的磁场. 采用系综 NV 探针，灵敏度可以达到 $pT \cdot Hz^{-1/2}$ 量级[473-474].

对静态及较低频磁场的探测，主要利用 NV 自旋的连续波谱或者振荡，灵敏度依赖于 T_2^*（图 3.5.7）. NV 在金刚石中有四种不同取向，利用大量 NV 组成的阵列可以实现矢量磁场成像. 靠近磁性结构的区域通常存在杂散场（stray field），通过对杂散场的成像就能获得磁性结构的空间信息. 利用该原理，哈佛大学 Walsworth 组重构出活体趋磁细菌内部的磁小体（10^{-7}m 尺寸）分布[477]，分辨率达到 400 nm 的亚细胞尺度，并且该方法可用于血液等不透明样品[478]. 系综探针灵敏度高，足以探测到单个神经元被刺激后的动作电位[473]，但是牺牲了空间分辨率. 对单个 NV，空间分辨率受限于样品-探针距离，配合扫描探针技术可以实现高分辨磁成像[469,475]. 巴黎大学 Jacques 组对铁磁涡旋结构、纳米磁畴壁的巴克豪森跃变[476]、多铁薄膜的反铁磁相[479] 等进行了成像和调控. 在低温下有工作实现了对超导涡旋结构的成像，并通过变温实验测得相变点[480-481]. 利用运动电荷的感应磁场可以得到纳米尺度的电流密度分布[482-483]. 相对于 X 射线、电镜、自旋极化 STM 和磁性力显微镜等手段，NV 磁成像展示出适用温区广、原位探测、非破坏性、无需样品导电等对纳米磁学非常有吸引力的独特优势.

对含时变化的磁信号，当 AC 场是单频的且频率与 NV 能级差一致时，可以驱动 NV 形成拉比振荡，振荡频率可以直接反映 AC 场横向分量大小，灵敏度依赖 T_2'. 中国科大研究组利用共振微波场在 NV 上产生拉比振荡效应，实现了空前的微波场的 10^{-7}m 级分辨率矢量重构，为 THz 波段缺乏成像手段的现状提供了新的思路[484]. 哈佛大学 Yacoby 组通过 NV 的拉比振荡增强，测得了微米铁磁圆盘的自旋波激发[485].

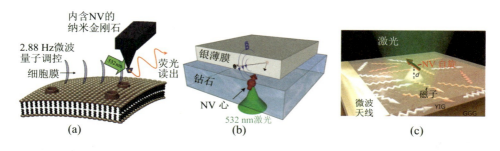

(a)　　　　　　　　　　　(b)　　　　　　　　　　　(c)

图 3.5.7　基于 NV 弛豫的测磁学

(a) 通过感应电磁噪声可能实现单个离子通道的活动监测[486];(b) 块材金刚石探测到银薄膜内自由电子的热运动[487],未来可能用于半导体检测;(c) 铁磁薄膜会产生特征磁噪声谱,调节 NV 的能级,通过观察弛豫速率可以推知样品的磁子化学势[488]

在更一般的情况下,磁场的含时变化不是单频的,而表现为磁噪声.在磁噪声下 NV 的 T_1 和 T_2 等弛豫过程都会加快,其加速大小反映了噪声强度.T_2 弛豫反映噪声场纵向分量,通过改变动力学解耦序列可以调节滤波函数,观测噪声谱的不同频段.受自旋调控速度限制,该方法一般用于 MHz 量级的噪声表征.T_1 弛豫反映噪声场横向分量,改变 NV 处的自旋能级分裂可以调节其滤波函数,测到 GHz 量级的较高频信息.依此原理,哈佛大学 Lukin 组测量了磁性悬臂梁布朗运动[489]和银薄膜中自由电子的热噪声(Johnson noise)[487].利用 NV 探针进行微电子器件表征,具有非接触、低扰动、宽温区、纳米级分辨率等优势.哈佛大学 Yacoby 组对钇铁石榴石(YIG)薄膜样品的磁子(magnon)化学势进行了调控和测量[488].顺磁离子自旋的快速翻转也会产生磁噪声,影响 NV 的弛豫,如 Fe^{3+},Gd^{3+},Cu^{2+}[490] 等.其灵敏度可以探测到单个纳米磁性颗粒[491],甚至单个 Gd^{3+}[492].利用离子标记,配合 NV 阵列或者扫描探针,可以实现亚细胞分辨率的成像[490,493],通过探测离子运动产生的电磁噪声有可能实现单个离子通道的成像和活动监测[486].Wrachtrup 组将 Gd^{3+} 标记在多聚物上,附着在纳米金刚石表面,pH 或者氧化还原势的改变可以使多聚物脱落,影响 NV 的弛豫,从而实现对化学环境的监测[494].

相比单纯的自旋噪声,磁共振波谱学(图 3.5.8)和成像技术可以反映更丰富的分子结构和动力学信息.初期原理展示的工作仅限于金刚石体内的 ^{13}C 核自旋.2013 年两个研究组(德中合作、哈佛大学)同时报道了对金刚石体外氢原子核自旋小系综的探测[495-496],真正把核磁共振波谱技术推进到纳米尺度.2014 年三个小组(IBM、斯图加特、哈佛大学)报道了利用块材金刚石结合扫描探针技术实现纳米尺度的核磁共振成像[497-499].NV 电子自旋相干时间短,限制了测得的磁共振谱线分辨率.以更长相干时间的核自旋作为寄存器辅助[500],或者利用经典时钟参考[501-502],可以将数十纳米尺度样品核磁共振谱线展宽缩小到 kHz 量级,足以分辨化学位移.借助 NV 系综探针和经典时钟参考,在微米尺度进行核磁信号采集,可以有效抑制液相分子扩散导致的谱线展宽,达到 Hz 量级,分辨出核自旋之间的非直接耦合(J-coupling)[503].中国科大的研究组也测得了 6 nm 尺度冰点以下水分子核自旋的直接耦合(dipolar interaction)[504].

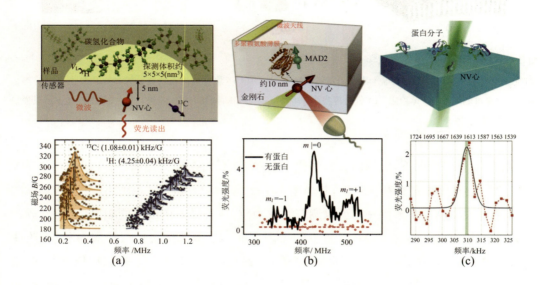

图 3.5.8　基于 NV 的磁共振谱学测量

(a) 纳米尺度有机样品的核磁共振探测[495];(b) 探测单蛋白分子上单个电子自旋的磁共振谱[505];(c) 单蛋白核自旋系综的磁共振谱探测[506]

从最近十几年的发展可以看到,结构生物学正在经历技术进步带来的黄金年代,冷冻电镜和自由电子激光等技术都处在向单分子或者单颗粒水平突破的关键阶段,全新的革命性方法呼之欲出.磁共振作为结构生物学最重要的研究手段之一,相较于其他手段,可以在原位环境下观测生物分子的构象和动力学,具有非破坏性的独特优势.然而磁共振一直受限于较低的灵敏度,并且难以实现大分子解析.以 NV 为原子探针,有可能解决上述困难,实现原位的单分子磁共振[472].中国科大的研究组在室温大气条件下探测到了标记有单个氮氧自由基的蛋白分子[505],并且从其 ESR 谱中推知了分子动力学信息.在核磁共振方面,乌尔姆大学和中国科大合作小组率先得到了附着在块材金刚石表面的二氧化硅中四个 ^{29}Si 核自旋的信号[507],其灵敏度已经达到单个氢核自旋.哈佛大学的 Lukin 组利用金刚石表面的电子自旋作为放大器,探测到与金刚石表面共价结合的氢核自旋信号[508].之后他们分别在单个蛋白分子和单原子层二维材料上,探测到核自旋小系综的信号,并获得核四极矩谱[506,509].进行单核自旋探测的关键在于制备浅层 NV,同时保持长相干时间,现在最好水平的探针品质有希望对距离金刚石表面1~2 nm远的单个氢核自旋实现直接探测.但是如果要进行生物大分子的成像和结构解析,则仍需要将探测距离提升数倍,并且需要注意脉冲序列和体内^{13}C核自旋造成的假信号[510].

3.5.7　探针界的多面小能手

2010 年,加州大学伯克利分校的 Budker 研究组发现,NV 基态的轴向零场劈裂系数 D 随温度呈正比例变化(-74.2 kHz/K).2013 年,三个研究组将其应用于对温度的测量[511-513].NV 测温灵敏度目前可以达到 mK·Hz$^{-1/2}$量级.金刚石是自然界导热性能极好的晶体之一(导热系数是铜的 6 倍),作为温度探头具有低温度偏差和高时间分辨率的特点.配合扫描探针技术可以实现导热率的纳米尺度成像[514].通过与光纤耦合的纳米金刚石能够进行单细胞精度的定向热控制和温度测量[515].

横向零场劈裂系数 E 也表现出对电场的敏感,基于此实现的电场测量[516]可以在室温下测到距离 25 nm 的单个元电荷变化[517].应力也会以几乎相同的方式影响 E,利用金刚石耐高压的特性可以在 60 GPa 下实现 0.6 MPa·Hz$^{-1/2}$灵敏度的测量,约比当前基于红宝石光学跃迁的测压技术灵敏度高一个数量级[518].

另外有理论方案提出,可以利用 NV 实现固态可便携原子钟[519]和陀螺仪[520-521].上述应用基于 NV 的基态哈密顿量资源(图 3.5.9),考虑到激发态,NV 的发光和光谱也能够对周围的环境参量有所反应.比如其零声子线位置和强度可以受到电场、应力、温度、光学态密度[522]等的影响.由于其不易光漂白和金刚石稳定的化学性质,纳米金刚石也可以作为低毒性的荧光标记进行活体生命过程的研究[523],尤其配合光镊等空间操控技术[524],可能实现活体原位的微观磁共振成像.

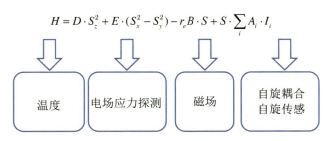

$$H = D \cdot S_z^2 + E \cdot (S_x^2 - S_y^2) - r_e B \cdot S + S \cdot \sum_i A_i \cdot I_i$$

| 温度 | 电场应力探测 | 磁场 | 自旋耦合自旋传感 |

图 3.5.9　简化版本的 NV 基态哈密顿量及人们对各项资源的应用

金刚石 NV 中心的确堪称探针界的多面小能手:力、热、光、电、磁,几乎是样样精通.

尤其重要的是,通过调节磁场的大小和方向以及脉冲序列,可以分别将不同物理量对 NV 的影响提取出来,这种多工作模式的特点,保证了 NV 不致沦落为"啥都能测,啥都不确性"的"万金油",相反,可使其在微观尺度的精密测量领域大放异彩.

3.5.8 结语

钻石是现代公认的宝石之王,其中又以纯净无瑕疵者为最上品.依附在金刚石晶格中的 NV 中心,算是"完美中的缺陷",而从我们前面的讨论来看,小小个头,可堪大用,正是"缺陷造就完美".金刚石中这些原子一般大小的精灵,有着和其宿主一般闪亮的量子特性.随着人们对金刚石生长、微纳加工、自旋和光子调控水平的不断提升,可以期待室温固态量子芯片、单分子磁共振成像等研究会在不久的将来迎来重大突破.有理由相信,钻石不仅能成为越来越多物理学家的好朋友,也会成为越来越多生物学家、医学家、化学家、材料学家的好朋友.

3.6　传统的逆袭：半导体量子点量子计算

郭国平

3.6.1　引言

1965 年，戈登·摩尔提出了"每两年微处理器的晶体管数量都将翻倍"的摩尔定律．之后半导体产业一直遵循这一定律蓬勃发展．然而随着晶体管的特征尺寸减小到现在的 10 nm，以及未来的 7 nm、4 nm，晶体管大小已经接近原子尺寸，其工作将受到量子效应的限制，不久的将来摩尔定律会失效．这无疑为半导体产业的未来抹上了一层阴影．此外，随着电子线路集成度的不断提高，散热成为一个关键问题．"量子计算机"由于其计算的可逆特性，不会因非可逆操作带来热量．并且量子计算机不仅能解决经典计算机所面临的一些瓶颈问题，而且更重要的是，它在原理上就不同于经典计算机，在解决某些困难问题时，相比于经典计算机具有压倒性优势．

量子计算概念最早由著名物理学家理查德·费曼于 1982 年提出，这一科研概念逐渐受到工业界的关注，特别是最近美国谷歌公司和国际商业机器股份有限公司（IBM）分别提出了各自的量子计算机研制计划，希望在较短的时间内就能制造出超越经典计算机的量子计算机原型机，实现"量子霸权"[525]．

近年来，单量子比特和两量子比特的操控、小型量子算法的演示和简单的量子纠错都已先后在真实的物理系统中实现．基于半导体量子点的量子计算机由于可以结合现代半导体微电子制造工艺，被认为是最有可能实现量子计算的候选者之一．全世界包括休斯研究院（HRL）、哈佛大学、普林斯顿大学、澳大利亚国家量子计算与量子通信技术研究中心、代尔夫特大学、东京大学和中国科学技术大学等相关科研单位在内的多个科研团队都在从事半导体量子点芯片的量子计算研究．现在还无法准确预测"量子计算时代"何时到来，但在科学家看来，已经没有什么原理性的困难可以阻挡这种革命性产品的诞生．

下面我们将从如何基于半导体量子点构建不同种类的量子比特开始，简述量子比特的初始化、读出和逻辑门操控，进一步介绍基于半导体量子点量子比特构建集成化量子芯片的不同方案，最后针对半导体量子点量子计算的发展做出总结和展望．

3.6.2 半导体量子点构造量子比特

对于现代计算机而言,通过控制晶体管电压的高低电平决定"1"或"0"的二进制数据模式,称为经典比特.而量子计算机使用的是具有量子叠加和量子纠缠效应的量子比特.量子叠加能够让一个量子比特同时处于"0"和"1"两种状态,而量子纠缠能让在空间上独立的量子比特之间发生关联,相互之间共享状态.这两种效应可以一起用于实现量子并行计算,其计算能力随着量子比特位数的增加呈指数增长.半导体量子点可以看作是一个人工原子,量子点中电子的状态和普通原子一样具有量子力学的效应,可以用来制备量子比特.

1998 年,DiVincenzo 对构建量子比特提出了五点要求,我们称之为 DiVincenzo 判据[526]:① 能够构建二能级的希尔伯特空间;② 该二能级系统能够初始化到基态;③ 该系统能够实现量子比特的单比特幺正演化和两比特受控非操作;④ 该系统的末态能够被测量;⑤ 系统有足够长的相干时间,使得量子操作和测量能够在退相干时间内完成.

遵循这五条判据,基于半导体量子点人们提出了多种特点不同的量子比特编码方式,包括电荷量子比特、自旋量子比特、自旋单态-三重态量子比特、交换量子比特和杂化量子比特等.

1. 电荷量子比特

电荷量子比特是根据电子在双量子点中的位置进行编码的,如图 3.6.1(a)所示,由于两个量子点的隧穿耦合,当一个电子占据左边量子点时编码为"0",占据右边量子点时编码为"1".当对电子在两个量子点中的状态进行操控的时候,我们就可以使它处于量子叠加态,这个叠加态存在的空间可以用布洛赫球表示,如图 3.6.1(c)所示,布洛赫球表面的任意一点就代表一种叠加态,而布洛赫球的两极就是两个基态"0"和"1".

探测电荷状态的探测器主要有两种:量子点接触(quantum point contact,QPC,见图 3.6.1(a))和单电子晶体管(single electron transistor,SET).这两种器件的工作原理都是:通过和量子点的电容相耦合,流经量子点接触或者单电子晶体管的电流对量子点中电荷的变化非常敏感,不断调节控制量子点的栅极电压,通过对电荷探测器通道电流的监控可以观察量子点中电子跳出的隧穿过程,直到最后量子点中的电子被完全排空,我们就知道量子点表面的栅极电压为何值时量子点中只剩下最后一个电子.最近还有一种将射频源加到其中一个表面栅极上做电极探测器的方法[527],它对量子点的电容变化非常敏感,同样可以读出量子点中电荷的状态,并且由于减少了对外加探测器的要求,这种方法在未来量子计算中节省芯片的空间上有着巨大的优势.

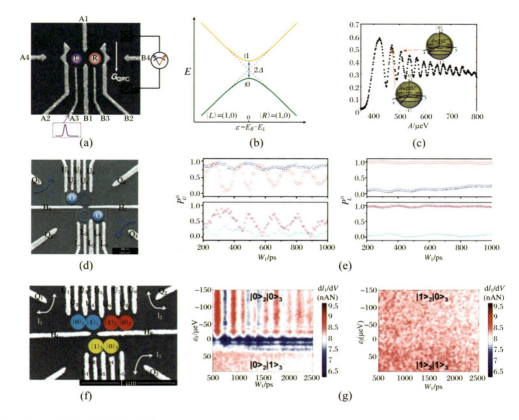

图 3.6.1　电荷量子比特[529-530]

(a) 电荷量子比特的电极结构图;(b) 电荷量子比特的能级图;(c) 电荷量子比特的普适操控以及布洛赫球表示;
(d) 两个基于库仑相互作用的双量子点结构图;(e) 两电荷量子比特的受控非门;(f) 三个基于库仑相互作用的双量
子点结构图;(g) 三电荷量子比特的 Toffoli 门

　　按照 DiVincenzo 的第三个判据,我们还需要实现对电荷量子比特进行幺正门操作和两个量子比特的受控非操作.对于两个量子点中电子所占据的能级的相对能量差,我们称之为失谐量.我们可以通过对失谐量的操控来实现对电荷量子比特的幺正变换.如图 3.6.1(b)所示,当失谐量接近 0 时,比特就绕布洛赫球的 z 轴旋转,我们称之为拉莫进动;当慢慢改变失谐量(经过零点)时,比特就有概率发生翻转,即绕 x 轴转动.当它不断在"0"和"1"态之间振荡时,我们称之为拉比振荡.通过实现单个量子比特的两个轴的旋转就能实现普适的单量子比特逻辑门.2013 年,中国科学技术大学郭国平研究组成功演示了世界上最快的半导体电荷量子比特的超快逻辑门操控,其普适量子门操作如图 3.6.1(c)所示,操作时间达到了 ps 量级,单比特量子门的保真度超过 90%[528].

电荷量子比特的两量子比特操控可以通过电子之间的库仑相互作用来实现.如图 3.6.1(d)～(e)所示,库仑相互作用的存在改变了失谐量对两个双量子点的调节作用,使得其中一个双量子点中电子的状态可以受控于另外一个双量子点中电子的状态.2015年,郭国平研究组基于四量子点构造的两电荷量子比特(图 3.6.1(d)),首次在半导体量子点中实现了双电荷量子比特的控制非门,其操控最短可以在 200 ps 内完成,保真度超过 68%.2017 年,郭国平研究组在基于两量子比特逻辑门的基础上进一步实现了三电荷量子比特的 Toffoli 门,图 3.6.1(f)～(g)演示了电荷量子比特的可扩展性,为进一步实现多量子比特门和多量子比特扩展奠定了坚实的基础[529].

2. 自旋量子比特

不同的电子自旋状态也可以用于编码量子比特.在磁场中,两个自旋方向相反的电子能级因为塞曼分裂而产生能级差,我们将处于较高能级的自旋向上态编码为"1",较低能级的自旋向下态编码为"0",如图 3.6.2(a)所示.

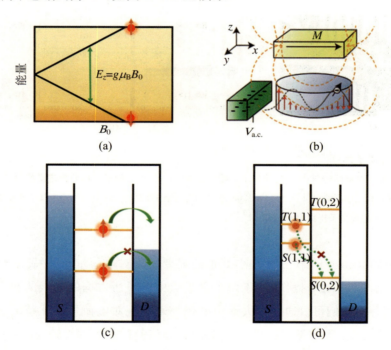

图 3.6.2 自旋量子比特

(a) 不同电子自旋在磁场条件下的塞曼分裂;(b) 利用外加小磁块进行电偶极自旋共振示意图[532];(c) 自旋-电荷转换机制;(d) 基于自旋阻塞读出比特状态

自旋量子比特的状态需要借助自旋-电荷转换机制进行读取.如图 3.6.2(c)所示,将漏极的费米面置于自旋的两个能级之间,当自旋方向向上时电子就会由高能级跳到漏极中,而当自旋方向向下时电子就不会跳过去.这两种不同自旋状态对应的电荷跳出和待在量子点中的两种状态可以被电荷探测器探测到,从而实现自旋量子比特的制备和读取.

对于自旋的操控,首先加入恒定的磁场使电子能级产生塞曼分裂,这个时候自旋会做拉莫进动,其进动频率和所加磁场的大小成正比.然后引入和恒定磁场方向垂直的变化磁场,当磁场的变化频率和拉莫进动频率相等时,变化的磁场就可以对自旋状态进行翻转,使之处于任意的自旋叠加态,也就实现了自旋单比特的逻辑门操控.这种变化的磁场一般可以通过在量子点附近引入一条微波波导来实现,外加的微波波导常常会使器件结构变得复杂.另一种方法是通过引入一个磁场梯度,使用变化的电场使量子点中的电子发生相对位移,使之感受到一个变化的磁场.这个磁场梯度通常是通过一个外加小磁块[530]或者量子点本身的自旋-轨道相互作用[531]来实现的,这种用交变的电场来控制自旋的方法称为电偶极自旋共振(EDSR),图3.6.2(b)是利用外加小磁块进行比特翻转的磁场示意图.

自旋量子比特的两比特受控非操作可以通过两个自旋的交换相互作用来实现.当交换相互作用被开启时,两个比特的拉比振荡会相互关联.通过标定微波脉冲的时间,我们就可以得到一个受控非操作.

由于硅纯化的硅基半导体量子点本身没有核自旋,其量子点中的自旋量子比特天然具有更长的相干时间,受到大家的广泛关注.尤其是2017年,在硅基半导体自旋量子比特实验研究上取得了较大的进展,日本东京大学的Tarucha研究组在硅基半导体量子点上将单量子比特逻辑门的保真度提高到99.9%[532],美国普林斯顿大学的Petta研究组和荷兰代尔夫特理工大学的Vandersypen研究组将硅基半导体量子点的两自旋量子比特逻辑门的保真度提高到了约80%[533-534].

3. 自旋单态-三重态量子比特

自旋单态-三重态量子比特[538]是根据两个量子点中两电子的量子态进行编码的.当两个量子点中的两个电子通过隧穿耦合时,它们在有磁场的情况下会形成四个态:自旋单态$|S\rangle$和自旋三重态$|T_0\rangle$,$|T_-\rangle$和$|T_+\rangle$.将$|S\rangle$和$|T_0\rangle$分别编码为"0"和"1",构成自旋单态-三重态量子比特.

如图3.6.2(c)所示,这种比特的读出利用的是电子在双量子点中的自旋阻塞效应.当它为自旋单态时,一个量子点中的电子可以跳到另外一个量子点中;而当它为自旋三重态时,电子不能跳到另外一个量子点中.这种电荷状态的区别可以通过电荷探测器测到.

与自旋量子比特类似，通过改变失谐量，就可以实现普适的单量子比特逻辑门操控．磁场梯度可以通过核自旋极化、外加磁体和 g 因子调控等方式来实现．

自旋单态-三重态量子比特的两量子比特操作也可以通过库仑相互作用来实现，其中一个比特的转动频率和另外一个比特的状态相互关联．如图 3.6.3(a) 所示，美国哈佛大学的 Yacoby 研究组在 2016 年将这种量子比特的单量子比特保真度提高到 99%，两量子比特门保真度提高到接近 90%[535]．

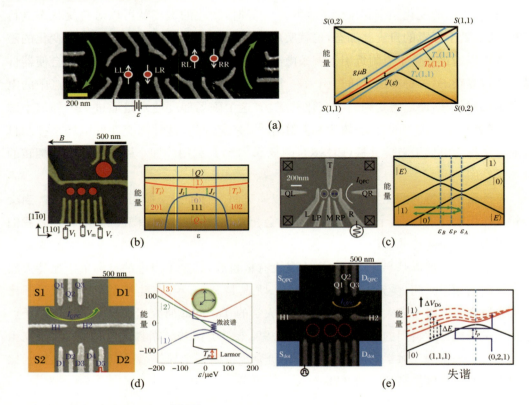

(a)

(b)   (c)

(d)   (e)

图 3.6.3　多种形式的量子比特[539,543]

(a) 相互作用的两个单态-三重态量子比特的量子点结构和能级结构；(b) 交换量子比特的量子点结构图和能级图；(c)～(e) 三种杂化量子比特的量子点结构和能级图

4. 交换量子比特和杂化量子比特

交换量子比特利用三个量子点中三个电子的自旋状态进行编码，其编码情况比较复杂，基态和激发态分别为

$$|0\rangle = \sqrt{1/6}(|\uparrow\uparrow\downarrow\rangle + |\downarrow\uparrow\uparrow\rangle - 2|\uparrow\downarrow\uparrow\rangle)$$

$$|1\rangle = \sqrt{1/2}(|\uparrow\uparrow\downarrow\rangle - |\downarrow\uparrow\uparrow\rangle)$$

其量子点结构和能级结构如图 3.6.3(b)所示.由于它的比特操控为全电学的,因而有利于大规模集成.

调节三个量子点对量子点的同一性有较高的要求,如何既保持交换量子比特的优势又可以减少量子点的数目成为了研究的重点,因而又提出了杂化量子比特,如图 3.6.3(c)~(e)所示.这种量子比特通过两个量子点中的三个电子进行编码,当左边量子点中含有两个电子且处于自旋单态而右边量子点中含有一个电子且处于自旋向下的基态时,我们可将这个直积态编码为"0",即 $|0\rangle = |S\rangle|\downarrow\rangle$;而"1"可编码为 $|1\rangle = -\sqrt{2/3}|T_-\rangle|\uparrow\rangle + \sqrt{1/3}|T_0\rangle|\downarrow\rangle$.这种量子比特既能保持较长的退相干时间又有极快的操作速度.2015年,美国威斯康星大学的 Eriksson 研究组实现了操作速度超过 100 MHz、退相干时间超过 150 ns 的单比特操控,保真度可以达到 90%[536].2016 年,郭国平研究组利用量子点的非对称性,构建了电荷与自旋的杂化态,首次在砷化镓半导体双量子点芯片中实现了量子相干特性好、操控速度快、可控性强的电控新型编码量子比特,将传统电荷量子比特的品质因子(相干时间与操控速度的比值)提高了 10 倍以上[537].2017 年,郭国平研究组又创新性地引入第三个量子点作为控制参数,在保证新型杂化量子比特相干性的前提下,成功实现了量子比特能级的连续调节,极大地增强了杂化量子比特的可控性[538].

3.6.3 集成化半导体量子芯片

在实际的容错量子计算方案中,利用多个物理比特编码的逻辑比特才是量子算法运算的基本单元.基于半导体量子点设计的容错量子计算的集成化量子芯片方案分为自旋量子比特方案、自旋单态-三重态量子比特方案和杂化量子比特方案.

荷兰代尔夫特理工大学的 Veldhorst 先后提出了两种关于自旋量子比特的方案[539-540],如图 3.6.4 所示,其中一种借鉴了动态随机存取存储器(dynamic random access memory,DRAM)中浮栅场效应管(floating gate MOSFET,FGMOS)的概念,通过横纵交叉的字线(word line)和位线(bit line)控制中间的晶体管层的开关,再利用中间的晶体管层控制最下面的量子点层(量子比特)的开关和交换耦合.整个芯片通过全局的电子自旋共振微波来进行比特操控,浮栅场效应管可以单独调节电子的 g 因子,使不同比特的共振频率不同,实现可寻址的电子自旋共振,即操控单独的量子比特.量子比特的读出是通过两个电子的自旋阻塞和电极探测器的色散读出来实现的.基于这种方案,他们可以实现用表面码编码的逻辑比特,进而实现容错量子计算.

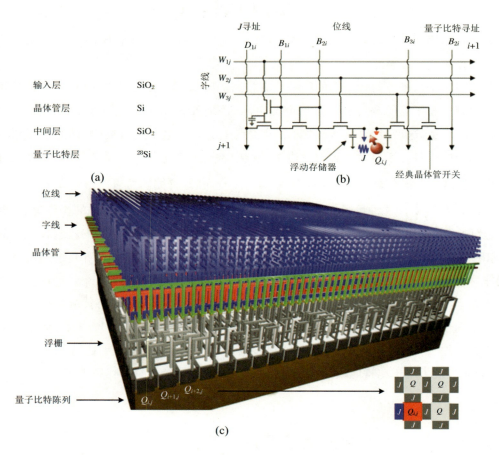

图 3.6.4　基于自旋量子比特的量子芯片方案[539]

　　然而,这种方案需要很多新器件的研究,比如中间的垂直晶体管层等.因此,他们进一步提出了通过横、纵、斜三层电极形成二维量子点阵列的横纵网络方法,每个量子点里面囚禁一个电子,量子点中电荷的状态通过斜向电极与外界的射频电路结合作为电极探测器进行色散读出,比特的操控由覆盖的超导微波传输线实现.这种方法简化了经典线路的控制方法,使得自旋量子比特方案的可行性得到进一步的加强.

　　在自旋单态-三重态量子比特方案[541]中,处在同一平面的电极通过耗尽二维电子气中的电子形成了一维量子点阵列,每两个量子点构成一个物理比特,邻近的两个双点可以用来进行两比特门的操控.双量子点之间的耦合与量子点和电荷探测器之间的耦合都可以通过外加一层耦合电极来实现.如图 3.6.5 所示,一个量子点阵列和相应的经典控制线路结合形成一个数据块或者辅助块,数据块用来运算,辅助块用来纠错,这两块一般是同时进行运算的,一定数量的数据块和辅助块再配合经典控制电路构成一个逻辑比特.逻辑比特之间的通信可以利用自旋梭动(spin shuttling)来实现.这种逻辑比特构成的阵列就可以用来实现具有量子纠错功能的量子计算机.

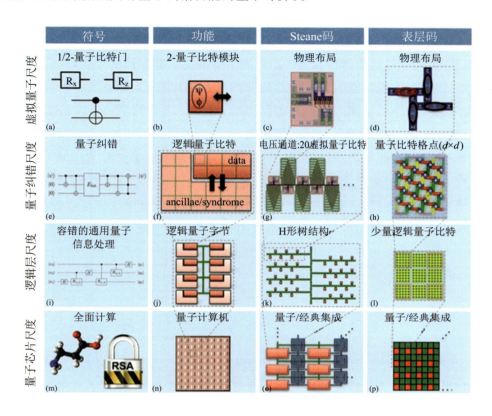

图 3.6.5　杂化量子比特的量子芯片方案

杂化量子比特方案[542]根据容错编码方式的不同提出了不同的架构,这是因为不同的编码方式对经典电路的集成度以及工艺要求不同.对于 Steane 码,该方案提出了用来进行单比特和两比特操控的数据模块以及用来进行数据传递的链模块和 T 模块,部分数据模块通过链模块连接在一起形成数据比特和辅助比特,构成基本的逻辑比特.如图 3.6.5(k)所示,不同的逻辑比特通过 T 模块连接成一个 H 形树结构,再与经典控制电路结合在一起,就构成了一台以 Steane 码为基础的容错量子计算机.对于表面码,如图 3.6.5(d)所示,杂化量子比特交替连接可以形成一个回形结构,这种回形结构在二维表面上扩展开来就形成了表面码结构的逻辑比特,其中红色是数据比特,黄色和绿色是辅助比特.在回形结构中间可以集成经典电路的控制结构,将逻辑比特扩展开来就形成了表面码容错量子计算机.这种结构中由于没有空间用单电子晶体管做电荷探测器,因此外加射频源的电极探测器成为了必需的选择.

这三种方案所用的比特方案不同,各有优势.从编码方案的角度考虑,不同的编码方案对物理比特的保真度要求不同.Steane 码要求物理比特的保真度高于 99.99%,而级联 Steane 码的要求会相对低些,可以达到 99.9%;表面码对物理比特保真度的要求更低,大概为 99%[542].因而基于表面码的自旋量子比特方案和杂化量子比特方案更有优势.但是,表面码对经典器件和量子器件的结合提出了非常高的要求,在这两种表面码方案中,经典器件既要能够输出任意的波形来控制比特,又要进行射频输出探测电荷,还要考虑在较小的空间内进行高密度布线,这对于现有的半导体工艺来说是相当困难的.基于 Steane 码的方案空间密度较低,不需要外接射频信号,其经典电路的布线较为容易,从这个角度考虑,自旋单态-三重态方案和 Steane 编码的杂化量子比特方案更有优势.近年来,由于自旋量子比特的高保真度单比特门和两比特门的相继实现,同时自旋量子比特方案的二维量子点阵列很适合表面码这种容错量子计算的编码方式,基于自旋量子比特的量子芯片方案被认为是最有希望实现集成化半导体量子芯片的方案之一.

3.6.4 结语

从 1998 年 Loss 和 DiVincenzo 提出可以用量子点中电子的自旋作为量子比特实现量子计算,到现在为止已经 20 多年了.在这 20 多年里,半导体量子点量子计算研究经历了从砷化镓异质结到硅锗异质结、硅 MOS 和从单比特的操控到两比特逻辑门的演示,再到量子芯片方案设计的飞速发展,但是要真正有效地开展量子信息处理,研制通用的量子计算机,仍然有很多关键的科学问题需要解决,例如半导体器件工艺问题.由于现有半导体材料生长工艺对于量子比特器件研究来说还不够完美,离理论的预期还有较大差距,因而增加了量子点体系和周围环境的相互作用(如环境中的光子、声子、核自旋等),降低了量子比特的退相干时间;同时,较低的器件性能限制了量子比特的操控速度.较短的退相干时间和较慢的操作速度使得操控保真度的提高受到了限制.为了解决这一问题,进一步提高材料和器件的性能,研究出能够满足容错量子计算高保真度要求的量子比特材料体系,成为了研究的重中之重.只有突破这一瓶颈,进而才能实现半导体量子计算机原型机的研制.此外,还有经典线路对量子芯片的控制等问题.

不过,从量子计算研究现有的发展来看,半导体量子计算机仍有非常广阔的前景.一台包含 20 亿个量子比特的离子阱量子计算机的尺寸需要超过 $10000\ \mathrm{m}^2$,含有相同比特数目的超导电路量子计算机大约为 $25\ \mathrm{m}^2$,而一台用电子自旋编码的半导体量子点量子计算机只需要 25 mm^2[540]. 一些量子算法如 Shor 质因数分解算法, 往往需要使用超过 1 亿个比特[543], 这个时候基于半导体量子点的量子计算机就有着非常巨大的优势. 同时, 利用现有半导体工艺, 基于半导体量子芯片做超低温经典控制线路的集成也有着广阔的前景. 因此, 随着量子比特制备、操控和读出技术的不断发展和进步, 基于半导体量子点的量子芯片是实现容错量子计算机研制的最有力的候选者, 是抢占后摩尔时代芯片技术制高点的核心工艺和关键技术.

3.7 抵抗退相干：拓扑量子计算

王骏华　吕昭征　屈凡明　吕　力

拓扑学是研究空间几何形状整体属性的一门学科.这些整体的拓扑属性不随局部连续形变而改变.比如说一根打了许多结的绳,并不会因为绳的局部弯曲而影响结的个数和种类.那么,能不能用一系列不同的"结"来存储量子信息呢?答案是"能",只要能够找到受拓扑保护的物理状态作为量子信息的载体.

物理学中确实存在着一些拓扑量子物态,如整数和分数量子霍尔态、对称性保护的拓扑绝缘态和拓扑超导态等[544-545].华人物理学家文小刚1990年前后在研究分数量子霍尔态的时候最早提出了量子拓扑物态的概念[546].1997年,Alexei Kitaev进一步提出了元激发为任意子的自旋网格模型[547].这些物态的整体性质不随局部扰动等细节而改变.如果用这些拓扑量子态来编码量子信息,就有可能得到抗干扰的拓扑量子计算机.

本节主要包括三小节内容:3.7.1小节介绍非阿贝尔任意子的基本概念与基本性质;3.7.2小节介绍基于任意子的辫子群交换操作和量子计算的基本过程,以及可能的出错来源;3.7.3小节介绍基于拓扑超导态的拓扑量子计算研究进展.

3.7.1　非阿贝尔任意子

在量子世界中,微观粒子的状态需要用波函数来描述.在三维空间中,微观的全同粒子具有两种统计性质:如果两个全同粒子在相互交换位置后它们的整体波函数不变号,则它们是玻色子,遵循玻色统计;如果变为负号,则是费米子,遵循费米统计.连续执行两次位置交换相当于让一个粒子围绕另一个粒子转一圈,如图3.7.1(a)所示.这时,不管是玻色子体系还是费米子体系,系统的总波函数总能回到初始的状态.

从绕圈路径来看,三维空间中所有的路径都具有拓扑意义上的等价性,可以通过连续形变相互转化,比如图3.7.1(b)中的路径"1""2""3"都等同于一个无穷小的绕圈路径(即不绕圈).所以,三维空间中的粒子经连续两次交换不改变系统的总波函数.二维空间中的情况则不一样.图3.7.1(c)中的路径"1"和"2"不包含粒子,而路径"3"包含一个粒子.路径"3"不能通过连续形变收缩成路径"1"和"2",所以系统的总波函数不再简单地是玻色子或费米子.以强磁场中二维电子体系分数量子霍尔态中的复合费米子为例,一个复合费米子包含电荷 q 和磁通 φ.两个复合费米子在连续交换两次之后,产生 Aharonov-Bohm相位,总波函数会有一个相位因子 $e^{iq\varphi/\hbar}$.这种连续两次交换之后波函数发生变化的粒子叫作任意子[548-550].对于单次交换,任意子系统引入的相位是 $q\varphi/\hbar$,既不是 0(玻色子体系),也不是 π(费米子体系).除了复合费米子外,拓扑超导体中的马约拉纳束缚态、二维或者等效二维空间中的准粒子激发也是这种情况.

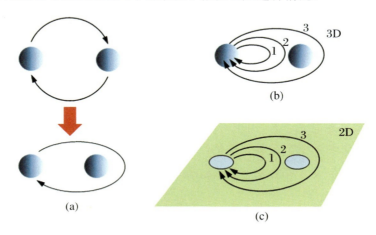

图 3.7.1　两粒子情况

（a）连续两次交换两个粒子,相当于一个粒子围绕另外一个粒子转一圈;（b）三维情况下交换粒子操作的三种路径示意图;（c）二维情况下三种路径示意图

　　为了实现任意子交换过程中基态的绝热演化,需要有一个能隙来隔离基态和激发态[551].当任意子具有唯一基态时,交换操作只影响波函数的相位,多次交换不影响最终的结果,这种任意子称为阿贝尔任意子.一些拓扑量子物态具有多重简并的基态.对于这种情况下的任意子激发,交换操作发生在简并基态所张开的一个多维空间中,交换过程是一个基态旋转过程,它在产生一个相位因子的同时还会改变系统的基态波函数.这种情况下的任意子称为非阿贝尔任意子.

　　阿贝尔任意子和非阿贝尔任意子的不同还体现在它们的融合规则上.融合过程一般可表示为

$$a \times b = \sum_c N_{ab}^c c \tag{1}$$

其中 a 和 b 表示一对某种类型的任意子;c 表示融合之后的结果,可以是任意子,也可以是电子或空穴;N_{ab}^c 为非负整数,表示输出结果的系数（拓扑荷）.如果所有任意子两两融合得到的最后结果是唯一的,那么这种任意子就是阿贝尔任意子.非阿贝尔任意子融合后得到的结果不是唯一的.以伊辛任意子的融合规则为例:

$$1 \times 1 = 1, \quad 1 \times \psi = \psi, \quad 1 \times \sigma = 1$$
$$\psi \times \psi = 1, \quad \psi \times \sigma = \sigma, \quad \sigma \times \sigma = 1 + \psi \tag{2}$$

其中 1 表示真空,ψ 表示费米子,σ 表示任意子.可以看出,两个伊辛任意子融合后可以处在真空态,也可以处在费米子态.5/2 分数量子霍尔态中的非阿贝尔任意子激发,以及拓扑超导体中的马约拉纳零能束缚态都是这种伊辛任意子[552-554].除了伊辛任意子外,还存在一些其他类型的非阿贝尔任意子,例如理论预言存在于 12/5 分数量子霍尔态中的斐波那契任意子.但是,其他类型的非阿贝尔任意子大多缺乏实验结果的印证.下面我们主要讨论伊辛任意子.

伊辛任意子是从真空或者费米子态中成对激发出来的,这意味着任意子总的拓扑荷要么是真空态,要么是费米子态.由于一个系统总的拓扑荷是守恒的,所以当这个系统只包含一对任意子的时候,它们融合之后的结果是完全确定的.换句话说,仅仅用一对任意子不能构成量子比特.一个拓扑量子比特至少需要包含两对任意子,使得可以通过不同的融合方式来得到叠加态.

通过改变融合顺序可以改变任意子的基矢.图 3.7.2 显示了两对任意子的产生和融

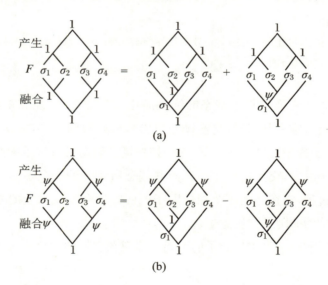

图 3.7.2 伊辛任意子的产生和融合过程示意图

(a)(b) 从真空中产生两对任意子的两种途径.任意子分别用编号 1～4 表示.对 σ_2 和 σ_3 进行交换操作后再融合,可以得到等式左边的叠加态

合过程,它们都从真空中产生,最终融合后也都变回到真空态(总的拓扑荷守恒).如果在中间过程中改变融合的顺序,我们就可以得到一组相干叠加态.描述融合过程中基态变换的矩阵为 F 矩阵,其一般形式为

$$| (ab)c;ec;d \rangle = \sum_f (F^d_{abc})_{ef} | a(bc);af;d \rangle \tag{3}$$

其中 e 为 a 和 b 任意子融合得到的结果,f 为 b 和 c 任意子融合得到的结果,$(F^d_{abc})_{ef}$ 为矩阵元,表示当融合顺序从 a 和 b 变到 b 和 c 时,原先的基态 $| (ab)c;ec;d \rangle$ 变成相干叠加态.

任意子的幺正演化过程通过编辫子完成,图 3.7.3 中显示的编辫子对角化操作的一般形式为

$$| (ba)c;ec;d \rangle = \sum_f R^f_{ab} \delta_{e,f} | (ab)c;ec;d \rangle \tag{4}$$

其中 R^f_{ab} 是辫子群操作 R 的矩阵元.除了简单的对角演化外,编辫子操作还可以导致非对角的演化.例如在等式(4)中,交换 b 和 c 就可以得到非对角的操作.

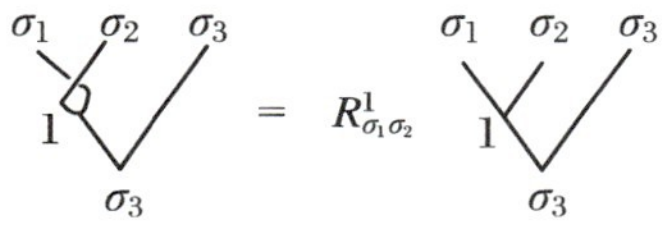

图 3.7.3 一种简单的对角化操作

3.7.2 拓扑量子计算

基于非阿贝尔任意子的简并基态,Kitaev 提出了容错拓扑量子计算的想法.其基本过程包括:首先用简并基态作为量子比特来编码存储量子信息;然后利用编辫子操作来控制量子态的演化,进行量子计算;最后用任意子的融合来测量演化结果.下面我们分三步举例说明.

初始化 在保证总拓扑荷守恒的情况下,根据融合结果分别用基态 $| (\sigma\sigma)(\sigma\sigma);(1)(1);1 \rangle$ 和 $| (\sigma\sigma)(\sigma\sigma);(\psi)(\psi);1 \rangle$ 作为量子比特的 $|0\rangle$ 和 $|1\rangle$ 态.

演化 利用编辫子操作进行量子计算.以基本的逻辑门 Z 门和 H 门(Hadamard gates)为例,它们的矩阵形式如下:

$$Z = R_{\sigma_1\sigma_2}^2 = \mathrm{e}^{-\frac{\mathrm{i}\pi}{4}}\begin{pmatrix} 1 & 0 \\ 0 & -1 \end{pmatrix}, \quad H = R_{\sigma_1\sigma_2}R_{\sigma_2\sigma_3}R_{\sigma_1\sigma_2} = \frac{1}{\sqrt{2}}\begin{pmatrix} 1 & 1 \\ 1 & -1 \end{pmatrix} \quad (5)$$

图 3.7.4 是 Z 门和 H 门在(2＋1)维(二维空间＋时间轴)空间中对应的编辫子操作示意图. 通过编辫子操作我们还能构成其他很多的逻辑门,例如 X 门、Y 门和 NOT 门. 用两个拓扑量子比特还能制备普适量子计算所需要的 CNOT 门. 但是,伊辛任意子的辫子群是一种克利福德(Clifford)辫子群,缺少量子计算所必需的 $\pi/8$ 相位门. 所以还需要通过一些非拓扑的方法,比如通过控制任意子的距离引入耦合作用,来产生 $\pi/8$ 相位门[548,555]. 这些非拓扑的门可能会使得体系的抗干扰能力变差. 理论上,斐波那契任意子体系可以完备地构成量子计算所需的所有逻辑门,因而是一种更理想的拓扑量子计算体系. 但能够产生斐波那契任意子的实际体系目前大多还缺乏实验印证.

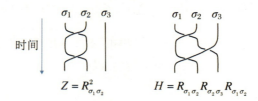

图 3.7.4　编辫子操作形成的 Z 门和 H 门在(2＋1)维空间的世界线随时间演化的示意图

测量　按照基态的形式对任意子做两两融合而得到叠加态,再测出叠加态的形式.

　　为了实现拓扑量子计算,需要找到合适的实验体系. 非阿贝尔任意子一般出现在拓扑非平庸的量子物态中,主要有两类体系:第一类具有内禀的全局拓扑序,如电子强关联导致的分数量子霍尔态和量子自旋液体,这些体系具有各种各样的任意子激发;第二类具有对称性保护的拓扑量子态,如基于拓扑绝缘体的拓扑超导态,在这类体系的边界或者缺陷处可以有任意子激发[550]. 由于篇幅有限,本节将主要介绍拓扑超导中的马约拉纳束缚态.

3.7.3　马约拉纳束缚态与拓扑量子计算

1. 马约拉纳费米子和零能束缚态

　　马约拉纳费米子不带电,是其自身的反粒子,遵循费米-狄拉克(Fermi-Dirac)统计. 以算符形式表示,马约拉纳算符是符合 $\gamma = \gamma^{\dagger}$ 的费米算符. 电子可看成一对局域在空间

同一点上的马约拉纳费米子,其产生和湮灭算符可分别写成

$$c_j^\dagger = \frac{\gamma_{j1} - i\gamma_{j2}}{2}, \quad c_j = \frac{\gamma_{j1} + i\gamma_{j2}}{2} \tag{6}$$

由此可见,马约拉纳费米子可看成"半个"电子,且总是成对出现.

尽管在基本粒子中一直没能确认马约拉纳费米子的存在,但人们似乎在凝聚态物质的准粒子激发中找到了它的踪迹.但是,凝聚态物质中的集体激发大多是带电电子的集体效应,怎么才能产生不带电的马约拉纳费米子呢? 这就需要引入超导电性.超导中描述准粒子激发的是 Bogoliubov-de Gennes 方程,对应的博戈留波夫(Bogoliubov)准粒子是电子和空穴的线性叠加:

$$\gamma_k^\dagger = \alpha_k c_k^\dagger + \beta_k c_{-k} \tag{7}$$

如图 3.7.5 所示,它具有粒子-空穴对称性:$\Gamma_E^\dagger = \Gamma_{-E}$,即在能量 E 产生一个电子等同于在 $-E$ 产生一个空穴.在常规的 s 波超导体中,自旋相反的电子配对,$\gamma_k^\dagger = \alpha_k c_{k,\uparrow}^\dagger + \beta_k c_{-k,\downarrow}$.这时 $\gamma_k^\dagger \neq \gamma_k$,准粒子激发还不是马约拉纳费米子.只有"冻结"了自旋自由度,且要求动量和能量为零,才能满足马约拉纳算符的条件. p 波超导体正好满足这些条件[561].

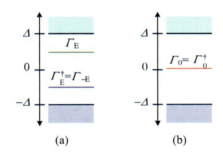

图 3.7.5 超导体中的博戈留波夫准粒子满足粒子-空穴对称($\Gamma_E^\dagger = \Gamma_{-E}$)

对于一维情况,Kitaev 提出了无自旋费米子的 p 波超导模型(图 3.7.6),也称 Kitaev 模型[574]:

$$H = -\mu \sum_{j=1}^{N} \left(c_j^\dagger c_j - \frac{1}{2} \right) + \sum_{j=1}^{N-1} \left[-t(c_j^\dagger c_{j+1} + c_{j+1}^\dagger c_j) + \Delta(c_j c_{j+1} + c_{j+1}^\dagger c_j^\dagger) \right] \tag{8}$$

其中 μ 为化学势,N 为格点数,t 为近邻格点间跃迁概率幅,Δ 为 p 波配对序参量.代入等式(7),当 $t = \Delta,\mu = 0$ 时,每个格点上的两个马约拉纳费米子不再耦合,而是跟相邻格点耦合.此时,在一维链的两个端点存在零能的束缚态 γ_1^A 和 γ_N^B,即马约拉纳束缚态.实

际上,只有当能量为零时,博戈留波夫准粒子才能成为电子和空穴的等幅叠加.此时,一对马约拉纳束缚态对应的费米子模式可处于占据或非占据态,基态能量简并.由等式(7)可定义一对马约拉纳束缚态的费米子宇称算符:

$$P = -i\gamma_{j1}\gamma_{j2} = 1 - 2c_j^\dagger c_j = 1 - 2n = (-1)^n \tag{9}$$

可以看出,体系的宇称与基态占据数有关.在不占据时,$n=0$,$P=1$,为偶宇称;在占据时,$n=1$,$P=-1$,为奇宇称.

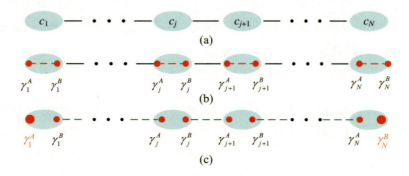

图 3.7.6　一维 Kitaev 模型

(a) N 个无自旋的费米子构成一维链系统;(b) 拓扑平庸相;(c) 拓扑非平庸相

对于二维无自旋的 $p_x + ip_y$ 拓扑超导体,在其缺陷处(例如磁通芯)存在马约拉纳零能束缚态,并且当内部存在奇数个磁通时,在其边缘存在手性的一维马约拉纳边缘模,如图 3.7.7(a)所示.在磁通芯内超导能隙关闭,单粒子能带由于量子限域效应而成为分立能级.s 波超导体中的单粒子激发存在零点振动能,使得分立能级不过零,如图 3.7.7(c)所示.但对于无自旋的二维 $p_x + ip_y$ 拓扑超导,费米子旋转一圈存在贝里相位 π,使得分立能级过零,从而在磁通芯中出现马约拉纳束缚态[544],如图 3.7.7(d)所示.

2. 拓扑超导

既然马约拉纳束缚态存在于拓扑超导中,那么拓扑超导又存在于什么体系中呢? 有两类候选体系:本征的拓扑超导体和能够诱导出拓扑超导电性的人工复合结构.

本征的拓扑超导体目前还没能从实验上得到完全的确认.理论上认为 5/2 分数量子霍尔态可能是本征的拓扑超导体,源于有效电荷为 $e/4$ 的非阿贝尔任意子的 p 波配对,但这一图像仍需实验验证.另外,Sr_2RuO_4 被认为是具有自旋三重态配对的 $p_x + ip_y$ 波超导体.这方面有一系列的实验证据,但是作为重要证据之一的边缘磁矩还未能被观测到[556].超流 ^3He 的 A 相也被认为是 p 波配对[545,557-559].

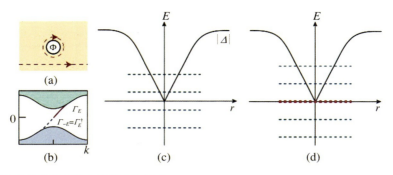

图 3.7.7　二维拓扑超导中的马约拉纳束缚态

(a) 二维拓扑超导边缘存在手性的一维马约拉纳边缘模, 在磁通芯内存在零能的马约拉纳束缚态;(b) 手性边缘态;
(c) s 波超导中涡旋处的分立能级, 由于零点振动能, 不存在零能量的态;(d) 二维拓扑超导体磁通芯内的分立能级由
于贝里相位 π 的缘故而落到零能处, 出现马约拉纳零能束缚态

　　拓扑超导电性也可能在人工复合结构中被诱导出来[560-561]. 在一维强自旋轨道耦合的半导体纳米线、二维拓扑绝缘体的边缘和三维拓扑绝缘体的表面(见图 3.7.8)存在着自旋与轨道绑定的螺旋电子, 满足无自旋的条件. 华人物理学家张首晟和祈晓亮在拓扑绝缘体领域做出了突出贡献[545]. 2008 年, 另一位华人物理学家傅亮和 Charles Kane 提出, 可以利用常规 s 波超导体, 通过超导邻近效应将超导电性引入三维拓扑绝缘体的螺旋表面态, 形成类似二维无自旋的 $p_x + \mathrm{i}p_y$ 超导, 使得在磁通芯内或者约瑟夫森结中产生马约拉纳零能束缚态[561]. 理论方面对于怎样实现一维 p 波超导的 Kitaev 链也给出了进一步的方案[562-563], 提出可以利用一维强自旋-轨道耦合的半导体纳米线, 再施加一个垂直于自旋轨道耦合的磁场, 使得其能带在 $k = 0$ 处打开塞曼能隙 E_z, 如图 3.7.8 所示.

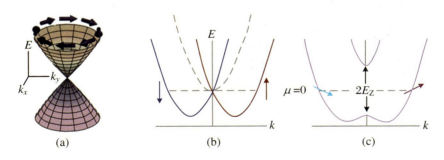

图 3.7.8　人工复合结构

(a) 三维拓扑绝缘体表面态电子的结构示意图, 自旋和动量绑定, 形成螺旋形的电子结构;(b) 一维纳米线的能带图,
虚线表示不考虑自旋轨道耦合, 实线表示自旋轨道耦合导致的自旋简并解除;(c) 加垂直于自旋轨道耦合的磁场打开
塞曼能隙, 出现完全的螺旋电子态

当化学势 μ 处于塞曼能隙内时,只有一个自旋-轨道绑定的费米面,从而形成完全的螺旋电子态.再利用 s 波超导引入超导能隙 Δ,当 $E_z > \sqrt{\Delta^2 + \mu^2}$ 时,纳米线就处于拓扑超导态,在其两端存在马约拉纳束缚态.将纳米线替换成铁磁原子链,同样也可构造一维拓扑超导和端点处的马约拉纳束缚态[564].

3. 马约拉纳束缚态的实验探测

目前探测马约拉纳束缚态的实验主要有两类:探测零偏压电导峰和探测分数(4π)约瑟夫森效应.

2012 年,Leo Kouwenhoven 组在强自旋轨道耦合的 InSb 纳米线与 s 波超导体构成的复合结构中发现了马约拉纳束缚态的迹象.如图 3.7.9 所示,当平行磁场 B 约增加到 100 mT 时,纳米线进入拓扑超导区,使得隧道谱在零偏压位置出现一个电导峰,这就是著名的零偏压电导峰,被认为是马约拉纳束缚态的信号[565].除了纳米线实验,基于二维和三维拓扑绝缘体人们也做了不少探索性的实验.吕力组于 2011 年在 Bi_2Se_3 与 s 波超导体 Sn 构成的复合结构中观测到了零偏压电导峰[566].杜瑞瑞组于 2012 年在二维拓扑绝缘体 InAs/GaSb 的边缘态中观察到了完全的 Andreev 反射[567].贾金峰和张富春团队在 $NbSe_2$ 上外延生长 Bi_2Se_3 薄膜,然后利用扫描隧道显微镜,在磁通芯内观察到了具有自旋选择性的零偏压电导峰[568].

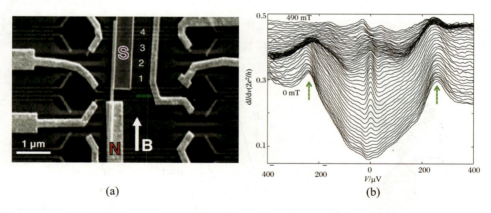

(a) (b)

图 3.7.9　Leo Kouwenhoven 组在复合结构中发现了马约拉纳束缚态的迹象

他们在 InSb 纳米线上通过超导电极(S)诱导出 p 波超导,再利用正常金属电极(N)探测隧道谱.图(b)为隧穿电导随平行磁场的变化.零偏压电导峰被认为是马约拉纳束缚态的迹象[565]

此外,人们还在基于半导体材料 $InSb/AlInSb$[569]、$HgTe/HgCdTe$[570] 和三维拓扑绝缘体 $HgTe$[571] 构造的约瑟夫森结中观测到了奇数 Shapiro 台阶的消失,被认为是马约拉纳束缚态导致的分数约瑟夫森效应.但值得指出的是,在时间反演对称没有被破坏时,理论上并不应该出现分数约瑟夫森效应[572-573]，所以相关现象还有待进一步分析．薛其坤领衔的团队通过磁性掺杂破坏时间反演对称性，在 Cr 掺杂的 $(Bi,Sb)_2Te_3$ 中观测到了量子反常霍尔效应[574]．王康隆-张首晟团队利用邻近效应将超导电性引入类似材料，观测到了 1/2 量子电导的霍尔平台[575]，被认为是来自手性的马约拉纳边缘模．但这一实验现象仍然存在着其他可能的解释[576-577]．

4. 马约拉纳束缚态与拓扑量子计算

马约拉纳束缚态作为一种伊辛任意子，可望用于拓扑量子计算和量子信息存储．

如前所述，制备拓扑量子比特至少需要四个非阿贝尔任意子．因此，拓扑量子比特最简单的结构应该如图 3.7.10(a)所示．对两根超导纳米线加磁场，把它们调节到拓扑超导态，从而产生四个马约拉纳束缚态：γ_1，γ_2，γ_3 和 γ_4．它们的简并基态可以按照每根纳米线宇称的不同而分为四种情况：$|ee\rangle$，$|oo\rangle$，$|eo\rangle$，$|oe\rangle$．因为总的宇称守恒，所以我们只需考虑同一种总宇称的两个简并基态构成的量子比特．量子比特的状态，即电子占据和非占据的具体情况，可以用单电子晶体管（SET）去测量．

在制备逻辑门方面，人们提出用 T 形纳米线结构来实现编辫子操作，如图 3.7.10(b)[578]所示．拓扑超导的相变与纳米线的化学势有关系，利用这一点可以局域地调节门电压来控制拓扑超导的边界，从而移动马约拉纳束缚态．

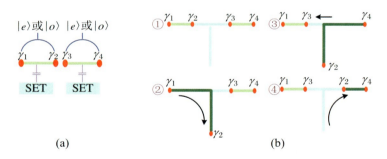

图 3.7.10　拓扑量子比特结构和编辫子操作

(a) 基于两根拓扑超导纳米线制备一个量子比特的方案示意图，单电子晶体管是读取设备；(b) 利用 T 形纳米线结构完成编辫子操作的示意图，一次编辫子过程包括①～④

在二维平面内编织马约拉纳零能束缚态显然要比在一维纳米线体系中容易．傅亮等人指出，利用六角形或者正方形的约瑟夫森结阵列来编码和编织马约拉纳零能束缚态（虽然只是伊辛任意子），就可以实现通用拓扑量子计算[579]．

虽然拓扑量子计算具有良好的容错性，比如用于编码拓扑量子比特的简并基态没有能量差、没有动态退相干的过程，以及拓扑量子比特原则上对局域干扰免疫，还有编辫子过程对操作精度的要求不是那么苛刻,但是拓扑量子计算并不是完全不会出错.原理上主要有如下错误来源:第一类错误源于拓扑荷的控制不当,比如系统与外部环境有准粒子交换(准粒子中毒),或者系统内部在演化过程中有一些额外的任意子没有被控制住;第二类错误源于任意子之间的相互耦合,导致拓扑基态并不严格简并,从而引起动态退相干及编辫子操作的误差;第三类错误源于热扰动或其他能量尺度与非阿贝尔任意子的激活能相当的干扰,使得拓扑保护失效.

总的来说,拓扑量子计算的前途还是很乐观的.拓扑量子计算利用了系统的整体拓扑性质,使得对于局域干扰免疫,在实现量子计算这一宏伟蓝图方面可能存在着独特的优势.马约拉纳束缚态符合非阿贝尔统计,通过对其进行编码和编织操作,有望最终实现通用量子计算.

3.8 量子计算机软件：量子算法的研究与展望

施尧耘　陈建鑫　黄甲辰　张　放

3.8.1 量子算法概览

如果说量子计算机使得我们可以利用对量子力学的理解来完成一些经典计算机上实现不了的任务，那么隐藏在量子计算机背后，真正将这些不可能变为可能的正是量子算法．早在 20 世纪 80 年代，费曼就提出了利用量子力学建造一台计算机来模拟量子系统的想法[580]，以期解决经典计算机模拟量子系统时遇到的指数膨胀问题．但当时对这一概念的兴趣主要还停留在学术界．1994 年，Peter Shor 提出了因数分解问题的量子算法[581]，目的是对一个给定的正整数 $N = p \times q$，确定质因数 p 和 q 的值．由于因数分解问题在公开密钥加密体系 RSA 中的广泛应用，该量子算法不仅仅有着深刻的学术价值，也引起了公众的广泛关注．一个有效解决因数分解问题的量子算法意味着如果有朝一日大规模量子计算机成为可能，目前的公开密钥加密体系将不再安全．

随后的 Grover 算法[582]考虑无结构搜索问题，相对经典计算机下直接遍历的思路，量子算法可以利用叠加等特性来实现开方加速．尽管 Grover 算法并没有能够像 Shor 算法那样展示出超越经典的指数加速，但因为无结构搜索问题在现实中的广泛应用场景，也被认为是量子算法的另一大重要应用．

随着量子算法在上述问题上展现出相对经典计算方案的优越性，越来越多的研究人员开始研究它在其他应用场景下的潜在可能，如线性方程组的量子算法以及由此展开的量子机器学习的研究、量子近似优化算法等一系列工作不断涌现．

限于篇幅，我们只选取部分内容来做简单介绍．

3.8.2　量子计算模型

1.　量子图灵机模型

在经典计算理论中,图灵机是一种理解计算能力与辅助算法设计的抽象计算模型. 1985 年,David Deutsch 提出了通用量子图灵机[583]. 类似于经典图灵机可以表示为 $(Q, \Sigma, \Gamma, b, \delta, q_0, F)$,量子图灵机也可以用七元有序组来表示. 主要的区别在于,经典图灵机模型中的状态集合 Q 变成了希尔伯特空间,转移函数 δ 变成了酉阵变换. 从可计算性的角度来看,量子图灵机模型与经典图灵机模型是等价的. 但是从计算复杂性角度来看,大家通常认为量子图灵机会比经典图灵机强大,也就是 $P \subseteq BQP$.

2.　电路模型

尽管有量子图灵机作为一种抽象计算模型,但是在实际中,我们通常会采用另一种更便于描述与理解的量子电路模型. 一些量子寄存器上存储着初始的状态,而每一步计算都可以由对应的量子门来实现. 一系列的计算就由作用在这些量子寄存器上的一系列量子门所组成的量子电路来实现. 我们可以看一个具体的例子,如图 3.8.1 所示,不同的直线代表着不同的量子寄存器,三个初始态都是 $|0\rangle$. 每一步的计算通过一个个方块或者控制位黑点等表示的酉阵来实现.

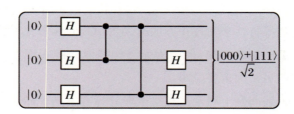

图 3.8.1　通过阿达马门与受控 Z 门生成 GHZ 态的量子电路

3.　量子黑盒

在很多问题中,我们设计的算法通常都要依赖于事先提供的某一个功能或者程序,但是我们或者不知道,或者不关心该功能的具体实现. 举个例子,在网上订票系统购买火车票,我们只需填写相应的信息并进行支付,而无需关心铁路系统内部的数据库或者网络实现.在计算机领域,我们把这样的功能抽象为黑盒(black box,又称为神谕机或谕示机).在量子计算中,很多算法是构建在这样的黑盒上面的,比如之后会提到的 Deutsch-Josza 算法、Simon 算法、Grover 搜索算法、量子相位估计等.

4. 绝热计算模型

除了上面所说的量子电路模型外,另一种被广泛关注的模型是所谓的绝热计算模型,利用量子绝热定理,将某个困难问题的解巧妙地编码在目标哈密顿量的基态,通过某个容易制备的初始哈密顿量到目标哈密顿量的绝热演化,可以得到目标状态,从而解码得到原始问题的解.加拿大的 D-wave 公司在这一方向做了大量的工作并推出了一系列产品.在本节中,量子近似优化算法也是基于绝热计算模型的.

3.8.3 Deutsch-Josza 算法、Simon 算法与 Shor 算法

1. Deutsch-Josza 算法

1992 年,David Deutsch 和 Richard Jozsa 提出了 Deutsch-Jozsa 算法[584].这个算法解决的问题如下:我们从某个厂家买了一台黑盒机器,它可以执行某个特定的函数 f(把 N 比特 0,1 串映射成 0 或者 1).假设我们被厂商告知他们所生产的黑盒机器只有两种可能性:对任何输入总输出常数,或者对于所有 N 比特字符串,输出总是一半 0 和一半 1.我们的任务是判断我们购买的机器究竟是属于前者还是后者.

一个针对上述问题的经典确定性算法在最坏情况下需要 $2^{N-1}+1$ 次计算函数 f,因为如果我们计算了 2^{N-1} 个不同输入字符串对应的函数 f 值而发现它们都相等,我们还是无法确定它究竟是平衡函数还是常数函数.当然最好的情况是,如果计算得到的两个函数值不同,则我们已经可以确定它是平衡函数了.而在量子计算的场景中,上述问题通过执行一次函数 f 就可以确定性地判断出来.

尽管这个问题在实际应用中的意义目前并不明显,但 Deutsch-Jozsa 算法作为最早一批展示出量子算法可以比经典算法在某些问题上有指数提高的例子,对量子算法与量子计算领域的推动不可小视.

2. Simon 算法

Daniel Simon 在 1994 年提出了下面的问题[585]:与 Deutsch-Jozsa 问题中的场景类似,某厂家制造了实现某个给定函数 $f:\{0,1\}^N \rightarrow \{0,1\}^N$ 的一个黑盒机器,并且知道存

在一个 N 位串 s，使得对于任何 N 位串 x 和 y，都有如下的性质成立：

$$f(x) = f(y) \quad \Leftrightarrow \quad x \oplus y = s \text{ 或 } x = y \tag{1}$$

我们的目的是对于任何一个这样的黑盒机器对应的函数 f，找出它对应的 s.

经典算法为了找到对应的 s，至少需要执行 $\Omega(2^{N/2})$ 次函数 f. Simon 提出了一种方案，在量子计算机上，只需要 $O(N)$ 次执行函数 f 即可解决我们的问题. 事实上，这一结果也是最优的，因为可以证明任何一个能够解决 Simon 问题的算法至少需要执行 $\Omega(N)$ 次函数 f.

3. Shor 算法

可能最著名的量子算法就是 Peter Shor 提出的素数分解算法[581]. 素数分解问题的描述很简单：假设我们知道一个数 N，希望找出它的一个质因数. 对于已知的最好的经典素数分解算法，普通数域筛选法（GNFS）的时间复杂度为

$$O(\exp(1.9(\log N)^{1/3}(\log\log N)^{2/3}))$$

1994 年，Peter Shor 提出了素数分解与离散对数问题的多项式时间量子算法，直接将其时间复杂度从指数级别降为多项式级别 $O((\log N)^3)$. 通常我们认为，一个需要指数级别时间复杂度的问题在实际中是很容易通过扩展其规模使运算时间长至不可接受的，而多项式级别的问题则是实际中可解的.

值得注意的是，素数分解问题是若干公钥加密系统的困难假设，包括被广泛使用的 RSA 公钥加密系统. RSA 算法的基础在于，如果我们知道整数 N, p, q，则很容易验证 $N = p \times q$ 是否成立，但只提供 N，要找到 p 和 q 则没有有效的经典算法. 对于经典计算机，这个假设目前依旧成立，但是 Shor 算法给我们提供了一种新的思路：如果我们建成一台规模足够大的量子计算机，则可以有效地破解 RSA. 这对于建立量子计算机和研究新的量子算法是一个非常大的动力.

虽然 Shor 算法一直被拿来作为展示量子计算机超越经典计算机能力的强有力的例子，但是不得不承认的是，为了破解 RSA-1024，我们需要一个拥有 3132 个量子比特以及 5.7×10^9 个 T 门的量子电路. 而现有的硬件水平距离这一要求依旧差得很远.

Shor 算法与 Simon 算法本质上解决的都是对某个特定周期函数来求解其周期的问题. 它们事实上都可以看成隐含子群问题中特殊的一类阿贝尔隐含子群问题的特例.

3.8.4　量子搜索算法

1. Grover 搜索算法

无论是大数因子分解,用"选择明文攻击"破解密钥,还是寻找最优的环游路线[①],都可以抽象为如下的"黑箱搜索问题":给定一个大小为 N 的集合 S 与一个快速判断该集合中元素是否符合某一条件的"黑箱",问该集合中是否有符合该条件的元素? 若有则找到一个这样的元素. 显然,如果用经典算法,则在不知道"黑箱"工作原理的情况下,最好的方法也只能是一个个元素尝试,在符合条件的元素只有 $O(1)$ 个的情况下,时间复杂度为 $O(N)$[②].

能不能用量子算法加速黑箱搜索呢? 如果可以使用一个"量子黑箱"的话,通过向黑箱输入一个叠加态,便可以"同时"判断 S 中每一个元素是否符合条件,这样岂不是只需要"使用"一次黑箱就找到所需的元素了吗? 然而不要忘记,要读取量子态中的信息,只能通过量子测量来实现,而简单的量子测量只能得到关于一个随机元素的信息,如果符合条件的元素只有少数的话,一次测量很可能只能找到不符合条件的元素——实际上,这和用经典算法随机选择一个元素是没有任何差别的. 这样看来,难道仍然需要使用 $O(N)$ 次黑箱才能找到符合条件的元素吗?

令人惊奇的是,数学上已经证明,量子黑箱搜索需要使用黑箱的次数既不是 $O(N)$,也不是 $O(1)$ 或 $O(\log N)$,而是 $O(\sqrt{N})$[③]. 提出这个算法的人是计算机科学家格罗弗(Lov Grover).

实际上,不但是狭义的搜索问题,而且任何单次执行有 $1/N$ 概率成功的经典或量子算法(接受量子输入的算法除外),都可以用类似 Grover 算法的方法加速,在 $O(\sqrt{N})$ 次尝试的时间内成功. 这种加速的方法称为"幅度放大",因为当成功的概率为 $1/N$ 时,成功的概率幅度为 $O(1/\sqrt{N})$. Grover 算法可以看作幅度放大的特殊情况.

[①] 虽然初看起来"最优"的条件并不能快速判断,但如果用二分搜索的方法,则只需要判断一条给定的路线长度是否小于给定的一个值,而这显然是可以快速判断的.

[②] 这里假设调用一次"黑箱"花费的时间为 $O(1)$;如果调用一次黑箱要耗费 $O(\log N)$ 的时间,则经典黑箱搜索的时间复杂度为 $O(N\log N)$,以此类推.

[③] 由于每两次查询之间有 $O(\log N)$ 的时间开销,实际的时间复杂度为 $O(\sqrt{N}\log N)$.

2. 量子无规行走

量子无规行走是一个十分广泛的概念.正如任何经典随机算法都可以看作在一个有向状态图上的"无规"行走一样,在一定意义上,任何量子算法都可以看作在一个加权图上的连续时间量子无规行走.然而,尽管连续时间量子无规行走最接近量子力学的物理描述,但在量子电路模型中模拟连续时间量子无规行走需要一定的额外开销.相比之下,离散时间量子无规行走很适合量子电路模型,而且 Szegedy 已经证明[1],离散时间与连续时间量子无规行走的特征值和特征向量存在关系,因此在实际应用中,经常通过把连续时间量子无规行走转化为离散时间量子无规行走来实现.

量子无规行走的应用主要包括两种形式,其中一种类似于经典情况,即直接测量量子无规行走的最终态.当然,尽管形式类似,量子无规行走和经典无规行走还是存在很大差别的.例如,经典无规行走在寻找一棵树的树根时,会遇到很大的"阻力",因为每一步向上[2]行走的概率都比向下行走的概率要小;而对于量子无规行走来说,在树的中间层,向上和向下的概率幅度是一样的,因此用关于层数的多项式时间就能找到树根.利用这一效应,可以构造一个"黑盒问题",并证明量子无规行走算法相对于任何经典算法都能达到指数级加速.

虽然 Grover 算法中搜索空间并没有图的结构,但其实也可以看作是在完全图上的一个离散时间的量子无规行走算法,当然要加上"找到符合条件的解之后就停止"的限制.这里产生加速的原理是离散时间无规行走特有的一个优势:在所关心的特征值接近 ±1 时,离散时间无规行走能放大特征值之间的间隙,从而带来平方级别的加速.

另一种量子无规行走的应用形式是对量子无规行走算符进行相位估计.一个有趣的例子是判断一个游戏[3]是否有先手必胜策略:这个问题可以表示成一棵"与或树",而对这棵树稍做处理之后,可以得到一个图,这个图特征值为 0 的特征向量中包含哪些节点是先手必胜的信息.虽然因为关心的特征值是 0,并不能享受离散时间无规行走的加速,但图的构造本身使得 0 与附近的特征值之间间隙较大,最终仍然能够达到平方级加速.

3.8.5 量子相位估计

时至今日,量子信息科学家已经发现了数量可观的量子算法.为了能够更系统地了

---

[1] 实际上,Szegedy 证明的结论更加一般化,适用于任意的"量子马尔可夫链".

[2] 在图论中,通常将树画成"倒挂"的形状,树根在上,树叶在下.

[3] 准确来说,这里的"游戏"仅限于完全信息的确定性双人零和游戏.

解现有的量子算法,并让发现新的量子算法变得更容易,量子信息领域的研究者总结出了一些量子算法中经常出现的算法模块.这些算法模块本身并不能直接用来解决现实的计算问题,但是利用它们往往可以更简洁地描述现有的量子算法,并为发现更多更有用的量子算法铺路.

幅度放大和相位估计是目前应用最广的两个量子算法模块,其中幅度放大算法已经在前文中介绍过.下面我们介绍量子相位估计和量子信号处理.

1. 量子相位估计

在经典物理中,一个静止物体的状态是不随时间变化的.这样的物体有着确定的位置、动量和能量.在量子力学中,由于不确定性原理,通常情况下一个物体的位置和动量不能同时完全确定,所以经典物理里静止的概念在这里不再适用了.相对地,我们称能量不随时间变化的物理状态为定态,可以证明这样的状态的所有可观测量(如位置、动量)的期望均不随时间变化.各定态所处的能量叫作该系统的能级.粗略地说,一个物理系统的所有状态都可以表示为处于不同能级的定态之间的量子叠加.一个物理系统可以由其所有的定态及其对应的能级完全刻画.

在量子力学中,给定一个定态,求解该定态所处的能级是一个非常基础的问题.如果用经典计算机来求解这个问题的话,需要的计算资源会随着物理系统的规模指数上升.利用量子计算,在合理的假设下,我们可以很快地估算出一个定态所处的能级.这个估算的过程称为量子相位估计,由 Kitaev 于 1995 年提出[586].量子相位估计是一个十分重要的算法模块.由于量子相位估计不会对输入的状态进行测量,所以输入的状态不需要是定态.当输入的状态是一些定态的叠加态时,量子相位估计会以量子叠加的形式估算出每一个定态分量的能量.数学上,一个物理系统可以用一个矩阵表示,而定态及其所对应的能量分别对应矩阵的本征向量及本征值.量子相位估计使得很多与矩阵本征值有关的数学问题都可以用量子计算机快速解决.量子相位估计不但是 Shor 算法的重要组成部分,而且出现在量子无规行走算法和求解线性方程组的 HHL 算法中.可以说,量子算法相对于经典算法的指数级加速几乎都与量子相位估计有关系.

2. 量子信号处理

量子信号处理是一种新型的量子算法,由 Issac Chuang 等于 2016 年提出[587].如前所述,一个物理系统可以由其所有的定态及所对应的能级来刻画.有时我们希望通过原物理系统构建一个新的物理系统,使得新系统与原系统的定态是一样的,并且新系统的各个定态的对应能级是原系统能级的一个函数.一般来说,这个任务可以通过量子相位估计来实现,但量子相位估计通常会有误差,并且需要很多额外的资源.

Chuang 等人发现,当能级之间的函数有着比较简单的形式的时候,有一种方式可以比量子相位估计更快更精确地构建新的系统,并且只需要一个额外的量子比特就可以完成. Childs 所提出的量子无规行走算法即可以看成量子信号处理算法的简单推论.

3.8.6 量子机器学习

自计算机发明伊始,让计算机程序拥有与人类匹敌的智能就成了一代又一代计算机科学家的奋斗目标.近年来,以机器学习为主的人工智能研究发展迅速,它不但是学术界最为关注的研究领域之一,也早已渗透到了我们的日常生活之中.比如,在电商网站买商品,网站会根据过往的浏览与购买记录自动推荐顾客可能感兴趣的商品;新型的智能手机和计算机会学习用户的面部信息,通过人脸识别解锁设备;用机器学习的方法训练出的人工神经网络在围棋运动中已经打败了世界顶尖的选手.当今流行的机器学习算法最大的缺点是费时费电,为了达到良好的效果,有的算法往往需要在大规模的计算机集群上运行几天甚至数周.如何提升现有的机器学习算法的效率,或者发明更好的机器学习算法,是当今机器学习研究中最重要的课题之一.一些量子信息领域的研究者也积极探索,寄希望于设计出比经典机器学习算法更有优势的量子算法,这个子领域称为量子机器学习.本小节我们将介绍量子机器学习中的一些最新进展.

1. Harrow-Hassidim-Lloyd(HHL) 算法

HHL 算法是用来求解线性方程组的量子算法,由 Aram Harrow, Avianathan Hassidim 和 Seth Lloyd 于 2008 年提出[588].举一个最简单的例子,考虑一个二元一次方程组:

$$\begin{cases} x + y = 1 \\ 2x + y = 2 \end{cases}$$

容易发现 $x = 1, y = 0$ 可以使两个等式同时成立,$(1, 0)$ 称为该方程组的一个解.虽然求解以上的线性方程组十分容易,但在一些问题中,我们常常需要求解含有成千上万个变量的线性方程组,此时求出方程组的一个解也会变得很困难.另外,求解线性方程组是机器学习中最基本,也是应用频率最高的问题之一,它有时会成为机器学习算法中的运算瓶颈.

HHL 算法利用量子力学的特性,可以用远少于经典算法的时间"求解"线性方程组.与平常考虑的求解线性方程组不同的是,HHL 算法不会直接给出线性方程组的一个解,而会给出包含解的全部信息的量子态. 这样的做法有其优点和缺点：

（1）量子态可以用 $\log_2 n$ 个量子比特存储 n 个数字. 直观来讲, 要存储 10000 个数字, 只需要 14 个量子比特, HHL 算法要操作的量子比特数远少于经典算法所占用的内存, 运行时间也相应变短了很多.

（2）根据量子力学的不确定性, 想要通过输出的量子态估计出解中的任意一个数字, 需要的时间将会远超 HHL 算法本身的时间. HHL 算法本身对输入也有着诸多限制, 这使得它不能用于最一般的线性方程组求解, 而只能对一类特殊问题发挥作用.

综上所述, HHL 算法并不能全方位代替经典的求解线性方程组的算法. 只有当求出的线性方程组的解不需要读出, 而只会作为其他算法的输入的时候, HHL 算法才有可能提供加速. 量子计算科学家们已经发现了 HHL 算法的一些可能的应用场景, 比如量子推荐系统[589]、量子支持向量机等[590]. HHL 算法的更多用处还有待发掘.

2. 其他量子机器学习算法

除了 HHL 算法外, 量子机器学习领域还有以下进展：

量子机器学习理论　机器学习理论是实际机器学习问题的一种理论抽象, 它忽略了具体的机器学习算法, 只关注某些学习问题本身是不是困难的. 近年来, 量子计算领域的研究表明, 量子计算并不能显著改变学习问题本身的复杂性[591]. 这并不能说明研究量子机器学习是没有价值的；相反, 对于具体的问题, 量子算法还是可能远快于已知的所有经典算法, 从而在实际计算中提高解决问题的能力.

量子半正定优化　半正定优化是机器学习中一类有着特殊形式的优化问题. 最新的研究[592]表明, 在合理的假设下, 某些量子算法可以比经典算法更快地解决半正定优化问题.

量子无监督学习　无监督学习是一种机器学习的任务. 打个比方, 给机器很多猫和狗的图片, 告诉机器哪些是猫哪些是狗, 让机器学习出一套分辨猫狗的方法, 叫作有监督学习；反之, 不告诉机器哪些是猫哪些是狗, 而要机器把输入的图片分成两类, 叫作无监督学习. 量子算法也可以为无监督学习提供加速, 如文献[593-595]等.

3.8.7　量子近似优化算法

在科学研究和生产生活中, 存在很多难以精确求解的问题. 举个例子, 给定一张地图, 上面有一些城镇, 要设计一条经过所有城镇的路程最短的路线, 这个问题称为旅行商问题（traveling salesman problem, TSP）. 旅行商问题的求解可以被证明是 NP 难的, 现在最快的计算机也只能精确求解几十个节点规模的问题①.虽然精确求解这些问题十分困难,但有的算法可以对这些问题进行近似求解.量子近似优化算法[596-597](quantum approximate optimization algorithm,QAOA)是一种解决优化问题的量子近似算法,这是一种基于量子绝热算法[598]的启发式算法,虽然其理论上的有效性还有待证明,但由于模型简单,参数易于计算,很可能在近期的量子计算机上实现.

量子绝热算法是一种精确求解优化问题的算法.算法的基本思路是把一个计算问题转化为一个物理系统的构造,使得该物理系统处于最低能量时的状态可以对应到优化问题的解.给定任意一个物理系统,找到其能量最低的状态可能会很困难,但我们可以从一个已知的物理系统出发,使该系统处于能量最低的状态,再慢慢改变物理系统内部的相互作用,使得该物理系统变成我们想要求解的物理系统.当对物理系统的改变足够慢时,根据统计力学,该物理系统会一直处于能量最低的状态,所以最后得到的物理状态就可以对应到我们所需的优化问题的解.

利用量子绝热算法虽然可以进行精确求解,但是它通常需要很长的时间才使得系统的变化足够慢,所以不完全能达到我们对计算速度的要求.另一方面,量子绝热算法通常不适合在量子电路模型中实现,所以不但会非常消耗资源,实际实现中的误差也很难控制.量子近似优化算法是将量子绝热算法中对物理系统的慢慢的、连续的改变变成了快速的、离散的改变.这种处理方式以牺牲解的精度为代价,极大地提升了算法的效率,并且可以在量子电路中实现,对误差较不敏感.现在已经有基于 QAOA 的量子计算软件包,可以在经典计算机上模拟小规模的 QAOA 算法,并且有望在近期可实现的量子计算机上运行.

3.8.8　结语

在本节中,我们简单介绍了一些重要的量子算法以及相关的应用场景,但是限于篇幅没有办法提及所有已经发现的量子算法,其中有一些也许在未来的量子计算产业中有着更为重要的地位.

(1) 目前展现出指数加速的量子算法基本可以分为几类,如量子傅里叶变换、量子无规行走等.如何探索更多超越经典计算的量子算法依然有着极其重要的意义.

(2) 针对有更多实际应用场景的问题来设计量子算法,并理解量子力学在其中发挥

---

① 实际生活中,人们很少需要求出旅行商问题的精确解:现有的启发式算法可以在上千个节点的问题上求出几乎最优的路线.

的作用.即使不是指数加速,比如多项式加速的量子算法也依旧有着广泛的应用.

（3）对于因数分解等算法,尽管在复杂度分析中可以超越经典的计算机,但是囿于当前的硬件水平,为了达到当前经典计算机的水平（分解 768 位比特数字）,我们需要在逻辑比特的个数与 Toffoli 门的个数之间有所取舍,但即使是最乐观的估计,我们也需要 2000 多个逻辑比特,这当然远超当前的硬件水平.随着量子计算产业的发展,大家开始关注如何在有限的硬件水平下,比如针对 50～200 个量子比特以及有限量子门数目,设计量子算法.

（4）探索已知量子算法的更多应用场景也是一个十分重要的问题.

Stephen Jordan 等人维护的 Quantum Algorithm Zoo 中收集了绝大多数已知的量子算法[①],有兴趣的读者可以进一步查阅.

---

① https：//math.nish.gov/quantum/zoo/.

第4章

量子精密测量

量子精密测量是量子信息学和精密测量科学的交叉领域,它利用量子系统本身的精密性和敏感性,采用量子通信和量子计算中操控超冷原子和单光子等技术,为人类提供更准确的时间、空间、频率等基准,更准确的自然常数,更准确的外界环境参数,以及更准确的导航定位等.

量子精密测量的前身可以追溯到早期的原子钟,它利用原子能级这一量子系统来输出准确的频率和时间.激光冷却原子技术的诞生,极大地限制了原子的经典热运动,使得频率和时间的精密测量进入了全新的精度,需要考虑光子反冲等量子现象,于是进入了量子精密测量时代.同时,一些较宏观的量子现象,如超冷原子物质波干涉,也将重力加速度测量推到全新的精度.

4.1节为这个领域做了一个较为全面的概述.4.2节介绍了原子钟的发展现状,目前已经通过测量超冷原子的能级跃迁建立了更准确的量子频标.4.3节介绍了如何利用超冷原子的物质波干涉来更准确地测量重力加速度和其他加速度.4.4节属于量子通信中广泛使用的单光子技术在雷达上的应用.4.5节介绍了如何通过冷原子技术来激光冷却和囚禁放射性原子,精密测量其丰度,并将之应用在地球科学领域.

4.1　薛定谔猫与量子技术

张卫平　张可烨

　　20 世纪 80 年代,我国一位伟人提出了影响中国社会发展的著名"猫论":不管白猫黑猫,捉到老鼠就是好猫.无独有偶,20 世纪 30 年代,奥地利一位伟大的科学家薛定谔也提出一个导致世界科学思想革命的"猫论",即闻名世界的"薛定谔猫".薛定谔的"猫论"对常人思维来说是不可思议、令人费解的.然而,科学家们喜欢用常见的东西来阐释一些思想性实验,在了解了一些量子力学的诞生背景后,我们就能自然地理解问题的本质.那么,薛定谔猫的科学内涵究竟是什么? 2012 年诺贝尔物理学奖跟它有什么关系? 让我们共同沿着科学界探寻"薛定谔猫"的足迹来理解量子科学家们的不懈努力.

4.1.1　薛定谔猫:思想实验与物理内涵

　　19 世纪末 20 世纪初,物理学研究对象的尺度越来越微观,实验测量的精度也不断提高.人们进入微观世界后,发现了一系列如原子分立光谱、黑体辐射、光电效应等与经典力学和电磁学理论矛盾的实验结果和现象.为了描述与解释这些微观现象,量子力学理论被发展和建立了起来.当时最广为接受的量子力学理论框架,也是现今大学物理教科书中普遍采用的,是由薛定谔发展的波动力学和由海森伯提出的矩阵力学.而这两者最终在以丹麦物理学家玻尔为代表的量子力学哥本哈根学派的理论阐释之下得以统一.

　　在哥本哈根学派看来,微观世界是一个概率性的世界,微观系统一直处在大量可能状态的叠加态上,只有通过测量导致波函数的塌缩才能使系统进入一个确定的状态.虽然量子力学对微观现象的自洽解释与精确预言使大家都承认其理论的有效性,但是其中有反常理的关于不确定性和测量作用的假设引起了当时许多物理学家的质疑,其中包括爱因斯坦甚至薛定谔本人.薛定谔在与爱因斯坦的通信中提出了这样一个思想性实验来质疑哥本哈根学派的量子力学解释(图 4.1.1):假设将一只猫与会放射性衰变的原子一起放在一个盒子里,再放一个能接收放射线并控制锤子的盖革计数器以及一瓶剧毒氰化物.盖革计数器一接收到放射线就会放开锤子打破毒气瓶,那猫自然就活不了.如果根据量子力学的概率性假设,原子应该处于衰变和不衰变的叠加态,那猫也自然处于死亡和存活的叠加态.只有打开盒子,即所谓测量之后,猫的量子态才会塌缩到死亡和存活中的一种状态.这就是那只著名的薛定谔猫的由来,而这一实验显然违背了我们在日常生活的宏观世界中形成的常识——猫的存活与否不应该依赖于我们是否对它进行了观察或者测量,而同时处于存活和死亡状态的猫让人难以想象.

图 4.1.1　薛定谔猫装置示意图

4.1.2　薛定谔猫态:科学之争

薛定谔猫的思想实验掀开了一场载入史册的科学之争的帷幕.

对于薛定谔猫的尴尬局面,玻尔首先反驳道:"盖革计数过程本身就是一个测量过程,它在盒子打开之前就足以决定猫的生死."但这只是避开了"打开盒子看才能决定猫的生死"这一匪夷所思的结论,但猫的生死仍然取决于盖革计数器对原子是否衰变的测量.因此就有了爱因斯坦的著名回应:"玻尔先生,我相信上帝是不会掷骰子的! 你真的以为你不去看月亮,月亮就不在那里了吗?"爱因斯坦一生坚信量子力学理论中的不确定性是由于理论本身的不完备,他与波多尔斯基和罗森一起提出了著名的 EPR 佯谬[1],以此反证未被哥本哈根解释所包括的"隐变量"的存在.在爱因斯坦看来,如果能弄清楚所有的"隐变量",量子世界也就是确定的.

除了概率性,还有不少量子力学效应如量子隧穿、量子纠缠等在日常生活中的推广也会导致类似薛定谔猫的悖论,由此引起针对量子理论的各种"调侃",这也使得针对哥本哈根解释的论战愈演愈烈.最终,以薛定谔、爱因斯坦为代表的决定论支持者和以玻尔、海森伯为代表的概率论支持者在 1927 年比利时布鲁塞尔召开的第五届索尔维会议上上演了一次"华山论剑"．这是一次实实在在的"解放思想"的物理学大辩论，其影响之深远超出了物理领域本身，甚至涉及哲学层面．然而也正是通过辩论，量子力学的理论解释越来越完善，哥本哈根学派逐渐占据了上风，并开始被广为接受．当然，仍有部分科学家对其假设存疑，但不得不接受其结果，因为量子力学在微观世界惊人的准确性不断得到验证．100 年来，量子力学的不确定性被一次次地证明，哥本哈根学派以压倒性的优势终于胜出．

当然，这场论战还促使了一批量子力学的"工具主义者"诞生，他们对概率性是否合理或测量与实在之间的因果论并不刻意追究，而只是接受并使用量子理论来解释或者预言微观世界中的新奇现象，并做出了大量杰出的成果．其代表人物有莫明（Mermin）、狄拉克（Dirac）、费曼（Feynman），据说他们总结了一个著名的口号："少说多算！（Shut up and calculate!）"今天的量子物理学家可以说大多是"工具主义者"，或者说被哥本哈根学派的解释"洗了脑"，但仍有一小部分人在锲而不舍地探索概率性背后的原因以及测量的意义，特别是量子理论在微观与宏观世界之间如何完美地过渡．

4.1.3 量子到经典之路：退相干历史

薛定谔猫思想实验的本意是想使哥本哈根学派的不确定性和测量导致波函数塌缩这两个假设自相矛盾，但引出了一个更为重要的问题——概率性的微观量子态是如何在"放大"的过程中，或者说在接近宏观世界的过程中变得确定起来的呢？也就是说，微观世界如果是概率性的，那么我们宏观世界中的人怎么感觉不到呢？

由于哥本哈根的测量引起量子力学波函数塌缩这一解释一直为人诟病，因此不少其他解释逐渐发展起来．例如埃弗里特（Everett）和德维特（De Witt）的"多重世界"解释[599-600]，吉拉尔迪（Ghirardi）、里米尼（Rimini）、韦伯（Weber）三人提出的"自发定域理论"[601]，以及最近越来越被接受的由盖尔曼（Gell-Mann）、楚瑞克（Zurek）、泽（Zeh）和格里菲思（Griffiths）提出的"量子退相干理论"[602-604]．

量子力学的概率性可以用波函数来描述，而大量奇异的量子力学效应可以用波函数与波函数之间的干涉来解释，即量子系统普遍具有相干性．而退相干理论认为，微观系统与环境的耦合以及大量微观系统之间的相互作用使得波函数的相位逐渐弥散，系统的波动性和系统间的相干性逐渐消失，使得系统最终趋于确定状态．这一过程称为退相干过程．系统的有效波长可以用反比于温度和质量的热德布罗意波长 $\lambda_D = \sqrt{\dfrac{2\pi^2 \hbar}{m k_B T}}$ 来描述．

温度和质量分别代表与环境和其他微观粒子间的耦合强度. 显然,粒子质量越大,系统温度越高,就越趋近于经典宏观世界,量子波动性就越微弱. 例如,室温情况下一个普通人的热波长约为 10^{-25} m,因此我们完全不用担心遭到薛定谔猫的厄运.

4.1.4 从经典到量子:科学"寻猫之旅"与 2012 年诺贝尔物理学奖

如果退相干的解释与思路是正确的,那么反过来想一下,从宏观世界出发,找到把粒子与环境以及其他相互作用完全隔离开来的办法,就应该能够让其展示量子力学的不确定性,也就是说,"既死又活的猫"是可以存在的.

基于这样一种推测,一批物理学家走上了一条漫漫的科学"寻猫之旅",他们沿着经典的轨迹探索跨越经典-量子边界的技术,并最终进入了量子世界. 其中法国科学家阿罗什(Haroche)和美国科学家维因兰德(Wineland)由于成功制备并测量了光子和离子的薛定谔猫态而最终获得了 2012 年诺贝尔物理学奖.

我们日常生活中所见到的光大多是"杂乱"的,充满着各种频率和模式,相干性差并以光速传播,没有展示出量子特性. 要获得好的相干性就必须将单一模式的光子"捕获囚禁"起来,伴随激光技术的发展而诞生的高品质光学谐振腔技术使得这一目标得以实现. 另外,如何测量被腔"囚禁"的光子的量子状态也是必须要解决的问题. 而原子在这一方面早已展示了足够的潜力. 理论物理学家们已预言,如果将原子放置在光学谐振腔中,则原子会与光子发生奇妙的量子效应. 1946 年,珀赛尔(Purcell)提出高品质腔会增强原子自发辐射[605]. 1981 年,克莱普纳(Kleppner)对幽禁原子自发辐射进行了研究[606]. 1948年,开西米尔(Casimir)提出原子与约束真空之间的奇异力学效应[607]. 这些研究促使了腔量子电动力学(CQED)的诞生. 而阿罗什的故事也由此开始. 1983 年,阿罗什带领的实验组通过测量穿越微波腔的铷原子首次验证了珀赛尔效应[608]. 而后,他又进一步提高光腔质量,使得光子与原子的相互作用强度进入强耦合区域. 这是关键的一步,使得原子有足够的时间来测量光子. 为了获得高的测量效率,他一方面发展了超导腔镜技术,使得光腔中的光子寿命达到 130 ms,这相当于光子在腔中来回转了 40 000 km 才离开;另一方面又用里德堡原子这种具有超大电偶极矩的特殊原子取代普通原子与光子耦合,这才最终在 1996 年首次"捕获"到光子的猫态[609]. 此后他又不断地完善光子"捕获"技术,发展更高效的量子测量方法,到 2012 年获得诺贝尔物理学奖,其间有近 30 年坚持不懈的努力!

而同时获得诺贝尔奖的另一人维因兰德则捕获了离子的猫态. 维因兰德的故事同样漫长艰辛,可以追溯到 1945 年核磁共振之父拉比提出原子钟的设想[610]. 原子能级间的跃迁频率可以作为频率测量的标准,通过原子猫态的制备,实现拉姆塞(Ramsey)干涉,从而可以构建高精度的原子钟.经过从1949年到1967年的努力,原子钟最终实现了.然而当时原子钟的精度受限于原子的热运动,或者说是环境对原子猫态的退相干影响,使得原子钟的稳定性成为一个问题.因此,一场以冷却原子为目标的科学竞赛的帷幕拉开了.20世纪70年代发展出的激光囚禁与冷却原子技术经过科学家20多年的不懈努力,最终与蒸发冷却技术相配合将原子气体温度冷却到nK(纳开)量级,并获得玻色-爱因斯坦凝聚效应——一种称为玻色-爱因斯坦凝聚体的原子集体宏观量子态.然而微弱的集体相互作用使得凝聚体并不适合制作高精度原子钟.当时有两种隔离囚禁单原子的技术发展起来:一种是针对中性原子的光晶格技术;另一种是维因兰德选择的针对单离子的离子阱技术[611].他发明了离子的激光冷却技术以及单离子光钟技术,通过37年的不懈努力,最终成功制备了铝离子的猫态,并用钡离子作为测量工具展示了其新颖的量子特性[612].

4.1.5 "捕捉"薛定谔猫态与量子技术

上面我们已经说过,科学家"捕捉"薛定谔猫态的初衷是为了探索量子力学的本质源头,似乎与量子技术应用的"工具主义"思路并不直接相关.然而事实上,在科学探索与追求真理的道路上,大量具有实际应用价值的量子技术在"捕捉"薛定谔猫态的过程中被发展了起来,例如光子与原子的猫态可以构建量子比特,那种"既死又生"的量子叠加性使其具有独特的信息处理功能,其信息容量相比经典比特呈指数级增长,而其由量子力学规律决定的安全性和保密性也展现出潜在的优势.因此,近年来量子存储、量子通信乃至量子计算机等量子信息技术发展非常迅速,一个由薛定谔猫态引发的量子信息时代已经到来.

"捕捉"薛定谔猫态除了能追踪量子到经典的界限外,还可以提升物理量测量的精度.与由测量方法和工具的发展带来的技术进步不同,这种提升是由物理规律的内在性决定的.以广泛使用的精密测量工具干涉仪为例,目前其测量精度已进入微观尺度,接近量子世界的大门.但量子世界的奇妙法则"不确定性原理"也为干涉仪的测量精度设置了一个极限——标准量子极限.即使是人类目前精度最高的测量仪器——大型激光引力波干涉仪(LIGO),也受到它的约束.然而科学家们发现薛定谔猫态的量子叠加特性以及向多粒子扩展的量子纠缠特性能在量子干涉过程中发挥奇妙的作用,可以用来规避量子力学不确定性原理所带来的影响,从而突破标准量子极限.无论是使用光子猫态的迈克耳孙光学干涉仪[613],还是使用原子猫态的拉姆塞原子干涉仪[614],甚至是使用最新的光-原子混合干涉仪[615]，其相位测量精度都可以突破标准量子极限.因此,LIGO 和 GEO 等引力波干涉仪目前都在依据这类原理进行升级改造,以期利用量子技术更加灵敏地探测各种宇宙事件产生的极微弱信号.此外,以原子猫态为核心的原子钟和原子陀螺仪等精密测量仪器对提升全球定位系统(GPS)、战略制导和导航系统的精度和效率都非常关键,因此各国政府都在积极加大投入力度,发展相关技术.虽然如何在实验室外制备大规模和长寿命的薛定谔猫态仍是有待攻克的难题,但一个快速发展的时代已经悄然而至.

4.1.6 展望

最后,我们展望一下薛定谔猫态研究的未来.目前人类获取的尺度最大的宏观量子态是原子玻色-爱因斯坦凝聚体,约在 10 μm 量级.而在更大尺度上制备薛定谔猫态,甚至展示一个宏观的量子世界是量子物理研究的一个长期追求的目标.例如最近的研究热点——量子光机械学(optomechanics),就有望凭借微纳与超导材料技术在经典机械装置上实现薛定谔猫态,未来可以发展出各种新颖的量子机械;在生命体中进行量子效应的研究也已经开始,捕获病毒的薛定谔猫态或细菌的薛定谔猫态的研究也有报道;用核磁共振技术对人类大脑进行量子控制也不再是天方夜谭,甚至由于人类大脑的高效性,大脑就可能隐藏着量子存储与读取的秘密;最新的生物研究显示信鸽与候鸟的大脑中有类似磁力计的地磁导航系统的现象,这引起了原子物理学家的极大兴趣,一门新的学科"量子仿生学"也可能由此兴起.有关大脑意识与量子物理可能联系的研究,也激起了一些严肃的物理学家与科学家的兴趣.他们中的典型代表包括英国牛津大学的数学物理学家罗杰·彭罗斯(Roger Penrose)与美国亚利桑那大学意识研究中心主任、职业麻醉师斯图尔特·哈梅罗夫(Stuart Hameroff).此外,由量子物理引起的哲学层面的探索,包括人类的认知、物质与精神及意识的关系等探讨也从未停止过,量子物理学一直都在更宽广的意义下丰富着哲学的内涵,拓展着人类认识世界的视野.

无论怎样,如果说 20 世纪是人类开始了解、将信将疑地迈出脚步,试探着用量子物理学来探索微观世界的时代,那么 21 世纪正在迎来量子物理学开花、结果并将其枝干延伸到科学的各个领域,产生影响人类未来的量子技术的新时代.我们相信,科学家对薛定谔猫态的"追逐"还将在更高的层次上进行下去,或者说对量子相干性本质的终极理解将一定是人类文明下一次飞跃的光辉之巅.

4.2　时间和频率的测量与传递

高克林　张首刚

时间是表征物质运动的基本物理量之一,也是目前测量精度最高的一个物理量.人们设法通过时间和频率的测量实现对其他物理量测量精度的提高,最显著的转化是长度单位"米"的重新定义,卫星导航的实现正是依靠这样的时间转换关系.时间和频率测量已经成为现代科技的基础.

对于时间,测量和传递是其两个永恒的主题.人们用原子钟测量时间,并用各种通信手段将时间传递出去,供人们使用.下面我们从一个并不存在的故事开始,来说明时间的来源.

4.2.1　时间是怎么产生的?

"在很久很久以前……"

"停!停!停!还有没有新鲜的?开头也太老掉牙了!"

"这是新鲜的,还没有哪一个故事能久于我们这个故事."

在久到时间开始以前,没有宇宙,没有空间,也没有时间,只有一个奇怪的点,这个点的体积无限小,但质量非常大,引力也异常大,以至于连光线都被吸在里面逃逸不出来,人们知道的物理定律在这里都失效了,我们就把这个点叫作奇点.奇点的质量太大了,里边的时间也是停止的.

奇点静静地漂浮在那里,没有人知道它为什么在那,也没有人知道它要干什么,就那样静静地停在那里.

突然,"砰"的一声,奇点爆炸了.这下可热闹了,原子核、电子等形成物质的各种基本粒子一个接一个地产生了.这些粒子又相互结合、相互碰撞、相互分离,慢慢地产生了各种物质.随后,星系也逐渐产生了.由于爆炸的冲击,这些星系一个接一个地远离爆炸的中心.

这个过程,好像是推翻的多米诺骨牌一样的连锁反应,一个事件的发生导致另一个事件的发生,慢慢就形成了我们这个宇宙.从某种程度上说,宇宙就是一系列的事件,从一个事件到另一个事件,连锁发生的事件形成了宇宙,也就是时空.

奇点爆炸以后,宇宙慢慢地演化,在160多亿年以后,产生了人类.有一天,两个人碰到了一起,激烈地争论起来,因为他们对一件事统一不了意见(图4.2.1).

图 4.2.1　产生时间的原因是比较先后顺序

一个人说:"是这朵黄色的花先开的,那天我打死了一只野猪."

另一个说:"是这朵红色的花先开的,那时候我正在这朵花旁挖地."

争论了好久都没有统一,他们只好去找族长,看族长有没有什么办法分出先后.族长听了,沉默不语,仰头看着天空,静静地想了好半天,语重心长地说:"出现这个问题也不奇怪,那是因为我们没有定义出时间这个东西.如果有了时间,我们只需要说出每件事发生的时间坐标,就可以比较它们发生的先后顺序了."

"那么,族长,我们为什么不创造时间呢?"

"是呀! 人类需要一个时间."族长就开始忙碌起来,他想要创造时间.

族长集中了全部落的几十位先知,成立了一个时间局,时间局的任务就是创造时间,他们经过绞尽脑汁的思索与冗长的讨论后,给出了时间的三条性质:

第一条:时间的作用是打标记.制定时间要干什么? 就是为了给一个事件打标记,这样比较两个事件的时间标记,就可以知道事情发生的先后顺序.同时,通过时间测量,还能知道某个事件进行的快慢,也就是它占用时间的多少.

第二条:时间要被大家认可.对于我们部落内部的活动,大家要使用同一个时间,如果张三的时间和李四的时间不同,他们两个对事件的标记就不能比较,这失去了时间的意义.等将来我们几个部落之间要相互交流的话,部落之间的时间也要一致,这样部落之间才有对时间进行比较的可能.等将来部落扩展到全世界,那就要统一全世界的时间.

第三条:时间要能测量.我们制定一个时间,要让大家都能用上,那就需要大家都可以测量到它.如果人们测量不到时间,那又怎么能用呢?

把时间的性质搞清楚后,时间局的任务很快就完成了.他们很容易就确定了创造时间的方法:"选一个起点,再选一个周期现象,对这个周期现象进行累计,这就是时间."如图 4.2.2 所示.

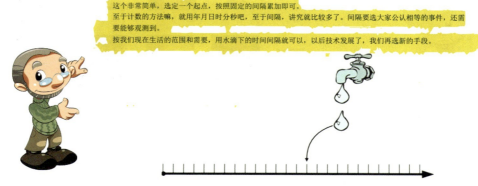

这个非常简单,选定一个起点,按照固定的间隔累加即可.
至于计数的方法嘛,就用年月日时分秒吧,至于间隔,讲究就比较多了.间隔要选大家公认相等的事件,还需要能够观测到.
按我们现在生活的范围和需要,用水滴下的时间间隔就可以,以后技术发展了,我们再选新的手段.

图 4.2.2 产生时间有两个要素

起点非常容易选,选一个伟人(后来大家同意确定为耶稣)的生日就行了,至于周期现象的选取,大家则费了一番功夫.

树上的年轮一年长一圈,这就是一种周期现象,但大部分人不同意,因为观测这个现象要把树砍断,难度较大.喇叭花每天早上开放,也是一种周期现象,但冬天就观测不到了,这种现象不持久,很多人也不同意.族长家后院有个泉水,长年累月地滴水,这也是一种周期现象,但由于这种现象发生在族长家,很多人观测不到,也被否定了.

最后,大家一致同意使用"日"这个周期现象,太阳升起一次就是过了一天,这种周期现象容易观测,也能被大家接受.这样,时间就产生了,人们很多年就使用由太阳得到的时间标准进行生活.随着时代的发展,人们需要更加准确的时间,就转而使用其他周期现象,使时间更加容易实现,精度更高.对时间的不同定义,主要区别就是选用什么样的周期现象进行累计,如图 4.2.3 所示.

这就是时间的起源,人们定义出一个时间尺度,利用这个尺度作为比较事件发生先后的依据,这个时间尺度可以一直向前追溯到宇宙大爆炸,向后延伸到宇宙结束,这就给出了所有计时器具都必须遵守的参考标准,所有计时器具都按照这个标准进行校准,这就把时间的产生转化为时间的测量.

从这里可以知道,时间有两个主题:先制定一个标准,然后把标准传递出去让人使用.制定标准就是标准时间的产生问题,使用各种计时工具,或者通过天文观测确定准确的时间,通常称作时间测量.把标准传递出去,就是时间的传递或者授时.时间的发展,主要是时间测量和时间传递方法的发展.

在不同时期,人们选定的间隔是不同的。

日出间隔　水滴间隔　燃完相等距离的间隔　沙子漏完的间隔　单摆摆动间隔

量子跃迁辐射信号的周期　地球公转间隔　地球自转间隔　电磁振荡间隔　摆轮摆动间隔

图 4.2.3　时间随时代的发展而精确

4.2.2　用什么来测量时间?

钟,是人类为了精准测量时间而发明的仪器,在大部分时间,钟代表了当时科技的最高水平.随着社会的发展,人类活动对时间度量的精准性要求越来越高.从太阳升落、日暑、沙漏,到水钟、机械钟、石英钟,再到原子钟,钟的发展体现着人类在探索自然奥妙的过程中所展现出来的高超智慧.目前,世界上最精准的原子钟是锶原子光晶格钟,其稳定度和不确定度均已达 10^{-18} s 量级.这样的钟,如果连续运行 160 亿年,它累计的误差不超过 1 s.

1. 长周期和短周期:从地球自转到量子跃迁

千百年来,地球的自转周期和公转周期一直起着"钟"的作用,但是它们的周期太长,不便于日常应用.为了满足测量较短时间间隔的需要,人们开始采用人为的周期运动,如将单摆和电磁振荡的周期作为时间计量标准.随着科技文明的发展,人们越来越倾向于使用周期更短的时间标准.由于运动的时间周期与其频率互为倒数(图 4.2.4),因此对于短周期运动而言,采用频率描述无疑会是更便捷的方法.

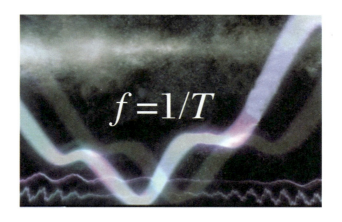

图 4.2.4　运动的时间周期与其频率互为倒数

　　量子物理发现,原子内部存在着一些分立的能量状态.在一定条件下,原子会在这些能级之间跃迁(图 4.2.5),即量子跃迁或原子跃迁,跃迁过程中会吸收或发射电磁波(包括光波),电磁波频率的大小与跃迁涉及的两个能态的能量差成正比.电磁波的能量包含在每一个光子中,每一个光子的能量取决于电磁波的频率.如果用电磁场激励原子从低能态向高能态跃迁,发生跃迁的概率就和激励场的频率有关了,两者的频率越接近,跃迁概率越大,这就是所谓的原子跃迁谱线,它不是线性的,往往是轴对称的高次曲线,其宽度叫作线宽.这就是说,激励场频率比原子跃迁谱线中心频率值多或少相同数量时,原子跃迁概率相同.某些原子跃迁谱线很窄,用其中心频率作为参考,通过跃迁概率大小控制外界电磁波的频率,使得跃迁概率最大,实现外界电磁波的频率与原子跃迁中心频率最大化一致.这样以原子跃迁频率为参考控制电磁波源频率的装置就叫量子频标.再应用其电磁波周期进行计时,就构成了原子钟.在外界电磁场作用下,原子发生能级间跃迁而辐射或吸收电磁波,叫作受激辐射或受激吸收,这样的原子钟叫作被动式原子钟.还有一类主动式原子钟,在其工作过程中,高能态的原子比低能态的原子数目

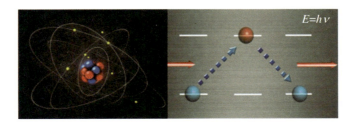

图 4.2.5　原子能级结构与原子能级间的跃迁

多,原子自发地从高能态向低能态跃迁,并辐射电磁波.我们用放大的自发辐射电磁波频率控制外界电磁波源的频率.

下面来看看世界上最精准的原子钟——锶原子光钟是如何工作的.

为了探测到锶原子内部频率稳定性极高的原子跃迁,即所谓的钟跃迁,需要使原子处于非常"冷"的状态,即要让锶原子的运动速度达到 cm/s 量级,这速度貌似比蜗牛快点.为什么呢? 因为,既然以原子的跃迁频率为参考,原子跃迁频率就不能因为原子的运动、原子相互间作用以及原子所处环境的干扰而发生变化,这样大家做的原子钟才能一样准.当然,绝对理想是达不到的,我们利用科学技术最大程度地接近和理想状态的差距,最后要通过测算,以准确度为指标标明其性能.要使原子达到这么慢的速度,当然不是靠放入冰箱降温那样的办法来实现.科学家发明了一种叫激光冷却的办法,能使原子降到蜗牛般的速度.

2. 降低速度:使燥热的锶原子冷却

首先,我们要为锶原子制造一个真空环境(图 4.2.6),以免其他原子来碰撞捣乱.在这个真空环境中,锶原子块在一个高温炉中被加热到 500 ℃左右,这时候一部分原子会被汽化,速度为 400～500 m/s,相当于子弹的速度!

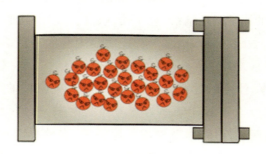

图 4.2.6　处于真空环境中的锶原子

让这些汽化的原子沿着特定的方向喷出,形成原子束,而后穿过一个塔状线圈做成的东西,叫塞曼减速器(图 4.2.7),它的中心轴线是一个梯度磁场.同时在与原子束相反的方向射入一束激光,原子在经过塞曼减速器的同时,"疯狂地"吸收迎面射来的激光光子,同时又随机地向各个方向发射光子.每吸收一个光子,原子的速度就会减慢一点.由于原子在不断地吸收和吐出海量光子,而且速度相当快,每秒达到上亿个光子,因此原子在很短的时间内被减速下来.

经过塞曼减速器之后,原子的速度降到了大概 50 m/s,时速约为 180 km,相当于动车的速度,还是太快了.

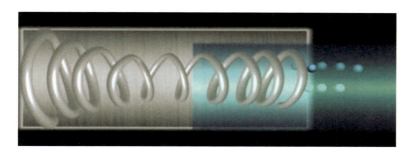

图 4.2.7　塞曼减速器

因此,在塞曼减速器之后,科学家又设计了一个"阱",而且是里面满是"糖浆"的阱,原子只要跳进了这个阱,就会被囚禁住,而且会被巨大黏力困得简直无法动弹.这个阱当然不是普通的阱,它由两个通电线圈组成,这两个线圈通的电流等大但方向相反,于是在这两个线圈的对称中心会形成一个各个方向基本对称的梯度磁场,然后用六束激光指向那个对称中心,这个时候原子受到两种力:一种力把原子拉向那个对称中心以免逃走;另外一种力是黏滞力,使原子运动得更慢.科学家把这种阱叫磁光阱.

"顽强"的锶原子在这个阱里还没有安静下来,还能以 1 cm/s 的速度运动.不过不要紧,经过这两番折腾,疯狂的原子这个时候已经"筋疲力尽"了.此时的原子团(图 4.2.8)具有很大的密度,加上重力的影响,原子团并非处于一个"无扰"的状态,因此要把它局限在一个小小的地方不随意移动,是不是有点过分?

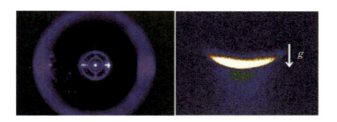

图 4.2.8　囚禁在磁光阱中的冷原子团

接着,我们用一个叫"魔术波长"的激光形成一系列驻波,这些驻波也是一系列浅浅的阱,原子会被封装在这一个个格子(波峰或波谷)里(图 4.2.9).当然这个格子很小,边长只有"魔术波长"光的波长那么大,也就是 800 多纳米.如果我们应用的是三维相互垂直的驻波,激光冷却囚禁的原子就像固体晶体中的原子,也叫光晶格.之所以叫魔术波长,是因为这个波长的光对涉及钟跃迁的两个能级的影响一样,不会影响钟的跃迁频率,而其他波长的光都会有较大影响.

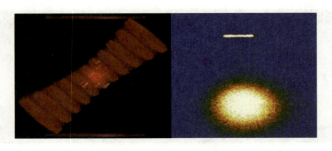

图 4.2.9　用"魔术波长"构建的光晶格与囚禁在光晶格中的冷原子团

3. 锶原子光晶格钟:取出光子的频率

锶原子光晶格钟的钟跃迁频率很高,每秒钟振荡几百万亿次.我们需要应用激光去激励囚禁在光晶格中的冷原子.大家知道锶原子的钟跃迁光谱线宽很窄,理论上小于 1 Hz,由于各种不良的影响,实验上获得的一般小于 10 Hz.这样,我们需要 Hz 量级的窄线宽激光去激励原子跃迁.实现这么窄线宽的激光,可是高科技.通过原子跃迁激励、跃迁概率探测和激光频率控制,我们的锶原子光钟装置就输出高精度频率的激光信号了.大家知道我们现在用的时间单位"s(秒)"定义的实现者是铯原子基准钟,它的输出是高频率精度的射频信号(如 10 MHz、100 MHz).那么,对于这么高频率的激光信号,我们怎么确定其性能? 又怎么应用于实际呢? 科学家发明了一种用来连接激光频率和微波频率的尺子,叫作"光梳".它是飞秒脉冲激光经过光谱展开的激光,光谱看起来像一把梳子,这把梳子的每一个齿都是一个频率确定的激光."齿"间距是固定的射频到微波的频率,如 100 MHz、200 MHz……10 GHz 等.利用这把梳子还能把频率极高的钟跃迁探测激光的稳定性传递到射频段(图 4.2.10).现代的电子学设备能很精准地数出射频的频率,从而使得锶原子光钟极高的稳定性得到更广泛的应用.

这就是锶原子光晶格钟.在中国,国家授时中心实现了锶原子光晶格钟实验装置系统的闭环运行.

锶原子光晶格钟中使用激光等技术来冷却原子,就是尽量减少原子钟运动速度对钟跃迁频率的影响,但在地面上因为重力的影响,原子运动的速度很难减少到很低,这会对光钟频率有一定影响.

在空间环境,原子处于失重状态,就更加容易冷却,这种环境下制作出的原子钟能达到更高的精度.等到 2022 年,国家授时中心会把锶原子光晶格钟(图 4.2.11)发射到我国的空间站,这将是世界上的第一例,能把锶原子光晶格钟的精度提高约一个数量级.那时候,原子钟又会准确到什么程度? 用通俗的话说,这样的原子钟的误差,如果从宇宙开始累计,一直到现在也不到 1 s.

图 4.2.10　光梳将光频转换到微波频段

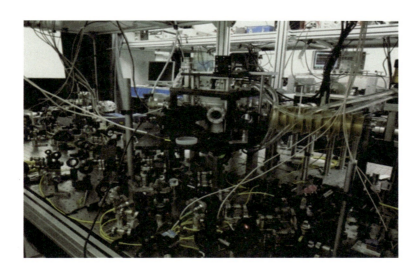

图 4.2.11　国家授时中心锶原子光晶格钟实验装置系统

4.2.3　我们怎么得到时间?

有了时间以后,要采用各种方式,将时间传递给用户,这就需要时间传递技术.在不同时期,人们对标准时间的定义与精度要求不同,时间传递的手段也不相同.

在生产力低下的古代,人们对时间的需求处于较低层次,通过类似打更等方式进行授时.后来,虽然发展出敲钟和击鼓的方法,但基本上还是同水平的声音传播方式.

在航海时代,人们开始采用落球和闪光等光信号的方式传播时间.白天,人们在重要商埠的码头、港口竖起高杆,在高杆顶端挂上球,按约定时刻落下球,借以向海员报告精确的天文时间;夜间,则采用闪光的方式进行授时.这种授时方法精度约为 s 级,它为海员忠实服务了近百年.

无线电技术的出现,为授时系统的发展带来了划时代的变革.目前,随着现代信息传播技术的进展,许多信息传播手段都被用来进行授时.常用的授时方式有精度在 ms 级的短波、电话、网络授时,μs 级的长波授时,以及几十纳秒级的卫星导航系统授时等.

如果需要 ns 量级的时间同步,那就需要共视和双向了.更高精度的传递需要研究更新的技术.

1. 寻找中间媒介:共视时间比对

"但愿人长久,千里共婵娟."苏东坡的这句词流传千古,不知道词人知道不,这句词道出了共视时间比对的真谛:两个地方看同一个东西.

在古代,张家村的张三要想和李家村的李四对一下表,怎样才能实现呢? 张三拿上表,跑到李四家里,把两个表放在一起,直接比较表上的读数就可以了.这是最笨的对表方法.如果是座钟的话,光搬钟张三就要费很大劲,在路上也得小心翼翼,表颠坏就不好了.最惨的是,张三去对表的这一段时间里,张三的家人就看不到时间了.想到这些问题,张三就不想去对表了.

多亏有古希腊的学者喜卡珀斯,他在公元前 160 年以前就为张三安排好了对表的方法.他说,利用共视就很简单,根本没有那么麻烦.

在月食发生的时候,张三和李四同时观看这月食,等月食结束那一刻,两个人都记下自己表的时间.张三记下的是晚上 9 点,就写了张纸条,派自己的大黄狗送到李四家里,李四一看,发现月食结束时自己的表是晚上 8 点,李四非常容易地就知道张三的表快 1 小时(图 4.2.12).

这就是共视时间比对的方法,两地分别记下观察到一个现象的本地时间,然后交换数据就可以实现两地的时间比对.这里,月食什么时候发生不重要,重要的是月亮的光线同时到达张三和李四处,并且记下发生时刻的时间,它们应该是相等的.

但是,没过多久,张三和李四就发现问题了,月食发生的次数太少,他们需要等一年甚至两年才能对一次表.

伽利略在 1622 年想到了解决的办法,他告诉张三:不用月食,用木星卫星食.

木星有四颗卫星,这四颗卫星以很高的速度绕着木星公转,木星的卫星一年要发生 1000 多次卫星食,因此每天总会发生两三次,而且这种卫星食也有一定规律.伽利略编制了较为准确的木星卫星食发生表,供人们使用.

图 4.2.12　共视时间比对要观测同一个天象

这解决了张三和李四的对表问题,虽然他们明白,木星卫星在海上很难观测,但在陆地上伽利略的方法是可以用的.后来,张三和李四还把这种方法推荐给巴黎天文台.巴黎天文台用这种方法在地球上观测各地的经度,取得了极大的成功,成为名震一时的研究机构.

用着共视方法进行对表,张三和李四也没闲着,一直在关注共视方法的发展,其间发生了两件大事.

第一件事发生在 19 世纪中叶,利用流星(图 4.2.13)作为共视媒介,天文学家测量了相距 480 km 的意大利的西西里岛和莱切之间的经度差,精度为 4 角秒.

第二件事发生在 1955～1958 年,美国华盛顿的海军天文台和英国特丁顿的国家物理研究所同时测量华盛顿的 WWV 电台时间信号.海军天文台比较 WWV 电台时间与世界时,国家物理研究所比较 WWV 电台时间与他们新发展的铯原子钟的时间.根据这个共视测量结果,两家单位对世界时的秒长和原子时的秒长进行了比对,根据比对结果把原子时的秒长定义为铯原子能级跃迁 9192631770 周所持续的时间.这就是现在时间单位"秒"定义的来源.

张三和李四对这两件大事有所关注,也关注到人们采用的共视媒介包括罗兰 C、广播电视、交流电信号,甚至是脉冲星的脉冲等,等全球卫星导航系统(GPS)投入运行后,他们一下子惊住了,因为 GPS 作为共视媒介(图 4.2.14),可以将时间传递精度提高到 3 ns,这完全超出了他们的想象.

GPS 卫星发射的信号在发射端和接收端之间有一条明确的路径,并且可以修正得基本相同,它是非常理想的共视参考信号.GPS 共视的性能比以前使用的罗兰 C 共视的性能提高了 20～30 倍.GPS 共视技术一出现就被计算协调世界时的国际权度局(BIPM)采用,直到今天大家都在使用这种方法.

图 4.2.13 木星卫星食和流星都是共视的媒介

　　终于,张三和李四在 1999 年用上了中国科学院国家授时中心研制的共视接收机,终于不必使用外文资料了.美滋滋的张三和李四很高兴,他们深信,随着科技的发展,必然会出现精度更高的共视媒介,共视时间比对的精度也会越来越高,说不定空间站的光钟将成为下一代的共视媒介,那个时候所有的东西都是中文的了.

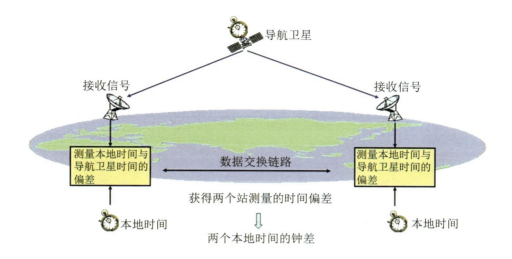

测量本地时间与导航卫星时间的偏差

数据交换链路

测量本地时间与导航卫星时间的偏差

本地时间

获得两个站测量的时间偏差

两个本地时间的钟差

本地时间

图 4.2.14　导航卫星共视

2. 追求相等路径:卫星双向时间传递

卫星双向时间传递能达到 1 ns 的精度,是正在使用的精度最高的远程时间无线传递方式,适用于比对两个站的原子钟时间.两个站同时向通信卫星发射信号,卫星接收到两个站的信号后向地面转发,分别由对方的站接收.由于每个站都既发射信号又接收信号(称为双向),路径是通过卫星的路径,故称为卫星双向时间传递.

双向时间传递的原理也是非常简单的,通过四个过程就能实现.

假设 A 和 B 两个地方有两个时钟,这两个时钟需要比对一下,但钟又不方便来回搬移,就可以使用双向法进行时间比对.

在两个地方同时记下本地钟的时间,然后把这个时间通过各种方式送给对方,既可以用人工,也可以用汽车、火车,或者用电话、无线电等方式.使用这些方式有一个共同点,即路上要花费一定的时间,也就是说,等把记下本地时钟的时间发送到对方时,已经过去了一段时间.但由于传送方式相同,路上花费的时间是相同的.

本地的时间到达对方后,分别与对方的钟面比对,这样肯定得到两个不一致的结果,因为包含路上的时延.在图 4.2.15 中,由于路上花费了 10 分钟,绿车认为 A 表慢 50 分钟(+ 50),红车认为 B 表快 70 分钟(- 70).

两个人想对表，记下自己的时间后出发
A表8:00
B表9:00

两个人速度相等，10分钟后看到对方的表
B表9:00，A表8:10
A表8:00，B表9:10

因为路上的时延，两个人的结论是不同的
A表比B表慢50分钟
B表比A表快70分钟

平均一下就可以得到正确的结果
A表比B表慢60分钟

图 4.2.15　双向时间传递

　　两个地方只要交换各自的数据,将数据相减再除以 2 后就可以得到准确的钟差.

　　这种时间比对方式就是双向时间传递,通过双向的方式,将一个站的时间传递到另一个站.在双向时间传递过程中,路上的时间大小是无关紧要的,关键是两种方法在路上花费的时间要相等,两个地方读取时间、计算两个站的时间差所花费的时间相等.双向时间比对就是利用中间过程的等时性实现比对的.

　　在卫星双向时间传递(图 4.2.16)中,A 地向卫星发射包含时间的无线电信号,同时接收 B 地发射的信号,A 测量出"信号从 B 地发出时 B 钟时刻"与"信号到达 A 地时 A 钟时刻".同样,B 地向卫星发射包含时间的无线电信号,同时接收 A 地发射的信号,B 测量出"信号从 A 地发出时 A 钟时刻"与"信号到达 B 地时 B 钟时刻".

　　A 的测量值包含:"A 钟时刻减 B 钟时刻" + "A 到 B 的时延"

　　B 的测量值包含:"B 钟时刻减 A 钟时刻" + "B 到 A 的时延"

其中 A 到 B 的时延和 B 到 A 的时延相等,两式相减后除以 2 就是 A 和 B 的时钟差.由于测量精度达到亚 ns 量级,但路径的对称性在 ns 量级,这种方法能实现 ns 量级的时间传递.

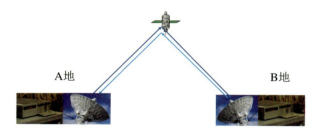

图 4.2.16　卫星双向时间传递

3. 时间传递的最前沿:量子时间传递

目前,可以实际使用的远程时间传递的最高精度技术,是光纤时频传递技术,通过光纤可以在 100 ps 精度内传递时间信号到几千千米之外,还可以在 10^{-19} 精度下传递频率信号.我们国家正通过国家重大科技基础设施建设——通信光纤网,把国家授时中心产生的中国标准时间信号和高精度频率信号传递给国内重要用户.根据爱因斯坦时钟同步原理,时间同步可能达到的精度由测量飞行脉冲的时间延迟的准确度(又称为时间延迟测量精度)Δt 决定.基于量子力学原理,时间延迟测量精度依赖于飞行脉冲光场的量子属性.到目前为止,时间传递精度仍受限于经典的技术噪声,尚未达到时间传递精度的标准量子极限.然而,随着飞秒光梳相位锁定技术的飞速进步,精度已逐渐趋近散粒噪声极限.使用什么样的测量手段可以实现更高的时间测量精度?是否存在更低的散粒噪声极限?这些都是科学家们在追求更高精度的过程中密切关注的问题.

(1) 基于到达时间测量的量子时间同步技术

随着高稳定度的激光脉冲锁模技术的发展[616],时间延迟的测量精度已经越来越趋近于散粒噪声极限,该极限由激光脉冲的频谱宽度 $\Delta\omega$、一个脉冲中包含的平均光子数 N 和脉冲数 M 决定[617]:

$$(\Delta t)^{\mathrm{tof}} \geqslant (\Delta t)^{\mathrm{tof}}_{\mathrm{SQL}} = \frac{1}{2\Delta\omega\sqrt{MN}}$$

为了突破散粒噪声极限对到达时间同步精度的限制,就有了量子时间同步:根据量子力学理论,单个脉冲的光子数压缩和多通道间脉冲的频率纠缠会转化为到达时间(TOA)的聚集.在理想的光子数压缩和频率一致纠缠状态下,测量信号脉冲传播时延的准确度将

达到自然物理原理所能达到的最根本限制——量子力学的海森伯极限[617]:

$$(\Delta t)_{QM}^{tof} = \frac{1}{2\Delta\omega MN}$$

其中 M 为频率纠缠的脉冲数.在相同条件下,该测量精度极限是散粒噪声极限的 $\sqrt{MN}$ 倍.因此,采用量子技术有望把时间同步精度提高上千倍,达到亚 ps 甚至 fs 量级.

量子时间同步的另一优点是可以把量子时间同步与量子保密通信相结合,开发出具备保密功能的量子时间同步协议,从而有效应对窃密者的偷听行为[618].通过量子纠缠特性还可以消除传播路径中介质色散效应对时钟同步精度的不利影响[619-620].

自 21 世纪初量子时间同步[617]提出,由于其重要的科学意义和军事应用价值,美国、欧洲等发达国家均陆续开展相关的研究.其中,美国已将有关量子时间同步的研究作为一个多学科研究项目纳入"大学研究倡议计划",并由美国军方高级研究发展活动机构(ARDA)、国家侦察办公室(NRO)、军队研究办公室(ARO)等提供专门的经费支持.诸多著名的大学和研究机构参与其中,包括麻省理工学院、路易斯安那州立大学、马里兰大学、罗切斯特大学、德州 A & M 大学、劳伦斯利弗莫尔国家实验室、喷气推进实验室等.2002 年,欧洲航天局(ESA)启动空间 QUEST 研究计划,即空间实验中的量子纠缠研究计划[621].该计划包括空间量子通信系统和量子时间同步与定位系统.其中,量子时间同步与定位技术是该计划的一项研究内容,主要目的是利用量子纠缠光束实现空间实验中的高精度同步与定位.欧盟于 2009 年提出的 HIDEAS(高维纠缠系统)研究计划的主要内容之一就是量子时间同步.2017 年 5 月,我国发布《十三五"国家基础研究与专项规划》,也将量子时间同步纳入研究计划.

最早的量子时间同步协议提出利用预先共享的量子纠缠和经典通信来建立同步的原子钟组[620,622-623].相对于经典的时间同步方案,该方法的同步精度不受两地时钟相对位置及传输介质的影响.然而,由于在分布量子时钟之间很难建立预先共享纠缠,该类量子时间同步协议的应用有着目前技术尚无法逾越的局限性.因此,利用量子光脉冲传递时间信号,量子符合测量技术来实现钟差测量的量子时间同步技术被广泛研究.量子脉冲主要应用频率纠缠光源.目前,自发参量下转换过程是产生频率纠缠光源的最常用方法,难以产生多于两个通道间的频率纠缠.因此量子时间同步研究随后集中在基于双光子频率纠缠的量子时间同步协议.单向量子时间同步协议利用纠缠光子对的二阶量子关联特性来实现对两个远程时钟的时间差测量,其时间传递精度受限于传递路径和测量误差,但实现简便,易于应用.2003 年,美国陆军研究实验室的 Bahder 和 Golding 提出了基于纠缠光子二阶相干的干涉测量[624].该协议无需知道两个时钟的相对位置及光学路径的介质性质,规避了传输路径误差对同步精度的影响,在远距离时钟同步中具有重要的实用意义.Giovannetti 等人提出了利用纠缠消除色散效应的传送带协议[620].该协议的优点是不用测量信号的到达时间,避免了测量引入的测量误差.同时,由于信号光和闲置光是频率纠缠的,两光子在光纤中的色散效应会被消除.在此基础上,中国科学院物理所的范桁小组提出了基于近地球轨道卫星的与大气色散抵消同步的量子钟同步方案.在考虑地球时空背景的条件下,分析了重力对定时脉冲的畸变影响,卫星的源参数和高度对时钟同步的精度影响[625].中国科学院国家授时中心的研究团队根据频率反关联的纠缠光子对进行量子干涉符合测量时具有色散消除的量子特性,提出了一种可消除光纤色散影响的光纤量子时间同步方案[626],分析了频率纠缠双光子的频谱带宽及传递路径上温度变化对可达到同步精度的影响,揭示了在中短距离时钟间实现亚 ps 量级同步精度的可行性.

伴随着协议的提出,有关量子时间同步的原理验证性实验研究也在同步开展.迄今为止,利用自发参量下转换产生的频率纠缠光源,包括频率一致纠缠光源和频率反相关纠缠光源,不仅可突破传统同步精度的散粒噪声极限,还可规避传输路径中色散对传递精度的影响[619-620].因此,频率纠缠光源是目前量子时间同步应用的主要光源.中国科学院国家授时中心的研究团队也相继开展了频率反关联和一致纠缠光源的产生及特性测量实验研究[627-628].应用已制备的频率一致纠缠源,实现了基于二阶相干的量子时间同步原理演示,在 4 km 光纤距离上的量子时间同步原理演示验证,时间同步稳定度达到 0.44 ps@16000 s[629].最近,又进一步在 6 km 光纤距离上实现了时间同步稳定度 60 fs@25600 s[630].同时,利用实验产生的频率反关联纠缠源开展了双向量子时间同步初步实验演示,在 20 km 光纤距离上实现了时间同步稳定度 0.43 ps@2×10^4 s[628].

此外,针对量子时间同步技术目前面临的主要缺陷——很难获得大量处于量子纠缠及压缩态的光子,一些相关的应用性探索也已相继展开.例如,针对量子脉冲存在信号弱、易被传输通道噪声淹没等缺陷,量子提纯已被提出并在实验室实现验证[631-634].此外,微弱量子信号在短至 100 km 级近地面实地传输、长至 1000 km 级星地传递链路上的传输实现,充分验证了量子脉冲在自由空间传输的可行性.随着量子通信技术的迅猛发展,2016 年 8 月 16 日,全球首颗量子科学实验卫星"墨子号"发射升空,标志着我国在世界上首次实现卫星和地面之间的量子通信,结合地面已有的光纤量子通信网络,一个广域量子通信体系已初步构建完成.量子时间同步作为量子通信技术的一个分支,随着方案和技术的不断成熟,终将在高精度时间同步系统中获得广泛应用.我国在量子时间同步技术研究方面还处于起步阶段.然而,由于量子时间同步是本世纪初才提出的新技术,很多实际应用中存在的核心技术问题还有待突破,这为我国开展量子时间同步研究提供了机遇.为加快量子时间同步的实用化,我们亟须开展自由空间/光纤链路上的量子时间同步应用研究,攻克限制量子时间同步技术从实验室走向实际应用的关键科学与技术问题.

（2）基于平衡零拍测量和飞秒光频梳的量子优化时间同步技术

随着飞秒光频梳的出现和成熟[635-636]，人们提出了利用相干相位测量的方法来测量时间延迟，其测量精度由激光脉冲的载波频率 ω_0 决定：$(\Delta t)^{\text{ph}} \geqslant (\Delta t)^{\text{ph}}_{\text{SQL}} = \dfrac{1}{2\omega_0 \sqrt{N}}$. 由于 $\omega_0 \gg \Delta\omega$，时间传递精度获得了革命性的提高，在 2 km 距离内时间同步精度已从 ps 量级进入 fs 量级[637-638]，极大地增强了人们对实现更高时间传递精度的信心. 然而，该方案中高精度的时延信息是通过飞秒光学频率梳与本底参考光学频率梳在低频处的外差测量以及随后的数据后处理[639]提取而得的，不具有实时性；并且受限于探测装置的低频噪声，测量精度远高于散粒噪声极限. 以进一步提高时间同步精度为目标，法国皮埃尔和玛丽居里大学的 Fabre 小组提出了结合量子测量手段和飞秒光频梳的量子优化远距离时钟同步方案[640]，该方案采用平衡零拍探测技术测量到达的飞秒光频梳相对于本底参考光频梳的噪声起伏来实现飞秒脉冲的时延测量. 根据 Cramer-Rao 理论，平衡零拍探测是实现散粒噪声极限测量的最佳策略.

在该方案中，通过对本底参考光频梳进行适当的时域整形，飞秒光频梳的相位变化和飞行时间信息就可以同时提取出来. 时间延迟抖动的散粒噪声测量极限为

$$(\Delta u)_{\text{SQL}} = \frac{1}{2\sqrt{N}} \frac{1}{\sqrt{\omega_0^2 + \Delta\omega^2}}$$

其中 ω_0 为飞秒光频梳的中心频率. 由于 $\omega_0 > \Delta\omega$，相比于脉冲飞行时间的测量方法，时间延迟的测量精度极限进一步提高. 以中心波长为 800 nm、脉冲宽度为 20 fs、平均功率为 1 μW、重复频率为 80 MHz 的相干锁模飞秒脉冲为例，基于飞行脉冲时间测量可达到的散粒噪声为 1.6×10^{-17} s，而基于平衡零拍量子测量方法实现的时间测量散粒噪声极限为 9.4×10^{-19} s. 当采用具有量子压缩特性的光频梳传递时间信息时，利用平衡零拍探测到的时间延迟精度还将突破经典的散粒噪声极限：

$$(\Delta u)_{\text{SQL}} = \frac{1}{2\sqrt{N}} \frac{\text{e}^{-r}}{\sqrt{\omega_0^2 + \Delta\omega^2}} < (\Delta u)_{\text{SQL}}$$

其中 r 表示飞行脉冲的压缩参量. 假设压缩参量 $r = 2.3$，对应光频梳的光子数压缩度约为 -10 dB，可以得到时间延迟精度为 9.4×10^{-20} s. 最新理论研究进一步给出，对本底参考源进行不同的时域整形，还可使测量灵敏度免受大气参数，诸如温度、压强、湿度等变化的影响[641]. 综上所述，鉴于其特有的高传递精度、抗干扰等优势，基于飞秒光频梳的量子优化时间传递技术具有巨大的应用前景. 因此，有必要深入研究量子优化的激光脉冲时间传递方案中涉及的关键技术及其优化方法，为 fs 量级的时间传递技术在实际的应用

中奠定了基础.

在基于飞秒光频梳的量子优化时间传递方法中,参考脉冲激光的高保真度时域微分整形是实现高灵敏时间延迟测量的关键之一.2013 年,法国 Labroille 等人利用在双折射晶体中对 o 光和 e 光引入不同的时延来使两者发生相消干涉,从而得到脉冲的一阶时域微分[642].但是由于相消干涉作用的存在,基于该方法的脉冲微分器的能量转换效率低,限制了它的实际应用.中国科学院国家授时中心小组随后首次利用 4-f 脉冲整形器对脉冲进行了各阶微分整形,实现了较高的能量转换效率并得到了大于 97% 的电场保真度[643],完全掌握了利用 4-f 脉冲整形系统进行色散补偿以及脉冲微分与整形的整套技术.在后续的实验研究中,可以将产生的时域微分脉冲作为平衡零拍测量中的参考脉冲来提高时延的测量精度或使时延的测量免受大气参数波动的干扰.

较经典光频梳而言,量子光频梳拥有特殊的噪声特性,它可以帮助实现突破量子噪声极限的时间精确计量.众所周知,利用光学参量振荡器(OPO)是实验产生具有高质量压缩特性的非经典光源的最好方案之一.目前,利用连续激光源泵浦的 OPO 已经实现了高达 -15 dB 的真空压缩[644]和 12.6 dB 的明亮压缩[645].利用同步泵浦光学参量振荡腔(synchronously pumped optical parametric oscillator,SPOPO)可制备量子光频梳,相比于普通的 OPO,SPOPO 不但保证了光学频率梳结构不被破坏,而且频率梳内的所有频率成分在 SPOPO 谐振腔内同时发生共振.基于 SPOPO 产生具有量子特性的超短脉冲源的理论直到 2006 年才被提出[646].根据理论研究,基于 SPOPO 产生的量子光频梳将获得高达 -25 dB 的压缩[647].由于不同频率的光波在介质中具有不同的传输速度,泵浦光和信号光在 SPOPO 谐振腔内的晶体中传播时会发生时间上的走离,从而减弱了相互作用的强度,这就要求输入脉冲的宽度要大于走离时间[647].基于以上考虑,实验上用于产生量子光频梳的脉冲宽度一般为 100 fs 量级.2012 年,基于 SPOPO 技术的量子光频梳产生实验首次被报道[648],利用中心波长为 795 nm、脉宽为 120 fs 的钛宝石锁模激光源的大部分倍频后与 BBO 非线性晶体相互作用,其中一小部分用作种子光,当 SPOPO 谐振腔工作在参量衰减条件时,实验获得了 -1.2 dB 的振幅压缩.2013 年,山西大学也开展了类似的实验研究,当 SPOPO 运转于参量放大状态时,实验获得 -2.6 dB 的正交位相压缩光,考虑探测系统效率后压缩度为 4.48 dB[649].最近,中国科学院国家授时中心研究小组利用中心波长为 815 nm 的锁模飞秒脉冲激光二次谐波为泵浦源,同步泵浦单共振光学参量振荡器,也实现了压缩真空态量子光频梳的产生.通过平衡零拍探测系统测量得到该光场的压缩度为 3 dB,考虑到探测系统的效率为 0.72,可以推知实际压缩度为 5.15 dB[650].可以看出,目前实验获得的量子光频梳的压缩度与理论预期还有较大差距.随着压缩度的进一步提高,还需要进行深入的理论分析和实验优化.

另外,基于平衡零拍探测技术的高灵敏时延测量的本质是相位测量.在通常情况下,飞秒光频梳不可避免地具有一定的经典噪声,且位相噪声高于振幅噪声,位相噪声来源于飞秒脉冲激光的重复频率的相位噪声和载波包络偏频相位噪声[651].最新实验研究表明,自由运转条件下飞秒脉冲光场的载波包络相位噪声远比脉冲光场的重复频率噪声大,因此抑制载波包络相位噪声是实现量子优化的时间同步中的关键技术之一.

对飞秒脉冲载波包络相位的抑制,主要基于载波包络相位锁定技术.该研究从 20 世纪初刚实现光梳时就受到了人们的重视[652-655],飞秒脉冲载波包络相移锁定的精度越来越高,对噪声抑制的水平也越来越高.然而,对于产生量子光频梳所用的傅里叶变换受限的 100 fs 量级宽脉宽钛宝石飞秒激光器载波包络相位的锁定结果尚未见报道,其主要原因是较宽的脉冲宽度会导致通过自参考技术获得的载波包络偏频信号的低信噪比,无法满足锁相环路的要求.

最近,中国科学院国家授时中心研究小组通过优化振荡器泵源噪声、合理选择拍频光谱成分等手段实现了对 130 fs 钛宝石飞秒激光器载波包络相位的高效探测[656],为后续载波包络相位的锁定奠定了良好的基础.

此外,虽然现有的载波包络相位锁定系统具有较好的噪声抑制能力,但是受到锁定系统中电路以及反馈元件响应速度的限制,其控制带宽一般只有 50 kHz 左右.若想对载波包络高频段的噪声进行抑制,则需要采取其他措施.共振无源腔相当于一个低通滤波器[657],可以有效地过滤激光高频的强度和相位噪声.对于载波包络相位锁定的飞秒脉冲,法国的研究小组提出并验证了利用一个宽带共振无源腔可以对飞秒脉冲的残留相位噪声进行过滤[651].

国家授时中心也开展了初步尝试,结合共振无源腔对飞秒激光强度和相位噪声的转化模型,证明钛宝石锁模激光的相位噪声经过无源腔后被明显抑制,在探测频率 1 MHz 附近达到散粒噪声极限[650].

然而,为保证共振无源腔的自由光谱区与输入脉冲的重复频率相匹配,目前实验系统中的共振无源腔均采用多镜结构以折叠腔长,从而降低了功率透过率和机械稳定性;并且,由于空气、腔镜镀膜等色散不可避免地存在,共振腔内不同频率模式的间距发生错位,所以透射光谱明显被压窄.此外,基于平衡零拍探测技术的时延测量系统要求实现本底参考光与信号光之间的相对相位锁定,平衡零拍探测系统的低共模抑制比会降低本底参考光相位锁定的稳定性,由此引入的额外噪声会限制高灵敏时延测量的精度.

综上所述,基于飞秒光频梳的量子优化时间传递方法要实现 fs 量级的时延测量精度及进一步优化,还需要实现对 100 fs 量级的脉冲激光源的载波包络锁定和剩余相位噪声抑制后低损输出,作为后续量子光频梳、脉冲整形和平衡零拍探测的光源;产生高压缩度量子光频梳和实现高共模抑制的平衡零拍探测,从而得到超越散粒噪声极限的高灵敏时延测量.

总之,量子时间同步是利用量子脉冲传递时间信号,获得高精度传递时间信息的新技术,可大大提高现有时间同步系统的精度.如何从实验室走向实际应用是量子时间同步研究亟待突破的瓶颈.通过开展基于量子技术的自由空间高精度时间比对关键技术研究,可解决限制量子时间同步应用的关键技术问题,为推动空地间超高精度时间比对技术的发展成熟奠定基础.

4.2.4　北京时间是怎么来的?

北京时间是我国使用的标准时间,同样是定义出来的.

1. 两种计时体系:地球自转和量子跃迁

在 20 世纪 60 年代以前,人们使用世界时.地球自转周期的 1/86400 为 1 s,由此定义出的时间就是世界时.世界时定义为格林尼治天文台所在的零度经线的时间,全世界的时间都以此为标准,各地使用时加上时区差即可.

遗憾的是,地球自转是不稳定的.图 4.2.17 是 1973～2008 年一天长度的变化,横坐标是年,纵坐标是一天的长度与 86400 s 的偏差.可以看出,地球自转的长期趋势是变慢的,但也存在不规则的变化,有时候快,有时候慢.

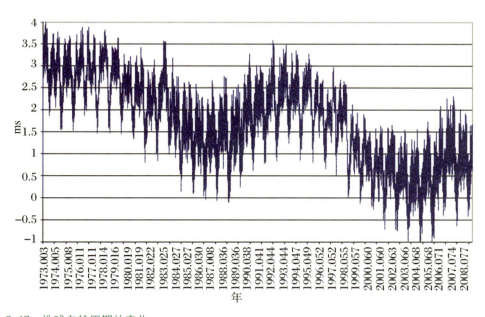

图 4.2.17　地球自转周期的变化

这样,根据地球自转制定的世界时就有误差.在现代科技飞速发展的情况下,很快就达不到人们对时间精度的要求了,所以人们就去寻找新的"钟表".

人们发现,铯原子在两个能级之间进行量子跃迁时,会辐射出一个频率为9192631770 Hz的光子,累计这种光子信号的9192631770个周期就是1 s.根据这种原理可以制造高稳定的原子钟,对全球400多台原子钟的时间进行平均就得到国际原子时,这样的秒信号比世界时的秒信号稳定上千倍.

于是,人们就想把原子时作为标准时间,但这并不是一件容易的事.

2. 无可奈何的折中:让 1 min 变成 61 s

有人反对用原子时.世界时的时间严格反映了地球的自转.在测绘、深空探测、航空、航海等领域,需要对太空或者地球进行观测,希望能知道地球什么时间在什么位置,这时就需要用世界时.另外,用原子时还会有另外一个问题:由于地球自转变慢,3 万年以后,世界时的24 h对应原子时的30 h,有的时候,在午夜零点太阳就升起来了,那到底该不该起床? ——这给人的生活带来了麻烦.

但很多人需要用原子时.在电子、通信等行业,人们根本不关心地球转到什么地方,他们只需要均匀、稳定的时间间隔,他们认为原子时是最好的.

这两帮人就吵了起来,到底该怎么办呢?

需要世界时的人需要的是世界时的时刻,需要原子时的人需要的是原子时秒长的均匀性,科学家就想办法创造出一种兼有这两种优点的时间尺度——协调世界时(UTC).

协调世界时的秒长忠实地反映原子时的秒长,但规定协调世界时的时刻与世界时的时刻差保持在0.9 s以内.如果时刻差将要超过0.9 s,就在协调世界时中走出一个额外的1 s,使两者的下一秒接近.

国际上统一规定,这一秒加在协调世界时的6月30日或者12月31日的最后一分钟的最后一秒.这一分钟不是直接从59 s跳到0 s,而是从59 s跳到60 s,再跳到0 s.这样,下一秒的协调世界时和世界时又比较接近了.这种协调的结果,使协调世界时的1 min有可能变成61 s,多出来的1 s就是闰秒,闰秒根据地球自转的情况全球统一添加.

用一个比喻来说明两者的关系.世界时和原子时是"两兄弟",原子时大哥精力比较好,一步一步均匀地走,世界时小弟精力不好,越走越慢,等他们的差到0.9步的时候,原子时大哥停一步(闰步),让世界时小弟跟上来,这样,世界时就会比原子时超前0.1步,两兄弟之间的距离始终不会差一步.这样走出的时间就是协调世界时.

这下大家都满意了,协调世界时成为国际统一的标准时间,大家的时间都要与协调世界时对准.

3. 北京时间的产生：从滞后的时间到实时的时间

协调世界时可以理解为加了闰秒的原子时，由设在法国巴黎的一个国际组织——国际权度局（BIPM）产生.

协调世界时的产生过程如图 4.2.18 所示.每个月的第 1 天，国际权度局开始收集上个月全世界的原子钟数据，对全世界的原子钟进行加权平均，计算出国际原子时，加上闰秒调整以后就得到上个月全球的标准时间——协调世界时，一般在 15 日左右发布，如图 4.2.19 所示.

图 4.2.18　协调世界时的闰秒和北京时间的闰秒

图 4.2.19　协调世界时的产生过程

看出问题了吧？协调世界时要滞后 45～15 天，它只是一个纸面的时间，只能解决事后对表的问题，是不能直接使用的.为了解决实际应用对标准时间的需要，每个国家都指定守时实验室产生协调世界时的物理实现，命名为 UTC(K)，K 是守时实验室的缩写，UTC(K)是一个国家的标准时间.我国的标准时间是由中国科学院国家授时中心（图 4.2.20）产生和保持的，命名为 UTC(NTSC).

协调世界时作为全球的时间标准，UTC(K)作为协调世界时的物理实现，都是 0 时区的时间，我国使用的时间要加上 8 h 的时区差.所以，北京时间 = UTC(NTSC) + 8 h.

图 4.2.20　中国科学院国家授时中心

4. 北京时间的性能:各项指标均在世界前五名

北京时间是 UTC(NTSC)加上 8 h 的时区差,看北京时间的性能就要看 UTC(NT-SC)的性能.

判断时间性能的第一条是守时实验室的钟组在国际原子时计算时中的权重,权重越大,说明这个守时实验室越重要.在国际权度局每年的年报上可以看出一年内各实验室的权重,图 4.2.21 是 2016 年的数据,在世界上近 80 个守时实验室中,中国科学院国家授时中心以 5.5% 的权重排第四名.

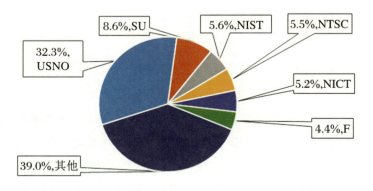

图 4.2.21　2016 年主要守时实验室的权重

UTC（NTSC）是协调世界时的物理实现，需要依据原子时的秒长产生，我国的原子时是 TA（NTSC），TA（NTSC）的稳定度决定了 UTC（NTSC）的稳定度．在不同取样时间下，TA（NTSC）的稳定度在世界上排第 2～5 名．

2013 年 9 月，在日内瓦的一次国际会议上讨论到有关时间的问题，国际权度局时间比对部的负责人 Lewandowski 博士公布了他们对各守时实验室的 UTC（K）的研究分析结果（图 4.2.22），7 年 2800 天的结果表明：排名第一的是美国海军天文台保持的 UTC（USNO），第二是俄罗斯的 UTC（SU），第三是中国科学院国家授时中心保持的 UTC（NTSC）．这就是 UTC（NTSC）的准确度．

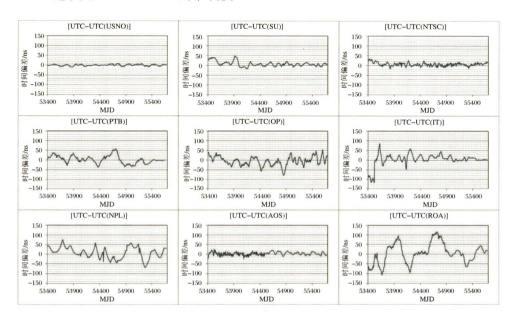

图 4.2.22　国际上知名实验室保持标准时间的偏差

实际上，从图 4.2.23 可以看出，从 1998 年开始的 14 年内，UTC（NTSC）的准确度一直在提高，特别是 2013 年 1 月以后，偏差小于 10 ns，全世界能够连续几年保持在 10 ns 以内的实验室不到 5 个．

现在放心了吧，北京时间还是不错的，准确度在世界上处于前五名．

5．北京时间的发布：授时系统

现在我们知道了，北京时间是挺准的．但还是有问题，北京时间在西安产生，我难道对一次表要到西安一趟？太不方便了．

这就要说到国家授时中心的另一个职能——授时，就是用各种方法将国家标准时间广播出去.有了国家授时中心的授时体系,我们足不出户就可以获得北京时间.

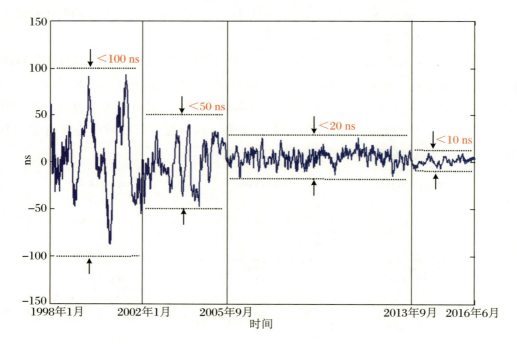

图 4.2.23 UTC(NTSC)与 UTC 的偏差

说到授时,就要说一说 1984 年的国庆阅兵,10 辆游行彩车里面有 1 辆(图 4.2.24),上面写着"长波授时,同步精度百万分之一秒,中国科学院",这就是以中国科学院国家授时中心为主建设的长波授时系统,它被列入我国第一批重大科技基础设施,为我国提供 μs 量级精度的授时信号.顺便说一下,现在的贵州 500 m 大口径天线、上海光源、北京正负电子对撞机等,都属于重大科技基础设施.

在彩车上,以西安为中心,有一圈圈的同心圆,这些圆就是不同精度的授时信号覆盖范围,这也就解释了为什么要把国家授时中心建在西安:地处中部,授时信号能更好地覆盖全国.

国家授时中心建立 50 年来,我国的授时体系逐步完善.如果你需要 s 级精度的时间,互联网授时精度完全超过你的需求;如果你需要 ms 量级的时间,短波授时和低频时码授时可以用;如果你需要 μs 量级的时间,长波授时系统可以用;如果你需要 10 ns 量级的时间,北斗卫星导航系统可以用.除北斗卫星导航系统(通过 UTC(NTSC)与 UTC 取得联系)外,其他系统都是由国家授时中心运行和维护的.所有的授时系统和广播的时间都溯源到 UTC(NTSC),也就是说,使用这些授时系统,你都可以获得 UTC(NTSC).

"十三五"期间,我们国家已经启动了另一个重大科技基础设施——高精度地基授时系统,它由中国科学院国家授时中心承担,用光纤将优于 0.1 ns 精度的标准时间送到全国重要城市,那将是世界上最大、精度最高的光纤授时系统.

图 4.2.24　长波授时台的国庆庆典彩车

4.2.5　结语

时间包含时刻和时间间隔两个内容.对于科研活动,随着时间、频率测量精度的提高,人们可以更深层次地探索自然规律,推动基础科学研究的进步.如里德堡常数的测量、精细结构常数的稳定性测量、朗德因子的测量、荷质比的测量、引力红移的测量、引力波的探测等,其精度都直接取决于时间、频率的测量精度.这些测量和研究都是检验物理学基本理论(相对论、量子电动力学、引力场理论等)的重要方法.例如,通过探测精细结构常数随时间的变化检验广义相对论,需要频率测量精度优于 10^{-18};通过激光干涉检验引力波的存在,需要频率测量精度优于 10^{-18}.

此外,人们还通过将其他物理量的测量转换为时间、频率的测量,间接实现对其他物理量测量精度的提高.目前已经完成了长度、电流、电压、发光强度和温度等物理量单位的定义或测量的转换,时间、频率已经成为现代计量体系发展的基础.

随着科技的发展,需要更高精度的时间测量和传递技术.时间测量和传递技术的发展可不断地促进科技进步.

4.3 原子干涉重力仪与原子陀螺

陈 帅

4.3.1 引言

冰雪消融,从高山汇入河谷海洋,用力上抛的石子总要落回地表,地球另一面生活的人们没有掉到外太空去,而我们也"脚踏实地"……这一切都是为什么呢? 1665 年,英国伟大的科学家牛顿坐在自家果园里,看着苹果落地,领悟到原来这一切都是因为万有引力的存在.宇宙万物以万有引力相互作用[①],万有引力与两个物体的质量成正比,与距离的平方成反比.地球周围存在着目视不见、耳听不闻的引力场(重力场),相距越远,引力越弱.我们不用担心掉进宇宙的深渊,因为地球引力将我们牢牢地吸住.另外,牛顿还发现力会产生加速度,它与物体的惯性质量成正比.也就是说,惯性质量等于引力质量.地球之上处处都有重力加速度存在[②].地球表面的重力加速度值约为 $9.8 \ \mathrm{m/s^2}$.我们知道,地球并不是匀称完美的球形,有喜马拉雅山脉冲入云霄,也有马里亚纳海沟陷入地心,有的地方有金有银,也有的地方是气是水.地球表面有着我们看得见的地形起伏图,也有着我们看不见的重力场图.由于重力场反映的是地球的密度分布,精确的重力加速度测量将带给我们更丰富的地球母体的信息,让我们更准确地认识我们的家园,而不是只局限在地球的表面.

这里想要让大家了解的,就是如何利用原子干涉的方法来实现高精度的原子重力仪,以及我们运用原子干涉重力仪等装置究竟可以做些什么.我们先说说经典重力仪.

---

① 万有引力公式 $F = \dfrac{Gm_1m_2}{r^2}$,其中 $G = 6.67408(31) \times 10^{-11} \mathrm{N \cdot m^2/kg^2}$ 为牛顿引力常数,m_1 和 m_2 为两个物体的质量,r 为两个物体之间的距离.

② 假设一个物体距离地球质心 R,其受到的重力加速度为 $g = \dfrac{GM}{R^2}$,其中 M 为地球的质量.

4.3.2　经典重力仪

重力仪有相对重力仪和绝对重力仪之分,顾名思义,分别可以测量相对重力加速度和绝对重力加速度.最早的重力仪是单摆型重力仪,单摆的周期与重力加速度的平方根成反比,记录单摆周期就可以得到当地的重力加速度值[①].虽然精度不高、耗时漫长,但这算是我们人类真正意义上的重力测量的开始.20 世纪 30 年代,出现了弹簧悬挂重块的机械式重力仪.它是利用弹簧的伸长量与重力加速度值的线性关系[②],通过测量弹簧的伸长量,来得到重力的变化值的.弹簧重力仪是一种相对重力仪.随着零长弹簧等的使用和相关技术的不断改进,机械式重力仪的灵敏度已可以达到 $5 \times 10^{-9} g/\text{Hz}^{1/2}$,是目前实用化重力仪的主力军,被广泛用于各领域重力测量中.然而弹簧重力仪存在比较严重的慢漂,每月漂移约 $10^{-6} g$.随着超导现象的发现和应用,20 世纪 80 年代研制成功的超导相对重力仪大大改进了重力测量的灵敏度,可以达到 $10^{-12} g/\text{Hz}^{1/2}$,而每年的慢漂约为 $10^{-9} g$.超导重力仪是利用超导线圈环路电流测量悬浮球因重力加速度导致的位移变化,从中提取重力变化信息的.不过,超导重力仪价格昂贵,体积庞大,可移动性差,一般只用于定点的长期重力监控.与超导重力仪同时期研发出来,目前被广泛应用的经典绝对重力仪为角锥自由落体激光干涉型绝对重力仪.它的工作原理是通过激光迈克耳孙干涉来精确记录真空装置中自由下落的角锥反射镜下落距离与时间的关系,计算得到当地绝对重力加速度的大小[③].激光干涉型重力仪不需要校准,精度高,准确度约为 $2~\mu\text{Gal}$[④],灵敏度已可达到 $15~\mu\text{Gal}/\text{Hz}^{1/2}$.不过,下落的角锥反射镜要慢慢升回高处,受落体时间间隔的限制,测量重复率低,散热、震动噪声和机械磨损等问题也比较让人头疼.另外,经典绝对重力仪还有些系统误差不能被很好地解释,精度和灵敏度的进一步提升已经很难.

近 30 年来,随着量子物理和冷原子技术的发展成熟,原子干涉型重力仪在测量灵敏度、准确度、重复率等方面的优势逐渐显现,使得其在地球物理、重力监控、地质勘探、惯

---

① 单摆运动的近似周期公式 $T = 2\pi\sqrt{l/g}$,其中 l 为摆长,g 为重力加速度.之所以说是近似,因为公式的成立,要求摆线质量不计、不可伸缩,摆球密度较大、可被视为质点,摆幅不大.

② 胡克定律指出,在弹性限度内,物体的形变与引起形变的外力成正比,即 $F = -kx$,其中 k 为劲度系数,与弹簧的材质、横截面积、形状等诸多因素有关.

③ 一个物体沿重力方向自由下落,t 时刻的速度为 $v = v_0 + gt$,位移为 $s = v_0 t + \frac{1}{2}gt^2$,其中 v_0 为沿重力方向的初始速度分量,g 为重力加速度,t 为下落时间.

④ $1~\mu\text{Gal} = 10^{-8}~\text{m/s}^2$,这里提供一个对该量纲大小的参考:对于一名成年人,站在半米远的位置,会引起大约 $2~\mu\text{Gal}$ 的重力加速度值的变化.

性导航等领域有可能超越现有的传统重力仪,得到广泛应用.不过,在讨论原子干涉重力仪之前,我们先来谈谈它背后的物理内核——物质波的相干性.

4.3.3　物质波的相干性

对量子物理感兴趣的朋友,多少都听说过"波粒二象性"——所有粒子均具有波的属性,反之亦然.1905 年,伟大的物理学家爱因斯坦提出了光电效应的光量子解释,人们开始意识到光同时具有波动性和粒子性.1924 年,德布罗意脑洞大开地提出"物质波"假说,认为一切物质都具有波粒二象性[①].粒子动量越小,德布罗意波长越长.经验告诉我们,波动意味着在空间与时间上具有延伸性,而粒子总是被观测到有着明确的位置与动量.突然间,两者竟是一体共存的.世界就是这么奇妙,看似矛盾的事情,可能源于我们认知的片面性.正所谓:"横看成岭侧成峰,远近高低各不同."现在,尽管仍有着不同的诠释,但科学家们一般认为一切物质都同时具有波和粒子两种属性.2015 年,瑞士洛桑联邦理工学院的科学家们利用超短脉冲激光照射金属纳米线形成光的驻波场,然后用电子束给光驻波拍照,首次同时观察到了光的粒子性和波动性[658].

哥本哈根学派认为,一切物质,你不能说它是波还是粒子,它就是客观的实在,依照海森伯不确定性原理[②],只能说在什么情况下粒子性表现得多一些,什么情况下波动性表现得多一些.微观粒子所遵从的运动规律不同于经典的牛顿力学,而是用薛定谔波函数 Ψ 来描述的.波函数是复数,有辐值,有相位,其绝对值的平方表示微观粒子在时空中的概率分布.再联想到费曼路径积分的物理图像,微观粒子在时空中的运动演化是所有可能路径的波函数的相干叠加.比如在双孔干涉实验中,微观粒子有两条路径 Ψ_1 和 Ψ_2,通过的波函数是两者的相干叠加,概率分布描述为 $|\Psi|^2 = |\Psi_1 + \Psi_2|^2 = |\Psi_1|^2 + |\Psi_2|^2 + |\Psi_1||\Psi_2|\cos\theta$,其中最后一项即为相干项.$\theta$ 是这两条路径的相位差,其值从 0 到 π 变化,概率分布大小由相干最强到最弱.如果认为微观粒子只能在这两个小孔中二选一地通过,我们便不会观察到类波的干涉.在德布罗意假说提出三年后,物理学家就利用晶体衍射看到了电子的衍射花纹.后来,科学家们不断探索,在各种如原子以及质量更重的

---

① 德布罗意波长 $\lambda = \dfrac{h}{p} = \dfrac{h}{mv}$,其中 p,m 和 v 分别为粒子的动量、质量和速度,$h = 2\pi\hbar = 6.62606896(33) \times 10^{-34}\ \mathrm{J \cdot s}$ 为普朗克常数.

② 海森伯不确定性原理可表示为 $\Delta x \Delta p \geqslant \dfrac{1}{2}\hbar$,其中 Δx 和 Δp 分别是粒子位置和动量的不确定度.粒子位置被限制得越准确,其动量的大小越不确定;反之亦然.另外,其他有互易关系的物理量,比如能量和时间,也都满足不确定性原理.

分子中都成功地通过实验观察到了干涉或衍射现象[659-667].

微观粒子在不同路径上经历的各种引起相位改变的物理效应,诸如加速度、转动、光场、电磁场、与介质的相互作用等,都会反映到最终的干涉条纹中.这既让我们重新审视了我们所生活的世界,也让我们拥有了测量和调控这个世界的全新和有效的手段.前面提到德布罗意波时,指出微观粒子的动量越小,波长就越长,相干性就越明显.嘈杂纷繁的外部环境很容易破坏物质波的相干性,这也就是为什么我们生活的世界会是我们熟识的那个经典牛顿力学"统治"的世界.随着激光的发明,我们现在可以利用激光、磁场等与原子的相互作用,在超高真空装置里将原子冷却囚禁起来①.原子的温度接近绝对零度,速度趋近于零,其干涉变得明显和易于调控.今天,原子干涉已成为高精密测量的重要基石.原子干涉重力仪,一般就是通过激光等手段调控冷却囚禁的原子团,然后实现原子的相干干涉,来获得重力场信息的.

4.3.4 原子干涉重力仪

原子干涉重力测量的研究始于 20 世纪 90 年代初.美国斯坦福大学的研究小组首次通过实验演示了原子干涉惯性传感器,利用三脉冲原子干涉实现重力加速度的测量[668-669].理论分析表明,原子干涉重力仪和陀螺仪的灵敏度比传统的绝对重力仪和光学陀螺仪要高出许多个数量级,发展潜力极大[670]②.20 多年来,全球许多国家的研究机构和单位都开展了针对原子加速度计、原子重力仪、原子重力梯度仪、原子陀螺仪等新型量子精密惯性设备的研发,目前已经达到或优于同种类传统仪器的技术性能,进入了由实验室向工程化、实用化过渡的阶段.这里,向大家介绍原子干涉中非常重要的拉曼跃迁、原子干涉重力仪的基本工作原理和在这个领域的研究人员们究竟在做些什么.

---

① 1997 年,因在激光冷却囚禁原子领域的杰出贡献,诺贝尔物理学奖被授予 Steven Chu,Claude Cohen-Tannoudji 和 William D. Phillips 三位物理学家;2001 年,因在玻色爱因斯坦凝聚领域的杰出贡献,诺贝尔物理学奖被授予 Eric A. Cornell,Carl E. Wieman 和 Wolfgang Ketterle 三位物理学家.

② 假定飞行时间和环路面积相同,我们来对比原子和光的干涉相移 $\Delta\varphi_a$ 和 $\Delta\varphi_p$ 的比率:对于加速度测量,$\frac{\Delta\varphi_a}{\Delta\varphi_p}\sim\left(\frac{c}{v_a}\right)^2\approx10^{11}\sim10^{17}$;对于转动测量,$\frac{\Delta\varphi_a}{\Delta\varphi_p}\sim\frac{m_a c^2}{\hbar\omega}\approx10^{11}$.其中 c 为光速,ω 为光频率,m_a 和 v_a 分别为原子的质量和速度.

4.3.5 拉曼跃迁

原子具有一定的能级结构和能态.基态的原子可以吸收一个与原子跃迁能级匹配的光子,而激发到高能态;激发态的原子则会自发辐射或在光场的作用下受激辐射一个光子,而回到基态.如果激光脉冲时间小于原子处于激发态的弛豫时间,激光将引起原子在两能级间周期性地吸收和受激辐射光子的拉比振荡.振荡周期,即拉比频率,与激光光场强度成正比[①].假定初始原子处于基态,当拉比频率乘以脉冲宽度为$\pi/2$时,原子等概率地分布在基态和激发态上;当拉比频率乘以脉冲宽度为π时,原子就完全翻转处于激发态上.上述两种情形的激光脉冲分别称为$\pi/2$脉冲和π脉冲.光子具有动量,遵循能量、动量守恒,原子在与光子作用下获得或丢失一个光子的动量,而被加速或减速[②].处于激发态的原子都有着比较短的弛豫时间,一般为几十纳秒.这样基本来不及进行相干干涉.

物理学家们后来发现光与原子相互作用中还存在着双光子的拉曼跃迁过程.考虑原子的一个三能级结构,包含两个稳定的基态能级和一个激发态能级,而两束激光对应基态和激发态跃迁有一定的失谐量,但对于两个基态则满足双光子共振条件.这样一个三能级结构,由于激发态可做虚能级处理,而等效成两个基态能级间的跃迁过程.在这两束激光作用下,原子在两个基态能级上周期性地进行拉比振荡[③].在该拉曼跃迁过程中,原子吸收其中一束激光的一个光子,然后沿着另一束激光的方向受激辐射一个光子.激光携带的相位等信息地传递到原子上.发生拉曼跃迁的原子也获得了两个光子的动量之差[④].很明显,两束反向传播的激光传递给原子的动量变化最大.假定原子初始处于其中一个基态,当拉曼脉冲为π脉冲时,原子完全翻转而处于另一个基态能级上,同时获得一个有效的动量而发生偏转——这就如同一面原子的反射镜;当拉曼脉冲为$\pi/2$脉冲时,原子等概率地处于两个基态能级上,同时在空间上被分束为两条——这就如同一面原子

---

① 拉比频率公式 $\Omega_{eg}=\dfrac{d_{eg}E_0}{\hbar}$,其中$|e(g)\rangle$为原子的两个能态,$d_{eg}$是对应的跃迁电偶极矩,$E_0$是激光光场场强.对于一定的失谐量$\Delta(\omega-|\omega_e-\omega_g|)$,拉比频率为 $\sqrt{\Omega_{eg}^2+\Delta^2}$.

② 光子动量 $p=\hbar k$,其中k为光波矢.原子与光子相互作用,获得的光子反冲能量为 $E_r=\dfrac{\hbar^2 k^2}{2m}$($m$为原子质量),获得的反冲速度在 mm/s 量级.

③ 拉曼跃迁过程的有效拉比频率为 $\Omega_{\text{eff}}=\dfrac{\Omega_{eg_1}\Omega_{eg_2}}{2\Delta}$,其中$\Omega_{eg_1}$和$\Omega_{eg_2}$分别为两束激光的拉比频率,$\Delta$为单光子失谐.

④ 拉曼过程的有效波矢 $k_{\text{eff}}=k_1-k_2$,其中k_1和k_2分别是两束激光的波矢.原子两个基态能级一般对应超精细能级劈裂,比激光频率约小5个数量级.故而,$|k_1|\approx|k_2|$.对于两束对射的激光,有效波矢 $k_{\text{eff}}=2k_1$.

的分束镜.利用拉曼光束,我们通过对原子的分束、反射和合束等操作,就实现了原子的干涉.这是原子干涉重力仪工作的重要物理基础.

4.3.6　原子干涉重力仪的基本工作原理

我们将以 $\pi/2-\pi-\pi/2$ 三脉冲拉曼干涉自由下落的原子为例,说明原子干涉重力仪的基本工作原理.大家也可以直接跳到后面看看为什么原子干涉重力仪的研究是值得的.图 4.3.1 是原子干涉重力仪的工作原理示意图.超高真空中冷却囚禁的原子初始制备在其中一个基态能级上,被释放后,沿重力加速度方向做自由落体运动.对了,这可以说就是现代版的原子的"比萨斜塔实验".

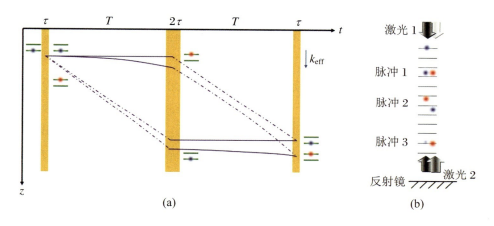

图 4.3.1　原子干涉重力仪的工作原理示意图

两束拉曼光经反射镜反射而相向传播,与重力加速度方向重合.拉曼脉冲时间 τ 对应 $\pi/2$ 脉冲,2τ 对应 π 脉冲,T 为脉冲时间间隔.在原子下落过程中,等时间间隔的三束拉曼脉冲依次作用,实现原子的分束、反射与合束干涉.原子在时空中运行的两条路径形成一个闭合环路.改变两条路径的相位差,就可以引起原子干涉的条纹变化.图 4.3.1(a)中的平行四边形对应没有重力场情形下原子的时空轨迹,曲线四边形则是考虑重力场作用时的原子的时空轨迹.实线和点划线分别代表原子处于不同的基态能级上.回想前面介绍拉曼跃迁时所提到的,光与原子作用过程中,光的相位信息会传递给原子.与三束拉曼脉冲作用时原子所处的位置依次为 x_1,x_2 和 x_3,对应的与位置相关的相位为 $k_{eff}x_i$($i=1,2,3$).以原子处于初始能级为例,如图 4.3.1 中实线所示,在两条路径上获得的相位差,通过简单计算可得其与重力加速度线性相关[①],即 $\delta\varphi_x = k_{eff}gT^2$.这样,重力加速度的信息就被携带到原子能级布居数上.

原子在下落过程中,相对于两束拉曼激光存在多普勒频移[②].多普勒频移与原子速度成正比.因此为满足拉曼跃迁的双光子共振条件,两束对射的拉曼光的频率差要线性变化来补偿原子自由下落的多普勒频移的影响.假定其中一束拉曼光的频率 ω_1 不变,另外一束拉曼光的频率以扫频速率 α 随着时间线性变化(即 $\omega_2 + \alpha t$).初始时刻两束拉曼光即满足双光子共振条件,t 时刻因频率变化带来的两束拉曼光的相位差为 $-\alpha t^2/2$.在原子干涉过程中,拉曼光传递给原子的相位差即为 $-\alpha T^2$.结合上一段的讨论,原子干涉过程总的相位变化为 $\delta\varphi = (k_{eff}g - \alpha)T^2$.干涉后的原子在两个基态能级的布居数随相位周期性地变化.通过调制相位,我们便可以得到原子能级的干涉对比度曲线.当 $\delta\varphi = 0$ 时,原子完全处于初始能级上;当 $\delta\varphi = \pi/2$ 时,原子完全处于另一个能级上.在扫频速率为特定值 α_0,满足 $\alpha_0 = k_{eff}g$ 时,无论拉曼脉冲时间间隔 T 如何变化,相位 $\delta\varphi$ 始终为 0.我们通过确定这一特定值 α_0 的大小,就可以得到绝对重力加速度的精确结果.这就是原子干涉重力仪的基本工作原理.

原子干涉重力仪除了上面讨论的自由落体外,还有许多其他的方案.从干涉的相位公式可以看到,拉曼脉冲时间间隔 T 越大,原子干涉对比度曲线周期越短,这样测量重力加速度的灵敏度就越高[③].为了获得更长的原子飞行时间,其中一种方法就是沿重力相反方向给原子一个初始速度,向上抛射.对于相同的真空装置高度,干涉时间约为自由落体情形的 2 倍.目前世界上最高的原子干涉重力仪高约 10 m,位于美国斯坦福大学,采用原子上抛的方式,总的干涉时间长达 2.3 s,获得了非常高的单次重力测量灵敏度(约 $6.7 \times 10^{-12}g$)[671].此外,重力测量的灵敏度还与拉曼脉冲的有效波矢成反比,即与两条路径的分开程度有关.如何去实现呢?我们可以让原子分束过程中张开的角度更大,也可以当原子在两条路径中运行时只对其中一路加速或减速[④],这样就可以增大干涉的环路面积.不过请注意,分开了,后面一定要通过反射、减速或加速等,让两条路径闭合,从而实现相干干涉.

---

① 此处做简单推导:在 $\tau \ll T$ 情形下,以第一个拉曼脉冲为时间起点,初速为 0,x_1,x_2 和 x_3 依次为 0,$\frac{1}{2}gT^2$ 和 $2gT^2$.两条路径的相位差为 $\delta\varphi = k_{eff}\big[(x_3 - x_2) - (x_2 - x_1)\big] = k_{eff}gT^2$.这里也假设了在拉曼 π 脉冲作用过程中,原子在两条路径上的位置差别可以忽略.

② 多普勒频移 $\delta_{Doppler} = (k_1 - k_2)v$.当然,严格地讲,还需要考虑拉曼跃迁原子获得的 4 倍的反冲动量引起的频移,约为数万赫级.

③ 若只考虑原子的量子噪声,则重力加速度测量极限灵敏度为 $\delta g = \dfrac{1/\sqrt{N}}{k_{eff}T^2}$,其中 N 为干涉的原子总数.

④ 实现这些原子调控的物理机制或技术手段有布洛赫振荡(Bloch oscillation)、布拉格散射(Bragg diffraction)等.

因为我们生存的世界质量密度分布不均且躁动不安,所以重力场的大小必然不是各处同一的.用数学的语言来说,重力场是一个张量,在三维空间的一点有五个独立的重力梯度分量[①].相对于绝对重力加速度的测量,重力梯度能为我们提供更丰富的重力场信息.我们在进行原子干涉重力仪的研究基础上,在相邻不远的空间位置上测量重力加速度沿着三个方向的分量,就可以计算得到重力梯度的分量.或者,我们设计装置直接测量相邻点的重力加速度差别,也可以得到重力梯度的分量.这就是原子干涉重力梯度仪.

如果拉曼光不与原子运动的方向重合,也就是说原子的两条干涉路径在空间上会有一定的面积,那么垂直于环路面积的角速度也会引起干涉条纹的变化.原子干涉不仅可以用来测量重力加速度,也可以用来测量装置及其载体的角速度.这样就是一个原子干涉陀螺.原子干涉陀螺的灵敏度与环路面积成正比[②].一般地,拉曼光束与原子运动方向正交,以此获得大的环路面积,同时也减少加速度的影响.科学家们也会提出一些有趣的想法和巧妙的设计,在同一台原子干涉装置上实现同时测量和提取出加速度和角速度等信息.总之,只要是在原子干涉路径上能够引起相位变化的物理量,原子干涉就会成为其有效的测量手段.

虽然原子干涉精密测量从开始到现在才二三十年的时间,但如果对上面的重力仪、梯度仪、陀螺等各种方案和成果做详细介绍,也会有很长的内容.即使是专业的研究人员,也不见得了解相邻领域的技术细节.然而,无论是原子干涉重力梯度仪,还是原子干涉陀螺,其背后的物理基础和工作原理都与前面讨论的原子干涉重力仪没有太多差别.

4.3.7　科研人员在做什么

精密测量所追求的就是各种物理量的精确测量——如何花更短的时间得到更准确的测量结果.这可不是简单说说就可以.这需要精益求精的工匠精神.原子干涉绝对重力加速度的测量,要抑制和剔除各种噪声和系统误差的影响,需要大量的工作和精力.简单来说,噪声是那些影响我们看清的物理因素,误差则是那些影响我们看准的物理因素;噪声会让我们耗费更多的时间,而误差则会让我们得到不真实的结果.想象身处嘈杂的环

---

① 我们生活的空间是三维的.假定三个方向为 x,y 和 z,重力加速度沿三个方向的分量分别为 g_x,g_y 和 g_z.重力梯度是一个 3×3 张量,张量分量为 $\partial_i g_j$(角标 i,j 为 x,y 和 z).考虑空间一点无质量分布,重力场为保守场,满足 $\partial_i g_j = \partial_j g_i$ 和 $\partial_x g_x + \partial_y g_y + \partial_z g_z = 0$.因此重力梯度共有五个独立分量.

② 原子干涉陀螺相移 $\Delta\varphi = \dfrac{2m\Omega \cdot A}{\hbar}$,其中 m 为原子质量,Ω 为角速度,A 为干涉环路面积.

境,你想听清你最关心的人所说的话,如何做呢? 一种方法是关掉音响,让其他人安静;一种方法是录音后将其他不想听的声音过滤掉.可能还会有些乡音俚语,需要你正确地翻译和理解.在原子干涉重力仪的研究中,有两项非常重要的任务,一是噪声的抑制,二是误差的修正.接下来,我们只举例介绍其中一些主要的影响因素.

从前面介绍原子干涉的物理机制中我们可以想到,为获得稳定和高对比度的干涉曲线,两束拉曼光的相位要保持稳定.而这两束拉曼光可能来自不同的激光器,走过的路径会有所不同,扫频过程中频率可能晃动;反射拉曼光的反射镜也会因环境影响而振动;等等.这些都会影响拉曼光相位的稳定.因此,两束拉曼光在原子干涉过程中的相位要锁定起来,或者要将引起相位不稳定的噪声补偿掉.此外,还有拉曼光光强的不稳定、磁场的不均匀和涨落、原子数的不稳定、探测原子数的信号的背景涨落等各种噪声贡献.我们都需要将这些噪声消减到尽可能小.

至于系统误差,既有外部的因素,也有内部的因素.地球是个有弹性的星球,有着蓝色的海洋.因为太阳和月亮的存在,引力会拉伸或挤压地球.而地球也在一刻不停地自转,因此地球上每一个位置都会有日复一日的潮汐涨落,重力加速度周期性地变化.大气压会变化,地下水位会变化,周围的楼房拆了建、建了拆,路上车水马龙等,这些对重力加速度值的影响在测量时都要考虑进来.还有对于原子干涉重力仪本身,磁场的塞曼效应、光场的斯塔克效应、光场波前的相位曲变等,也都会影响重力加速度的测量值.所有这些因素都一一评估好,原子干涉重力仪才能得到准确的重力加速度值.

以上是原子干涉重力仪研究的第一步.之后,我们来到了目前原子干涉重力仪研究所面对的两项主要任务:一是不断摸索、尝试和优化原子光学和量子物理的方案技术,实现更高灵敏度的实验装置;一是面对地球物理、国防民用等众多应用领域,实现高性能的且尺寸、重量、功耗等能满足实际要求的工程仪器.在这两项任务完成过程中,还有着下面要介绍的基础科学研究和实际应用领域中很多、很重要、很艰巨的工作.

4.3.8 基础物理的探索研究

原子干涉重力仪在基础物理研究的许多方面有着非常重要的地位.它可以用来检验广义相对论,比如引力红移、引力波等;可以用来获得更精确的牛顿引力常数和精细结构常数等物理量;可以用来帮助重新定义质量基本单位——kg(千克);可以用来验证等效原理;可以用来检验万有引力平方律的准确程度;等等.

这里着重说一下利用原子干涉重力仪进行引力波探测的可能.这真的是一件非常美妙的事.广义相对论告诉我们,加速运动的物体会产生引力波,而引力波在时空中以光速传播.引力波的探测将会成为我们认识宇宙的一条全新途径.大家如果关注科技新闻的话,应该已经对最近几年激光干涉引力波探测的成果有所了解.激光干涉探测引力波是利用相互正交的臂长数千米真空环境下的激光分束干涉来测量引力波引起的时空尺度的伸缩涨落实现的.引力波的信号比嘈杂的环境干扰弱得多得多,就好似大海捞针——然而,真的找到了.不过,目前激光干涉引力波的探测方法只能检测 10 Hz 到 100 Hz 的高频"时空涟漪",只能听到大质量天体合并那一刻的声音.我们人类显然是不会满足于此的.原子干涉重力仪是直接测量引力大小的,可以用来测量 1 Hz 以下的低频引力波,天然提供了另一种可能的探测方法.我们未来或许会在地球上相隔数千米、不同方向放置高精度的原子干涉重力仪来探测,会发射携带原子干涉重力仪的高轨卫星来探测,会将原子干涉和激光干涉结合在一起来探测.总之,我们期待着经过一代或数代科学家们的努力,原子干涉重力仪可以让我们完整地看到某些有趣的宇宙天体演化的过程,可以发现暗物质的一些重要现象,可以让我们更了解宇宙的起源,等等.或许,我们会在某种情况下以某种形式将量子力学和引力有效而完美地统一起来.

4.3.9　重力测量的实际应用

原子干涉重力仪,不仅在基础科学研究中意义重大,作为精密测量装置,也有着许多非常重要的实际应用价值.即便今天我们也并不完全了解我们生存的家园——地球.我们对大洋深处、地层内部的认识,可能比对月球的认识更少.我们知道光、电磁波、声波等信号,可以被屏蔽、吸收、伪装和干扰等,然而重力场不会.原子干涉重力仪,如同给地球做 CT 扫描,绘制全球的重力场图谱,让我们看到以往很难看清的东西,可以探知地球内部的构造,检测地球内部的脉动.我们就可以清楚哪里富含资源矿产,哪里暗藏地下掩体,哪里需要预警地质灾害,从而指导规划我们的行动和生活.

原子干涉重力仪还会在自主惯性导航和定位领域扮演重要"角色".为什么需要自主惯性导航呢? 想象一下,如果外星人来到地球,他当然不希望成为实验标本,需要断绝与外界的通信,但同时他仍要清楚自己在哪,去往何处.还有的时候,你希望与外界联系问问路该怎么走,可是手机没有信号,怎么办? 假如我们知道自己出发的起点,而之后的每时每刻都知道准确的速度和航向信息,就不需要与外界有任何信息沟通,航线也可以准确地积分计算出来.这就是自主惯性导航.其中,获取航行器速度、航向数据,就需要准确测量所在位置的重力加速度、重力梯度等.否则,你从上海前往旧金山,也许就会偏到洛杉矶了呢! 至于利用原子干涉重力仪实现定位,如果你手中有全球的重力场分布数据库,测量一下所在位置的重力场分布情况,再对对地图也就清楚自己身在何处了.

4.3.10　结语

　　原子干涉重力仪作为量子精密测量领域的一个重要研究方向,绝不是这么一节内容就能全部涵盖的,而且新的物理机制、新的实验方案、新的研究成果、新的应用领域会不断涌现.牛顿发现万有引力,爱因斯坦提出广义相对论时,不会想到我们会用量子力学和原子光学来进行重力场(引力场)的探测,也不会想到原子干涉重力仪会有如此多的事情去探索.这里,用一节勾勒出它的轮廓,后面更重要的是需要许多人一步一步实现它,而这正是这一研究领域的美妙之处,期待更多的人加入这个领域.

4.4　量子探测激光雷达在环保和气象中的应用

窦贤康　夏海云　张　强

激光雷达的基本原理是:出射激光脉冲与大气相互作用,采用光学天线收集大气后向散射信号后输入光学接收机,经光电探测和数据处理后,得出一系列关键大气参数,诸如气溶胶浓度、PM2.5 值、云高、温度、湿度、能见度、大气成分(如水汽、各种污染气体成分)等[672].

决定激光雷达性能的最关键因素是弱光电信号的探测能力.微弱大气后向散射信号的极限就是单光子.在其他用途的激光雷达中,只要数清楚大气后向散射信号中包含的光子个数就可以,但测风激光雷达还需要探测单个光子的频率变化.因此,测风激光雷达被世界气象组织列为最具挑战性的激光雷达.尽管 1996 年美国航空航天局[673]、1999 年欧洲航天局就启动了星载激光雷达的研制[674],但至今人类未能实现全球对流层风场的遥感.

窦贤康院士领导激光雷达团队研发了量子探测激光雷达,抛弃粗笨的高功率、大面积思路,提出了高量子效率、全光纤集成的方案,开辟了激光雷达发展新方向.目前,量子探测激光雷达可以实现气象参数(风、温度、湿度、密度)探测,也可以实现环保参数(PM2.5/PM10、能见度、大气污染成分、污染颗粒物偏振态)探测.

激光雷达气象应用的首要前提是人眼安全.由于人眼在 1.5 μm 波段耐受的激光曝光功率最高,因此该波长的激光雷达具有最佳安全性能[675].然而,与成熟的可见光激光雷达相比,该波长的单个光子的能量更小,仅为 1.28×10^{-19} J,而测风激光雷达需要探测单个光子 6.67×10^{-10} J 的相对多普勒频移,才能实现 0.1 m/s 精度的径向风速测量.

目前,1.5 μm 波段最佳的单光子探测器当属超导纳米线探测器,其造价昂贵,且核心部件工作温度为 -271 ℃,需要复杂庞大的制冷设备[676-677],因而 1.5 μm 激光雷达通常采用成熟的铟镓砷探测器[678-680].由于该探测器的量子效率低、噪声高,传统观点认为:只有提高激光雷达的出射功率和增大望远镜的面积,才能提高激光雷达探测信噪比.例如,2007 年,美国国家大气研究中心 1.5 μm 系统的发射脉冲能量达 125 mJ,望远镜直径为 0.4 m,其结构复杂、重达数吨、体积十余立方米,功耗几万瓦[681].由于光学破坏阈值限制、大口径望远镜加工工艺限制,传统激光雷达的性能已经达到顶峰.

上转换单光子探测器则利用了非线性和频效应[682],将近红外光子高效地转换为可见光光子,然后利用硅探测器进行探测.充分利用硅单光子探测器的高探测效率、低噪声、低后脉冲的优势,可以实现室温下的近红外单光子探测[683-686]. 中国科学技术大学潘建伟院士领衔的张强教授团队在频率上转换单光子探测器的研制方面积累了丰富的经验,团队研制的 1550 nm 通信波段上转换单光子探测器是目前所报道的室温下性能最优的探测器[687];成功研制了基于上转换单光子探测器的远距离光纤时域发射仪[688];研制了 2 μm 波段的上转换单光子探测器[689] 和 1064 nm 波段的高效率上转换单光子探测器[690];实现了世界上首台四通道可集成的上转换单光子探测器设备[691];成功将通信波段的上转换单光子探测器应用于量子通信系统[692-694].

面对传统激光雷达的技术瓶颈,2013 年开始,窦贤康团队和潘建伟团队联合研制基于上转换单光子探测器的量子探测激光雷达. 与美国国家大气研究中心的激光雷达相比,量子探测激光雷达发射的激光脉冲能量是其 1/1700,望远镜面积是其 1/50,但探测距离远了 3 倍.

目前,我国取得了一系列世界领先性成果:

2015 年 4 月,中国科大首次提出量子探测激光雷达,实现了大气气溶胶(电厂排污)的昼夜连续探测[695]. 该方法近来被德国宇航局和洪堡大学,法国科学院、巴黎第一大学和 Thales(法国军火商)光电部,白俄罗斯国立大学,丹麦科技大学,英国埃克塞特大学等同行应用.

2016 年 8 月,中国科大首次报道了全光纤集成的量子测风激光雷达,不仅简化了系统结构,还提高了系统的稳定性和可靠性,并免于周期性校准[696].

2017 年 9 月,中国科大首次提出了超导双频测风激光雷达,实现了最高空间分辨率风场探测,可探测机场风切变[697]. 对于该工作美国光学协会(OSA)、美国科学协会(AAAS)进行了专题报道,并评价道:"最精简稳定,适合机载、星载运行."

2017 年 11 月,中国科大首次提出了超导偏振雷达,可对大气污染物种类进行区分[698].

由于量子技术、集成光电子技术、光通信技术在激光雷达中的应用,中国科大量子探测激光雷达不但具备时空分辨率高、探测灵敏度高、抗电磁干扰能力强等特点,还在系统小型化、高稳定性、智能化、高性价比等方面取得了革命性的进步,为其在气象、环保、航空航天行业的广泛应用奠定了基础.

4.4.1　量子上转换气溶胶探测激光雷达

基于频率上转换单光子探测器的 1.5 μm 气溶胶激光雷达原理如图 4.4.1 所示. 从种子光出射的 1548 nm 的连续激光经声光调制器(acousto-optic modulator,AOM)调制成脉冲光,再经掺铥光纤放大器(thulium-doped fiber amplifier,TDFA)放大. 光纤放大器采用数值孔径为 0.08 的大模场面积光纤(large-mode-area fiber,LMAF),提高光纤中的受激布里渊散射阈值.激光脉冲经准直器发射到大气中,大气回波信号通过 60 mm 口径耦合器耦合到单模光纤.从耦合器接收回的 1548 nm 的光子和 1950 nm 的泵浦光在波分复用器 WDM$_2$ 中混频后,在周期极化铌酸锂波导(PPLN-W)中完成频率上转换,转换成 863 nm 的光子,并先后经过 863 nm 的分色镜(dichroic mirror,DM)、体布拉格光栅(volume Bragg grating,VBG)、863 nm 带通滤波器(band-pass filter,BPF)和 945 nm 短通滤波器(short-pass filter,SPF)滤除噪声后,耦合进入硅单光子探测器(Si-APD).由于周期性极化铌酸锂波导仅探测竖直偏振态的 TM$_{00}$ 光,因此在信号光和泵浦光进入 PPLN-W 前,通过偏振控制器(polorization controller,PC)将这两个线偏振光调节至竖直偏振态.同时,采用半导体制冷器(thermo electric cooler,TEC)模块对波导进行控温,以满足波导中非线性转换过程中的准相位匹配条件,达到最优转换效率.Si-APD 的输出信号通过采集卡(multiscaler)采集,并由计算机处理.

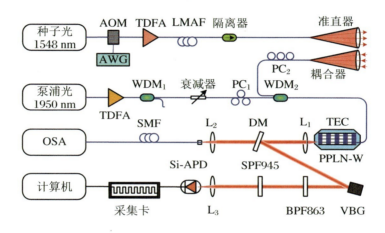

图 4.4.1　光量子频率上转换激光雷达系统光路图

　　周期极化铌酸锂波导利用准相位匹配实现高效光学频率转换,这一思想最早由诺贝尔奖获得者 Bloembergen 等人于 1962 年提出[699].1998 年,V. Berger 提出了构建极化率周期变化的非线性光学晶体,满足非线性光学频率转换的能量守恒和动量守恒,即相位匹配,实现高效率的频率转换[700].1993 年,随着非线性晶体生长和半导体微纳加工技术的发展,Yamada 等人首次利用电极化反转的方法制作出光学超晶格[701].1995 年,斯坦福大学的 M. M. Fejer 等人成功制作出大块周期极化铌酸锂,并利用光刻蚀、质子交换的方法在晶体上制作了周期极化铌酸锂波导结构.相比于块状晶体,周期极化铌酸锂波导的转换效率更高,同时具有可与光纤集成、根据具体需求制作响应器件的优势[702].

　　目前,斯坦福大学、日本 NTT 实验室和济南技术研究院研制的周期极化铌酸锂波导的转换效率可达 99.9%,尾纤损耗为 1 dB,波导的传输损耗为 0.1 dB/cm,50 cm 长的波导的总损耗约为 1.5 dB[703].

在周期极化铌酸锂波导中,根据泵浦光波长和信号光波长,结合温度条件来设计周期极化铌酸锂波导的极化周期,然后依次通过周期性极化、质子交换、热扩散和逆向质子交换过程,完成周期极化铌酸锂波导的制作[704].如图 4.4.2 所示,通过调节 1.5 μm 激光频率和周期极化铌酸锂波导的温度可实现最佳的转换效率.从图 4.4.2(a)可知,3 dB 带宽为 0.4 nm,对激光雷达背景光噪声起到抑制作用.

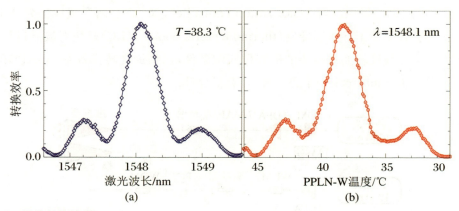

图 4.4.2　最佳转换效应
(a) PPLN-W 中转换效率和 1.5 μm 激光频率的关系;(b) 转换效率和 PPLN-W 温度的关系

在相同激光器和接收望远镜条件下,对量子上转换探测器和 InGaAs 单光子探测器的性能进行比较,如图 4.4.3 所示.量子上转换探测器探测信噪比明显比 InGaAs 单光子探测器优越.

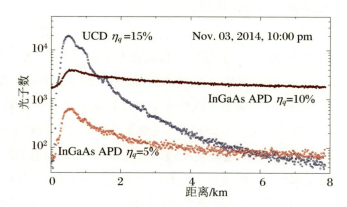

图 4.4.3　对量子上转换探测器和 InGaAs 单光子探测器的性能比较

4.4.2　量子上转换能见度探测激光雷达

大气能见度是表征大气浑浊程度的物理量,它对交通运输、大气光学特性研究、环境污染监测等有重要的影响.随着社会的不断发展,各类交通运输工具速度的不断提高,以及城镇居民对环境问题关注度的上升,准确测量能见度数值也愈发重要.

传统的能见度测量仪可以分为两种:透射式能见度仪和散射式能见度仪.随着激光雷达技术的不断发展,能见度激光雷达正成为一种重要的能见度测量手段.能见度激光雷达通过接收大气后向散射信号对能见度进行反演.由于其时空分辨率高,探测距离远,因此不仅可以测量水平能见度,还可以测量斜程能见度,如今已成为各科研团队争相研制的目标.

目前几种能见度测量仪的实物图如图 4.4.4 所示,从左至右依次是传统的 532 nm 能见度激光雷达、基于量子上转换的 1.5 μm 能见度探测激光雷达和单点式的 Vaisala 能见度仪,两种激光雷达的关键参数如表 4.4.1 所示.量子上转换能见度激光雷达的单脉冲能量不足 532 nm 激光雷达的 1%,接收望远镜面积不到 532 nm 激光雷达的 1/10.两种激光雷达在 2017 年 4 月 21 日至 23 日的原始探测信号如图 4.4.5 所示.为方便比较雷达的性能,两种雷达的时间分辨率和空间分辨率均设定为 5 min 和 45 m.可以明显看出,量子上转换激光雷达的探测信号直到 9 km 处依然能够从噪声中分辨出来,而 532 nm 激光雷达的探测距离在大多数时候仅为 6 km 左右,且其仅在夜间有可靠的观测数据.

图 4.4.4　532 nm 能见度激光雷达、量子上转换能见度激光雷达和 Vaisala 能见度仪实物图

表 4.4.1　能见度激光雷达的关键参数

	基于量子上转换的能见度激光雷达	传统的 532 nm 能见度激光雷达
工作波长/nm	1548	532
脉宽/ns	300	7
脉冲能量/mJ	0.11	15
重频/kHz	15	0.05
发射望远镜口径/mm	100	80
接收望远镜口径/mm	80	300
光纤直径/μm	10	1500
光纤衰减率/(dB/km)	0.02	30
探测器暗计数噪声/Hz	300	100
探测器效率/%	20	40

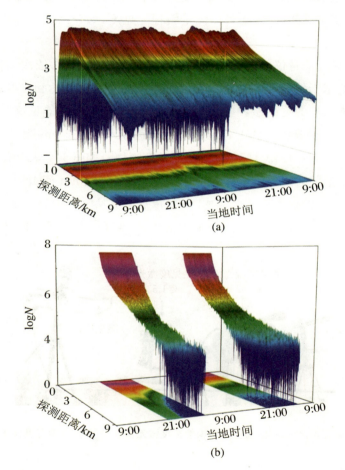

图 4.4.5　两种激光雷达的测量信号

(a) 基于量子上转换的能见度激光雷达;(b) 传统的 532 nm 能见度激光雷达

除此之外,在低能见度的浑浊大气条件下,基于量子上转换的 1.5 μm 能见度激光雷达的穿透性能远好于传统的 532 nm 能见度激光雷达.相比单点式的 Vaisala 能见度仪,基于量子上转换的 1.5 μm 能见度激光雷达具有探测距离更远、可实现昼夜连续观测、探测精度更高等优点.

4.4.3　量子上转换测风激光雷达

如图 4.4.6 所示,量子上转换激光雷达采用模块化设计,降低了激光雷达的复杂度,简化了激光雷达的设计、调试和维修.系统包括激光器模块、环形器模块、望远镜模块、光学扫描模块和接收模块.激光器采用主振荡功率放大结构,分布式二极管激光器(DFB)出射的 1.5 μm 连续光被两个串联的电光调制器(EOM$_1$ 和 EOM$_2$)调制成脉冲激光后采用光纤放大器(EDFA$_1$)放大.光纤放大器(EDFA$_1$)的自发辐射噪声由光纤布拉格光栅滤除.如图 4.4.7 所示,实验室搭建的激光器较商用激光器在 ASE 噪声上低 20 dB.

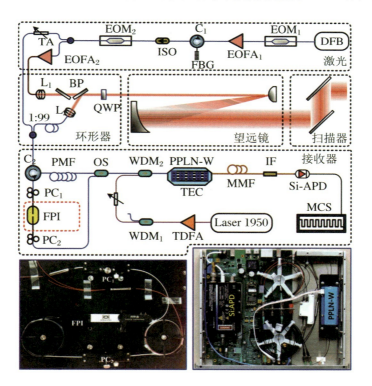

图 4.4.6　光量子频率上转换测风激光雷达系统光路图

出射的种子光经分束器一分为二,其中一路经衰减器(TA)衰减到单光子水平后接入光学接收机作为激光参考零频,另外一路被光纤放大器(EDFA$_2$)放大后进入环行器,激光经非球面望远镜和扫描头后入射到大气中.

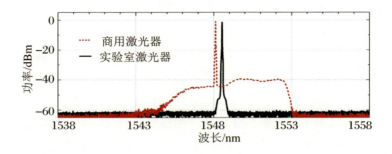

图 4.4.7　实验室研制的激光器和商用激光器性能对比

环形器模块由准直镜(L1)、两片布儒斯特窗片(BP)和 1/4 波片(QWP)构成.大气回波信号经望远镜接收后,经由环形器模块入射到光学接收机.光学接收机的核心部件为扫描式全光纤法布里-珀罗干涉仪(FPI).为了提高系统的稳定性,笔者提出了采用时分复用技术即使用一个通道的 FPI 和单个探测器实现双边缘测风激光雷达.激光雷达信号在干涉仪上的透射信号先接入频率上转换探测器,反射信号先经过延时光纤(PMF)延时后再接入探测器,这两路信号在时域上分开,分时地进入探测器.大气回波信号波分复用器件(WDM$_2$)耦合进周期极化铌酸锂波导(PPLN-W$_1$).同时,泵浦光源(laser 1950)经WDM$_1$ 和 WDM$_2$ 后耦合进波导.激光雷达信号的每一个光子和泵浦光发生耦合,1548 nm 的光子被转换成 863 nm 的光子.每个光子的能量被放大.对于 863 nm 的光子,可以用成熟的硅雪崩二极管进行探测.相比目前通用的铟镓砷红外探测器,硅雪崩二极管具有量子效率高、噪声低的特点.

量子测风激光雷达不仅可探测大气风场,还可探测大气能见度.如图 4.4.8(a)所示,当激光雷达处于测风模式(wind mode)时,将出射激光锁定在 FPI 透射谱和反射谱的交叉点处;当处于测气溶胶模式(aerosol mode)时,将出射激光锁定在 FPI 反射峰值处.反演大气风速的频率响应函数可由大气回波信号经 FPI 的透射信号和反射信号获得,其稳定性是测风激光雷达的关键.如图 4.4.8(b)所示,对连续 9 周(每周一次)测量的频率响应函数进行统计,其半宽的相对偏差小于 0.1%.

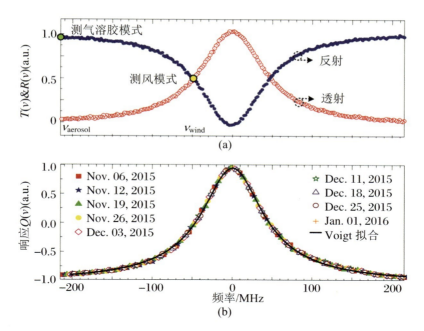

图 4.4.8　量子测风雷达的应用

（a）全光纤 FPI 的透射曲线和反射曲线；（b）连续 9 周测量的频率响应曲线和典型的 Voigt 拟合函数

4.4.4　超导双频测风激光雷达

传统的双边缘测风激光雷达采用双通道法布里-珀罗干涉仪,如图 4.4.9(a)所示,将激光脉冲锁定到两个法布里-珀罗干涉仪透过曲线的交叉点处,当大气回波信号发生多普勒频移时,其中一个法布里-珀罗干涉仪的透过率增强,而另外一个的透过率降低,多普勒频移根据能量的变化反演.为实现双通道法布里-珀罗干涉仪,通常采用空间光的法布里-珀罗干涉仪,通过在两个通道引入固定的台阶,使两个通道的腔长存在固定的差异,从而实现频率间距固定的两个法布里-珀罗干涉仪透过曲线.但这种方法制作复杂,成本高,精确的光路对准和平行控制难度大,在复杂环境下稳定性差.

为了解决这个问题,基于双频激光脉冲的双边缘测风激光雷达被提出.如图 4.4.9 (b)所示,双频激光中的一个频率(f_s)位于法布里-珀罗干涉仪透过率曲线的上升沿,另外一个频率(f_0)位于透过率曲线的下降沿,当大气回波信号发生多普勒频移时,会导致双频信号的透过率差异,从而可以达到鉴频目的.

超导双频测风激光雷达的系统光路如图 4.4.10 所示,包括双频率激光器模块、激光发射和接收模块和接收机三个模块.

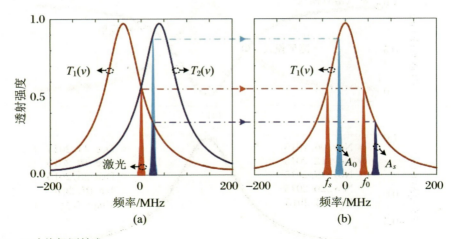

图 4.4.9 双边缘探测技术

（a）基于双通道法布里-珀罗干涉仪的双边缘探测技术；（b）基于双频率激光脉冲的双边缘探测技术

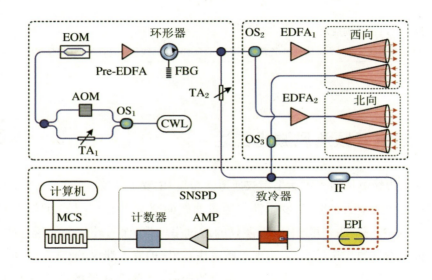

图 4.4.10 超导双频测风激光雷达的系统光路图

如图 4.4.11 所示,超导双频测风激光雷达捕捉到了雷雨前大气边界层的风场演化过程.其中,水平风速和风向通过纬向风和经向风合成.需要指出的是,当反演水平风速时,需考虑垂直风的影响,例如当存在重力波时,垂直风速可达 2 m/s.这次外场实验假定,垂直风速可忽略不计,风场水平均匀分布.从图 4.4.11 可以看出,2.6 km 高处雨云的风向朝北,可观测到雨云的分层动态结构,且雨云处的风速略高于其底部的风速.

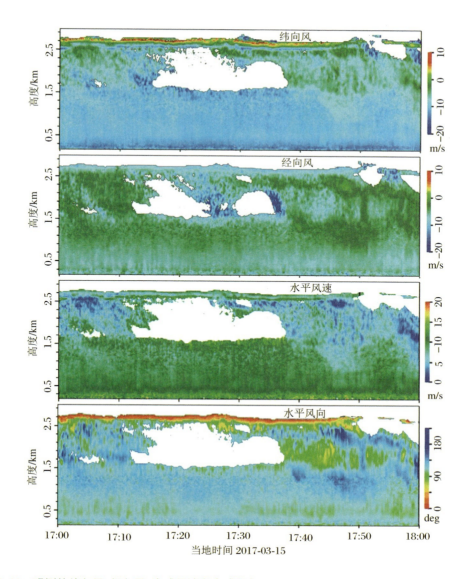

图 4.4.11　观测的纬向风、经向风、合成风速和合成风向

4.4.5　超导偏振激光雷达

偏振激光雷达可以利用大气气溶胶对激光的退偏振效应探测气溶胶的种类.超导偏振激光雷达是一台全光纤、眼安全、全保偏的微脉冲激光雷达,如图 4.4.12(a)所示.超导

偏振激光雷达利用全光纤光路的优势,采用了时分复用技术,将信号较强的平行偏振通道信号使用保偏光纤进行延时,仅使用单探测器探测拥有相互正交的偏振态的两路回波信号.超导纳米线单光子探测器拥有目前世界上最高的红外单光子探测效率,保障了经过延时的平行偏振通道的探测信噪比.该结构解决了传统偏振激光雷达需要周期性校准探测器效率的问题.全光纤光路也简化了两路偏振探测通道的校准过程.如图 4.4.12(b) 所示,在时分复用模块前使用半波片和线偏振片调节入射光的偏振态,可以精确校准两路偏振通道的透射率.

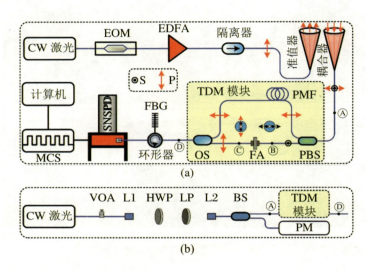

图 4.4.12　(a) 超导偏振激光雷达系统光路和(b) 雷达接收机校准光路图

EOM:electro-optic modulator 电光调制器;EDFA:erbium-doped fiber amplifier 掺铒光纤放大器;OS:optical switch 光开关;FBG:fiber Bragg grating 光纤布拉格光栅;SNSPD:superconducting nanowire single photon detector 超导纳米线单光子探测器;MCS:multi-channel scaler 多通道计数器

超导偏振激光雷达可同时探测大气气溶胶浓度和气溶胶退偏比,可以反演出大气能见度并分辨气溶胶种类.图 4.4.13 为超导偏振激光雷达探测得到的连续 48 h 气溶胶后向散射及其退偏比数据.该数据的时间分辨率为 1 min,距离分辨率为 30 m.在合肥冬天雾霾天气下,大气气溶胶浓度探测距离超过 6 km,气溶胶退偏比探测距离超过 4 km.

超导偏振激光雷达可以通过退偏比数据分辨气溶胶种类.在距离雷达 3.56 km 处,气溶胶后向散射信号和气溶胶退偏比数据均出现了信号突增现象.图 4.4.14 展示了该位置前后距离分辨率范围内的退偏比信号,可以发现强气溶胶后向散射信号伴随着退偏比大幅度的增加.这意味着该突增气溶胶种类与普通大气气溶胶有差异.经过实地考察发现,在气溶胶突增地点有一座在建高楼,可以判断该现象来源于周期性产生的建筑扬尘.

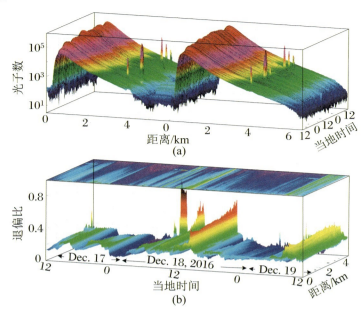

图 4.4.13　连续 48 h 偏振雷达观测结果

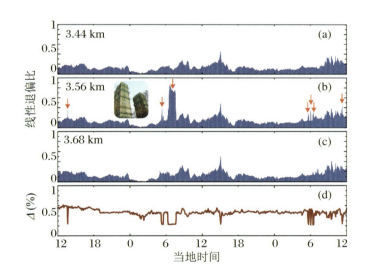

图 4.4.14　气溶胶退偏比突增现象分析

　　通过比对同步观测仪器数据和气象局发布的雾霾预报,可以验证超导偏振激光雷达的探测结果.与实验同步的观测仪器还有太阳光度计、大气能见度仪.如图 4.4.15 所示,从图(a)～(c)可以看到大气气溶胶体积谱分布随着实验的进行逐渐演化为大粒径粒子占主导,并且气溶胶总量增加.图(d)～(f)反映了大气能见度逐渐变低的过程,图(g)～(i)展示了全国雾霾逐渐扩散的过程,而合肥的雾霾浓度也逐渐增加.超导偏振激光雷达数据表明,随着实验的进行,大气气溶胶退偏比逐渐增大,很好地记录了实验过程中大气的演化过程.

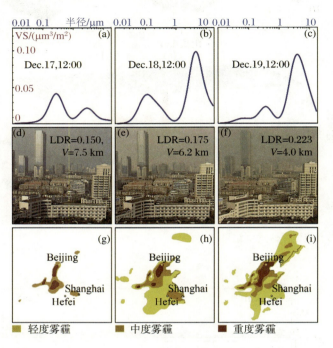

图 4.4.15　气溶胶体积谱分布、大气能见度和雾霾预报同步数据

4.5 痕量原子示踪

卢征天　蒋　蔚

我们身边有一种微量的惰性气体叫氪,在空气中的含量为百万分之一.氪元素有多种同位素,包括一种放射性同位素"氪-81",仅占空气的百亿亿分之一,也就是 10^{-18}.自20世纪60年代在空气中发现氪-81以来,科研人员一直在寻找可以检测这种极其微量同位素的方法,梦想着用氪-81这个天然示踪剂来帮助了解环境中的水、冰循环过程.我们发明了一种单原子灵敏检测方法,起名为"原子阱痕量分析",可以用来一个一个地数出环境样品中所含的氪-81原子,有望解决这个已持续了50年的探测难题[705].在此基础上,笔者计划进一步发展创新,大幅度提高原子阱痕量分析方法的检测效率、灵敏度及测量速度,从而满足规模化实际应用的要求.同时开展国内外合作,将这个全新的超灵敏分析工具应用于冰川、海洋、地下水资源、环境监测及核安全等领域.

这项工作的核心科学目标是为研究全球和区域性水、冰循环过程提供关键的时间信息.地球表面的水循环过程遵循各种不同的时间尺度,跨度相当大.如图4.5.1所示,

图 4.5.1　水循环过程及其相应的时间尺度

洋流循环的时间尺度是从几年到几千年;极地与高原冰川的形成年代可以连续追溯到百万年前;在地下水中,浅层的流速较快,时间尺度可以在几年范围,深层的流速慢,时间尺度可以达上百万年.要了解一个水、冰循环过程,它的时间尺度是必须要知道的基本信息,需要用到同位素定年手段.

4.5.1　同位素定年法测水的年龄

我们以地下水为例来介绍放射性同位素定年的原理.氪-81 由宇宙射线轰击大气中的稳定氪同位素而不断地产生,同时氪-81 又连续地在衰变,产生和衰变两方面达到平衡,在大气中通过充分混合而均匀分布.因此无论是在合肥还是在芝加哥,甚至在南极洲,空气中氪-81 的同位素丰度(指的是氪-81 原子的数目与氪的所有同位素的总原子数目之间的比值)都相等,这一点已经被我们的测量所证实.地表水与大气频繁交换气体,导致地表水的氪-81 同位素丰度与大气值的也相等,由此建立了理想的起始条件.一旦水流入地下,或者水结成冰,就与大气隔绝了,不再有新鲜的氪-81 补充进来,从那时候起同位素丰度就成了我们的"计时器",会按照核衰变的规律逐年减少.氪-81 的半衰期为 23 万年,也就是说,每过 23 万年,地下水中的氪-81 同位素丰度会减少一半,因此,用氪-81 同位素丰度可算出水体的年龄.水本身不会老化,没有年龄.所谓水体的年龄,是指这一包水(或者冰)已经与大气隔绝多少年了.按此定义,表面水的年龄是 0,水体刚刚诞生;沿着地下水的流线,水体的年龄会越来越大(图 4.5.2).实际上地下水每年渗透可能只有几米距离,难以直接观察到水的运动,但是可以通过在不同地点的水井取样,测出各个位置的水体的年龄,便可推算出对应于从年轻到年老顺序的地下水流线,以此来了解地下水的流向、流速、补给情况,为水资源管理提供科学数据.

基于同样的原理,碳-14 同位素定年已经在地球与环境科学中得到了广泛的应用,成为不可缺少的分析工具.美国科学家 Willard Libby 教授因为发展碳-14 定年获得了 1960 年的诺贝尔化学奖.碳-14 成功的一个重要因素是它产生后在大气中氧化而变成二氧化碳稳定气体,通过气体混合达到均匀分布.碳-14 同位素的半衰期为 5730 年,围绕着这个半衰期,它的有效定年范围覆盖从几百年到几万年(图 4.5.3).除了碳-14,在大气中还有另外三种放射性气体同位素,即氪-85、氩-39 和前面提到的氪-81,它们都是惰性气体(表 4.5.1).非常巧,这几个同位素的半衰期分布在不同的数量级,它们的有效定年范围也就不同,组合起来可以连续地覆盖从几年一直到 140 万年(图 4.5.3).值得一提的是,惰性气体不参加化学反应,在环境中的输运过程非常简单,这一点比碳-14 要好,所以说它们是理想的定年同位素.目前,碳-14 检测技术已能满足大规模应用的要求.笔者发展单原子检测方法的目标是要解决这三个氪、氩同位素的检测难题.

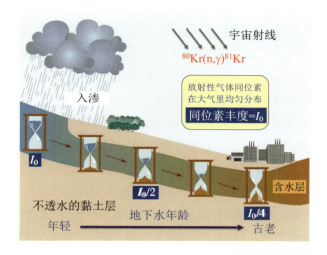

图 4.5.2　利用放射性同位素为地下水定年

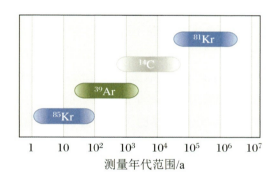

图 4.5.3　放射性氪、氩同位素以及碳-14 的有效定年范围

如果样品的年龄过小（比如，年龄小于半衰期的 1/6），同位素丰度的变化会因为过小而不易精确测量；年龄过大也不行（比如，年龄大于半衰期的 6 倍），同位素丰度本身会由于过低而难以测量

表 4.5.1　空气中的长寿命放射性气体同位素

同位素	半衰期/a	大气同位素丰度	产生机制
氪- 85	11	1×10^{-11}	核裂变工业
氩- 39	279	8×10^{-16}	宇宙射线
碳-14	5730	1×10^{-12}	宇宙射线、核裂变
氪- 81	229000	6×10^{-13}	宇宙射线

4.5.2　极低丰度同位素怎么测:原子阱痕量分析方法

　　早在 1969 年瑞士科学家 Hans Oeschger 教授就已经认识到氪、氩同位素定年的重要性[706],但检测方法问题一直没有得到解决.难在什么地方? 它们的同位素丰度极低(表 4.5.1),远远低于质谱仪的探测极限.氪-81 的同位素丰度在 10^{-13} 量级,1 kg 表面水里面只有约 1000 个氪-81 原子,并且是混合在比它们多万亿倍的其他氪同位素原子里面.氩-39 的同位素丰度比氪-81 还要再低 3 个数量级,只有 10^{-16}.为了检测它们,国际上许多研究单位,包括美国好几个国家实验室,试过核衰变计数、加速器质谱等办法,但是一直都没有找到满意的解决方案,以至于绝大多数应用一直无法开展.笔者的原子阱痕量分析方法已经通过了原理性验证,上述三种氪、氩同位素都可以用它来检测[707-708].笔者相信,通过未来五到十年的努力,可以解决这个探测难题,使得同位素定年与示踪技术再出现一次跳跃式的发展.我们能做前人做不了的事,是因为用了一个新的物理方法.有过许多类似的例子,例如,质谱方法出现于 20 世纪 20 年代,用来测量稳定同位素.经过 100 年的发展,质谱仪已经成为实验室通用的仪器.加速器质谱方法出现于 20 世纪 70 年代,对于碳-14 定年来说,是一个革命性的、颠覆性的技术,大大地促进了碳-14 定年的应用.但是,由于正离子的测量本底过高,该方法只适合检测能够形成负离子的同位素,如碳、铍、氯等,而很难分析不能够形成负离子的氪、氩同位素.

　　图 4.5.4 展示了原子阱痕量分析方法的工作原理[708-709].氪或者氩气体样品进入真空腔后,首先用激光进行准直、聚焦,使得更多的原子往下游的原子阱方向运动;再用一束激光迎头打上去,让原子慢下来;最后,用六束激光形成原子阱,将原子捕获.一束激光照在我们手上时会产生一个推动的力,又称光压.这个力非常微弱,而手又很重,所以感受不到.但是原子非常轻,即使像光压这样微弱的力也可以推动它,可以用来做准直、减速、捕获.阱里面的原子是发光的,看上去就是一个亮点,可以用 CCD 相机探测.这种方法非常灵敏,可以直接对单原子进行计数.

　　原子阱还有一个独特的性质,就是有超高的选择性.图 4.5.5 的纵轴是原子阱捕获原子的速率,又称计数率;横轴是激光频率.只有当激光频率与原子跃迁频率相等而产生共振的时候,原子阱才能抓住原子.而不同同位素原子的跃迁频率不一样,这个差别称为同位素位移.我们的肉眼可以区分红与绿,是因为这两种颜色的光波在频率上相差了15%左右.而图 4.5.5 中几个氪同位素的跃迁频率相互只差约百万分之一,它们之间的颜色差别用肉眼是区分不开的,但这难不倒现代激光技术.实验中可以把激光频率精确地控制在某个被选中的氪同位素的共振峰上.图 4.5.5 中三个共振峰是在同一个样品里得到的.其中,上图显示的峰来自稳定同位素氪-83,同位素丰度为10%;下图左边的峰来自氪-81,同位素丰度为1×10^{-12}.上下两个峰的峰高相差11个数量级(千亿倍).一般光谱方法无法分开这三个峰,因为中间主峰的两翼会把旁边两个微弱的峰完全盖住.但用原子阱方法,左右两个小峰可以看得清清楚楚.如此高的选择能力是原子阱特有的性质.

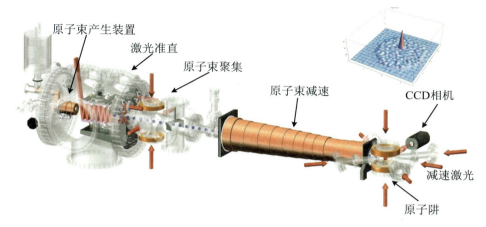

图 4.5.4　原子阱痕量分析装置原理图

装置全长约 2 m. 小图:用 CCD 相机拍摄到的单个氪-81 原子的荧光信号,荧光亮度由峰高表示

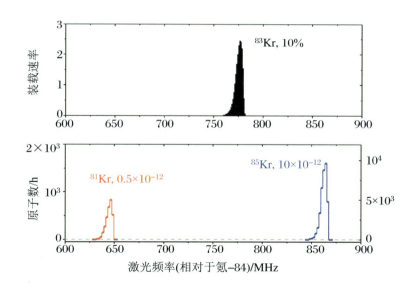

图 4.5.5　原子阱俘获原子的速率与激光频率之间的关系

定年的整个流程如下:第一步,用脱气膜方法从地下水中提取溶解气体,通常在野外水井边直接进行,或者把冰带回实验室融化后提取里面所含的包裹气体.第二步,取回来的气体样品里含有各种成分,需要分离提纯,把其他气体成分通过物理吸附、化学反应等步骤去掉,再用色谱法把保留下来的氪与氩分开.第三步,将提纯后的氪或者氩样品注入原子阱,测得同位素丰度,即可按以下公式计算出水体或者冰样的年龄:

$$\frac{[^{81}Kr/Kr]_{样品}}{[^{81}Kr/Kr]_{大气}} = 2^{-\frac{年龄}{半衰期}}$$

其中$[^{81}Kr/Kr]_{样品}$和$[^{81}Kr/Kr]_{大气}$分别表示样品和大气中的同位素丰度,指的是稀有同位素氪-81的原子数目与氪的所有稳定同位素的总原子数目之间的比值.

4.5.3 国内外合作与应用

在发展检测方法的同时,笔者也和国内外地球科学家一起开展了一些早期展示性应用研究.笔者利用氪定年在几个大型地下水系统做了有关地下水输运的研究[710-711],包括北美的黄石地热系统以及南美的 Guarani Aquifer、澳大利亚的大自流盆地(The Great Artesian Basin)、中欧的 Baltic Artesian 盆地、北非的 Nubian Aquifer、西亚的 Negev 沙漠地下水系统等.笔者与国土资源部、中国地质科学院、中国科学院地质与地球物理研究所等单位合作,分别在华北平原和关中平原找到了上百万年的古老地下水[712].地下水在全球范围被广泛开发并用于工业、农业、畜牧业和日常生活.示踪定年所得到的数据可以帮助水文学家建立地下水的动态模型,科学地规划地下水和地热资源的开发利用.作为科学家,发现百万年的地下水令人兴奋不已.但从开发水资源的角度来考虑,存在古老的水并非好消息,因为这表示该系统水流慢,补给弱,只有严格控制用水量才能延长一个古老地下水系统的使用寿命.

地下水定年还有一个独特的应用.在甘肃北山,笔者希望检测到古老的水,越老越好,因为这里是我国高放射性核废物地质处置的首要预选区.为了保证该地区与周边环境长期隔离,需要了解在几万年甚至几十万年时间尺度上的地下水演化趋势.笔者与核工业北京地质研究院合作,为我国正在开展的选址、安全评估工作提供有效的分析方法与工具.同时,日本、瑞典的科研人员也提出申请,希望笔者帮助他们国家的核废料存储地做地下水定年分析.将来氪-81定年会成为一个国际上标准的评估检测手段.国际原子能组织(International Atomic Energy Agency)在 2016 年 11 月启动了一个地下水定年项目,十多个国家的水文学家计划与笔者的实验室合作在六大洲 12 个国家开展氪-81

定年的试点工作,成功之后希望在全球范围推广.

基于同样的原理,氪、氩同位素也可用于海水定年,帮助了解洋流的垂向结构、水体来源与去向.洋流携带巨大的热量,是全球气候环境的重要组成部分.中国科学院海洋研究所最近在西太平洋一个地点的不同深度取样,送至笔者的实验室用氪-85定年测绘了这一地点的垂向结构.国家海洋局的"向阳红一号"科考船目前正在开展我国首次环球海洋综合科考,由第一海洋研究所在全球多个海域取样,计划返航后送至笔者的实验室来做氪、氩同位素分析.这方面的工作才刚刚起步,笔者希望通过这些工作展示氪、氩定年在洋流测绘方面的应用,使它在将来成为一个测绘全球洋流的有力工具.

冰芯样品里面包含有气泡,封存了古老的空气.氪、氩同位素定年可以为这个地球气候的天然"档案柜"标定时间信息,帮助科学家们了解古代气候变化情况,揭示气候演化规律.2017年,笔者利用氪-81定年做了几项尝试性的工作,合作单位有中国极地研究中心、中国科学院青藏高原研究所、欧盟的 TALDICE 冰川研究团队以及俄国的北极与南极研究所.笔者与中国极地研究中心合作,在南极洲一个叫格罗夫山的蓝冰区找到了年龄超过 10 万年的冰样(图 4.5.6).接着,中国极地研究中心计划在南极洲的多个蓝冰区取样,在南极洲昆仑站钻取千米深冰芯,用氪-81给冰芯定年.2017年,笔者测量了俄国

图 4.5.6　中国极地研究中心科学家考察南极洲格罗夫山

小图:蓝冰样品,可以看到里面含有大量的空气气泡

科学家提供的取自 3000 m 深的 Vostok 底部冰芯,发现冰芯年龄大于 100 万年,远远超出了冰川学家们的估计.笔者也在合作研究被称为"地球第三极"的青藏高原的冰川(图 4.5.7),其冰芯记录有地球中低纬度的气候信息,需要将冰芯准确定年后才能够与南极、北极冰芯所含的高纬度气候信息做对比.同时,我们也希望通过定年帮助解开青藏高原冰川的发育年代之谜.

图 4.5.7 青藏高原古里雅冰川

小图:中国科学院青藏高原研究所科学家在冰川的侧面底部采样

原子阱痕量分析方法及其应用在国际上得到了关注及较高的评价.2014 年《美国科学院院报》(PNAS)上有一篇对笔者工作的评述文章,题目是《放射性氪定年终于起飞了》[713].德国海德堡大学的 Werner Aeschbach 教授在文中指出:"将来,原子阱痕量分析会成为一个被广泛使用的分析方法,它的影响可以与今天加速器质谱在碳-14 定年上的成功相比拟.但是,原子阱方法需要进一步提高才能达到这个预期结果."

为了满足广泛应用的要求,笔者需要大幅度提高捕获原子、探测原子的效率与速率,减小氪-81 单次测量所需要的样品量,提高氩-39 的原子计数率.笔者计划研究原子阱的各个部位(图 4.5.4),从源头开始一直到原子阱,解决一系列技术难点.从源头说起,由于现有技术无法冷却基态的氪、氩原子,需要利用等离子体中的电子与原子之间的碰撞产生亚稳态原子,然后用红外激光来对亚稳态原子做冷却与囚禁.如何优化(控制电子密度、温度等)等离子体,从而提高亚稳态产生的效率是下一步工作的一个研究重点.另外有一个全新的方案,笔者计划尝试利用中国科学院大连自由电子激光产生的真空紫外光来激发产生亚稳态原子.即在亚稳态原子进入原子束后,需要通过优化激光光学系统和原子光学系统的设计来实现激光对原子的高精度操控,达到高效率的原子准直、聚焦、减速、捕获及探测.与氪-81相比,氩-39的同位素丰度又要低3个数量级,因此必须把现有原子阱里的计数率再提高10~100倍才可能将氩-39定年投入实际应用.笔者与中国科学院近代物理研究所的离子源专家合作,正在研究发展一种结合强流离子源与质谱仪的预富集方法,计划对待测样品预先进行可控的同位素富集,使得氩-39同位素丰度先提高1个数量级,然后再由原子阱来分析富集后的丰度.这样可以使得测量时的原子计数率达到实用要求,从而减小测量的不确定度.

展望未来,笔者要继续进行技术创新,使之成为地球科学中不可缺少的方法.在这个基础上,建立一个同位素检测中心.在这方面可以借鉴碳-14在过去40年来的发展历程.目前全世界有上百家碳-14定年检测中心,大都依靠购买欧美几家公司生产的加速器质谱仪.我们要用自己研发的原子阱装置,建立国际上首家氪、氩同位素检测中心,以此来帮助我国地球科学家取得重大原创性研究成果,将来在国际合作中起主导作用.

参考文献

［1］ Einstein A，Podolsky B，Rosen N. Can quantum-mechanical description of physical reality be considered complete?［J］. Physical Review，1935，47（10）：777-780.

［2］ Freedman S J，Clauser J F. Experimental test of local hidden-variable theories［J］. Physical Review Letters，1972，28（14）：938-941.

［3］ Aspect A，Grangier P，Roger G. Experimental realization of Einstein-Podolsky-Rosen-Bohm Gedankenexperiment：A new violation of Bell's inequalities［J］. Physical Review Letters，1982，49（2）：91-94.

［4］ Clauser J F，Horne M A，Shimony A，et al. Proposed experiment to test local hidden-variable theories［J］. Physical Review Letters，1969，23（15）：880-884.

［5］ Tittel W，Brendel J，Zbinden H，et al. Violation of Bell inequalities by photons more than 10 km apart［J］. Physical Review Letters，1998，81（17）：3563-3566.

［6］ Weihs G，Jennewein T，Simon C，et al. Violation of Bell's inequality under strict Einstein locality conditions［J］. Physical Review Letters，1998，81（23）：5039-5043.

［7］ Brunner N，Cavalcanti D，Pironio S，et al. Bell nonlocality［J］. Reviews of Modern Physics，2014，86（2）：419-478.

［8］ Hensen B，Bernien H，Dréau A E，et al. Loophole-free Bell inequality violation using electron spins separated by 1.3 kilometres [J]. Nature, 2015, 526 (7575): 682-686.

[9] Giustina M, Versteegh M A M, Wengerowsky S, et al. Significant-loophole-free test of Bell's theorem with entangled photons [J]. Physical Review Letters, 2015, 115 (25): 250401.

[10] Shalm L K, Meyer-Scott E, Christensen B G, et al. Strong loophole-free test of local realism [J]. Physical Review Letters, 2015, 115 (25): 250402.

[11] Peng C Z, Yang T, Bao X H, et al. Experimental free-space distribution of entangled photon pairs over 13 km: Towards satellite-based global quantum communication [J]. Physical Review Letters, 2005, 94 (15): 150501.

[12] Yang T, Zhang Q, Zhang J, et al. All-versus-nothing violation of local realism by two-photon, four-dimensional entanglement [J]. Physical Review Letters, 2005, 95 (24): 240406.

[13] Yin J, Ren J G, Lu H, et al. Quantum teleportation and entanglement distribution over 100-kilometre freespace channels [J]. Nature, 2012, 488 (7410): 185-188.

[14] Yin J, Cao Y, Li Y H, et al. Satellite-based entanglement distribution over 1200 kilometers [J]. Science, 2017, 356 (6343): 1140-1144.

[15] The BIG Bell Test Collaboration. Challenging local realism with human choices [J]. Nature, 2018, 557 (7704): 212-216.

[16] Schrödinger E, Born M. Discussion of probability relations between separated systems [J]. Mathematical Proceedings of the Cambridge Philosophical Society, 1935, 31 (4): 555-563.

[17] Bell J S. Einstein-Podolsky-Rosen experiments [M]//John S. Bell on the Foundations of Quantum Mechanics. World Scientific, 2001: 74-83.

[18] Kwiat P G, Mattle K, Weinfurter H, et al. New high-intensity source of polarization-entangled photon pairs [J]. Physical Review Letters, 1995, 75 (24): 4337-4341.

[19] Bouwmeester D, Pan J W, Mattle K, et al. Experimental quantum teleportation [J]. Nature, 1997, 390 (6660): 575-579.

[20] Pan J W, Bouwmeester D, Weinfurter H, et al. Experimental entanglement swapping: Entangling photons that never interacted [J]. Physical Review Letters, 1998, 80 (18): 3891-3894.

[21] Bouwmeester D, Pan J W, Daniell M, et al. Observation of three-photon Greenberger-Horne-Zeilinger entanglement [J]. Physical Review Letters, 1999, 82 (7): 1345-1349.

[22] Greenberger D M, Horne M A, Zeilinger A. Going beyond Bell's theorem [M]//Kafatos M. Bell's Theorem, Quantum Theory and Conceptions of the Universe. Dordrecht: Springer, 1989, 37: 69-72.

[23] Pan J W, Daniell M, Gasparoni S, et al. Experimental demonstration of four-photon entanglement and high-fidelity teleportation [J]. Physical Review Letters, 2001, 86 (20):

4435-4438.

［24］ Zhao Z，Chen Y A，Zhang A N，et al. Experimental demonstration of five-photon entanglement and open-destination teleportation［J］. Nature，2004，430（6995）：54-58.

［25］ Lu C Y，Zhou X Q，Gühne O，et al. Experimental entanglement of six-photon in graph states ［J］. Nature Physics，2007，3（2）：91-95.

［26］ Yao X C，Wang T X，Xu P，et al. Observation of eight-photon entanglement［J］. Nature Photonics，2012，6（4）：225-228.

［27］ Yao X C，Wang T X，Chen H Z，et al. Experimental demonstration of topological error correction［J］. Nature，2012，482（7386）：489-494.

［28］ Wang X L，Chen L K，Li W，et al. Experimental ten-photon entanglement［J］. Physical Review Letters，2016，117：210502.

［29］ Chen L K，Li Z D，Yao X C，et al. Observation of ten-photon entanglement using thin BiB_3O_6 crystals［J］. Optica，2017，4（1）：000077.

［30］ Anderson M H，Ensher J R，Matthews M R，et al. Observation of Bose-Einstein condensation in a dilute atomic vapor［J］. Science，1995，269（5221）：198-201.

［31］ Luo X Y，Zou Y Q，Wu L N，et al. Deterministic entanglement generation from driving through quantum phase transitions［J］. Science，2017，355（6325）：620-623.

［32］ Vaucher B，Nunnenkamp A，Jaksch D. Creation of resilient entangled states and a resource for measurement-based quantum computation with optical superlattices［J］. New Journal of Physics，2008，10（2）：023005.

［33］ Trotzky S，Cheinet P，Folling S，et al. Time-resolved observation and control of superexchange interactions with ultracold atoms in optical lattices［J］. Science，2008，319 （5861）：295-299.

［34］ Dai H N，Yang B，Reingruber A，et al. Generation and detection of atomic spin entanglement in optical lattices［J］. Nature Physics，2016，12（8）：783-787.

［35］ Shannon C E. Communication theory of secrecy systems［J］. Bell System Technical Journal，1949，28（4）：656-715.

［36］ Metropolis N，Ulam S. The Monte Carlo method［J］. Journal of the American Statistical Association，1949，44（247）：335-341.

［37］ Bell J S. On the Einstein-Podolsky-Rosen paradox［J］. Physics，1964，1：195-200.

［38］ Donald K. The art of computer programming 2：Semi numerical algorithms［M］. Pearson Education，1998.

［39］ Yuan X，Zhou H Y，Cao Z，et al. Intrinsic randomness as a measure of quantum coherence ［J］. Physics Review A，2015，92：022124.

［40］ Jennewein T，Achleitner U，Weihs G，et al. A fast and compact quantum random number generator [J]. Review of Scientific Instruments, 2000, 71: 1675-1680.

[41] Stefanov A, Gisin N, Guinnard O, et al. Optical quantum random number generator [J]. Journal of Modern Optics, 2000, 47: 595-598.

[42] Eisaman M D, Fan J, Migdall A, et al. Invited review article: Single-photon sources and detectors [J]. Review of Scientific Instruments, 2011, 82: 071101.

[43] Ren M, Wu E, Liang Y, et al. Quantum random-number generator based on a photon-number-resolving detector [J]. Physics Review A, 2011, 83: 023820

[44] Applegate M J, Thomas O, Dynes J F, et al. Efficient and robust quantum random number generation by photon number detection [J]. Applied Physics Letters, 2015, 107: 071106.

[45] Fürst H, Weier H, Nauerth S, et al. High speed optical quantum random number generation [J]. Optics Express, 2010, 18: 13029-13037.

[46] Sanguinetti B, Martin A, Zbinden H, et al. Quantum random number generation on a mobile phone [J]. Physics Review X, 2014, 4: 031056.

[47] Abellán C, Amaya W, Mitrani D, et al. Generation of fresh and pure random numbers for loophole-free bell tests [J]. Physics Review Letters, 2015, 115: 250403.

[48] Williams C, Salevan J, Li X W, et al. Fast physical random number generator using amplified spontaneous emission [J]. Optics Express, 2010, 18: 23584-23597.

[49] Li X W, Cohen A B, Murphy T E, et al. Scalable parallel physical random number generator based on a superluminescent led [J]. Optics Letters, 2011, 36: 1020-1022.

[50] Qi B, Chi Y M, Lo H-K, et al. High-speed quantum random number generation by measuring phase noise of a single-mode laser [J]. Optics Letters, 2010, 35: 312-314.

[51] Jofre M, Curty M, Steinlechner F, et al. True random numbers from amplified quantum vacuum [J]. Optics Express, 2011, 19: 20665-20672.

[52] Nie Y Q, Guan J Y, Zhou H Q, et al. Experimental measurement-device-independent quantum random number generation [Z]. ArXiv Preprint, 2016: 1612.02114.

[53] Yuan Z L, Lucamarini M, Dynes J F, et al. Robust random number generation using steady-state emission of gain-switched laser diodes [J]. Applied Physics Letters, 2014, 104: 261112.

[54] Abellán C, Amaya W, Jofre M, et al. Ultra-fast quantum randomness generation by accelerated phase diffusion in a pulsed laser diode [J]. Optics Express, 2014, 22: 1645-1654.

[55] Popescu S, Rohrlich D. Quantum nonlocality as an axiom [J]. Foundations of Physics, 1994, 24: 379-385.

[56] Ma X F, Xu F H, Xu H, et al. Postprocessing for quantum random-number generators: Entropy evaluation and randomness extraction [J]. Physics Review A, 2013, 87:062327.

[57] Mayers D, Yao A. Quantum cryptography with imperfect apparatus [C]//Proc of Foundations of Computer Science. IEEE, 39th Annual Symp, Piscataway, 1998: 503-508.

［58］ Marangon D G，Vallone G，Villoresi P. Source-device-independent ultra-fast quantum random number generation ［Z］. ArXiv Preprint，2015，1509：07390.

［59］ Cao Z，Zhou H Q，Ma X F. Loss-tolerant measurement-device-independent quantum random number generation ［J］. New Journal of Physics，2015，17：125011.

［60］ Barak B，Shaltiel R，Tromer E. True random number generators secure in a changing environment ［C］//Cryptographic Hardware and Embedded Systems-CHES. Springer，2003：166-180.

［61］ Gallicchio J，Friedman A S，Kaiser D I. Testing Bells inequality with cosmic photons：Closing the setting-independence loophole ［J］. Physics Review Letter，2014，112：110405.

［62］ Shor P W. Polynomial-time algorithms for prime factorization and discrete logarithms on a quantum computer ［J］. SIAM J. Comput.，1997，26：1484-1509.

［63］ Bennett C H，Brassard G. Quantum cryptography：Public key distribution and coin tossing ［C］//Proceedings of the IEEE International Conference on Computers，Systems and Signal Processing，Banglore，9-12 Dec. 1984：175-179.

［64］ Mayers D. Unconditional security in quantum cryptography ［J］. J. ACM，2001，48：351-406.

［65］ Shor P W，Preskill J. Simple proof of security of the BB84 quantum key distribution protocol ［J］. Physical Review Letters，2000，85：441-444.

［66］ Brassard G，Lütkenhaus N，Mor T，et al. Limitations on practical quantum cryptography ［J］. Physical Review Letters，2000，85（6）：1330.

［67］ Huang W Y. Quantum key distribution with high loss：Toward global secure communication ［J］. Physical Review Letters，2003，91（5）：057901.

［68］ Wang X B. Beating the photon-number-splitting attack in practical quantum cryptography ［J］. Physical Review Letters，2005，94（23）：230503.

［69］ Lo H K，Ma X，Chen K. Decoy state quantum key distribution ［J］. Physical Review Letters，2005，94（23）：230504.

［70］ Wang X B，Peng C Z，Pan J W. Simple protocol for secure decoy-state quantum key distribution with a loosely controlled source ［J］. Applied Physics Letters，2007，90（3）：031110.

［71］ Peng C Z，Zhang J，Yang D，et al. Experimental long-distance decoy-state quantum key distribution based on polarization encoding ［J］. Physical Review Letters，2007，98（1）：010505.

［72］ Rosenberg D，Harrington J W，Rice P R，et al. Long-distance decoy-state quantum key distribution in optical fiber ［J］. Physical Review Letters，2007，98（1）：010503.

［73］ Ursin R，Tiefenbacher F，Schmitt-Manderbach T，et al. Entanglement-based quantum communication over 144 km ［J］. Nature Physics，2007，3（7）：481.

［74］ Liu Y，Chen T Y，Wang J，et al. Decoy-state quantum key distribution with polarized photons over 200 km［J］. Optics Express，2010，18（8）：8587-8594.

［75］ Horiuchi N. Nonlinear optics：Water droplet emission［J］. Nature Photonics，2010，5（10）：670.

［76］ Chen T Y，Wang J，Liang H，et al. Metropolitan all-pass and inter-city quantum communication network［J］. Optics Express，2010，18（26）：27217-27225.

［77］ Wang X B. Decoy-state quantum key distribution with large random errors of light intensity［J］. Physical Review A，2007，75（5）：052301.

［78］ Wang X B，Hiroshima T，Tomita A，et al. Quantum information with Gaussian states［J］. Physics Reports，2007，448（1/2/3/4）：1-111.

［79］ Wang X B，Peng C Z，Zhang J，et al. General theory of decoy-state quantum cryptography with source errors［J］. Physical Review A，2008，77（4）：042311.

［80］ Wang X B，Yang L，Peng C Z，et al. Decoy-state quantum key distribution with both source errors and statistical fluctuations［J］. New Journal of Physics，2009，11（7）：075006.

［81］ Liao S K，Cai W Q，Liu W Y，et al. Satellite-to-ground quantum key distribution［J］. Nature，2017，549（7670）：43-47.

［82］ Lo H K，Curty M，Qi B. Measurement-device-independent quantum key distribution［J］. Physical Review Letters，2012，108（13）：130503.

［83］ Wang X B. Three-intensity decoy-state method for device-independent quantum key distribution with basis-dependent errors［J］. Physical Review A，2013，87（1）：012320.

［84］ Yu Z W，Zhou Y H，Wang X B. Three-intensity decoy-state method for measurement-device-independent quantum key distribution［J］. Physical Review A，2013，88（6）：062339.

［85］ Yu Z W，Zhou Y H，Wang X B. Statistical fluctuation analysis for measurement-device-independent quantum key distribution with three-intensity decoy-state method［J］. Physical Review A，2015，91（3）：032318.

［86］ Zhou Y H，Yu Z W，Wang X B. Making the decoy-state measurement-device-independent quantum key distribution practically useful［J］. Physical Review A，2016，93（4）：042324.

［87］ Vernam G S. Cipher printing telegraph systems：For secret wire and radio telegraphic communications［J］. Journal of American Institute for Electrical Engineers，1926，55：109-115.

［88］ Arute F，Arya K，Babbush R，et al. Quantum supremacy using a programmable superconducting processor［J］. Nature，2019，574：505-510.

［89］ Rivest R L，Shamir A，Adleman L. Method for obtaining digital signatures and public-key cryptosystems［J］. Communications of the ACM，1978，21：120-126.

［90］ Gong M，Chen M-C，Zheng Y，et al. Genuine 12-qubit entanglement on a superconducting quantum processor [J]. Physical Review Letters, 2019, 122(11): 110501.

[91] Gisin N, Ribordy G G, Tittel W, et al. Quantum cryptography [J]. Reviews of Modern Physics, 2002, 74: 145-195.

[92] Braunstein S L, Loock P. Quantum information with continuous variables [J]. Reviews of Modern Physics, 2005, 77: 513-577.

[93] Wang Q, Wang X B, Guo G C. Practical decoy-state method in quantum key distribution with a heralded single-photon source [J]. Physics Reports, 2007, 448: 1-111.

[94] Scarani V, Bechmann-Pasquinucci H, Cerf N J, et al. The security of practical quantum key distribution [J]. Reviews of Modern Physics, 2009, 81: 1301-1350.

[95] Weedbrook C, Pirandola S, García-Patrón R, et al. Gaussian quantum information [J]. Reviews of Modern Physics, 2012, 84 (2): 621-669.

[96] Lo H W, Curty M, Tamaki K. Secure quantum key distribution [J]. Nature Photonics, 2014, 8: 595-604.

[97] Smania M, Elhassan A M, Tavakoli A, et al. Experimental quantum multiparty communication protocols [J]. NPJ Quantum Information, 2016, 2: 16025.

[98] Yin H L, Chen T Y, Yu Z W, et al. Measurement-device-independent quantum key distribution over a 404 km optical fiber [J]. Physical Review Letters, 2016, 117: 190501.

[99] Elliott C, Colvin A, Pearson D, et al. Gaussian quantum information [C]//Proceedings of SPIE, Quantum Information and Computation Ⅲ, March 28, 2005, Orlando, 5815: 138.

[100] Peev M, Pacher C, Alléaume R, et al. The SECOQC quantum key distribution network in Vienn [J]. New Journal of Physics, 2009, 11: 075001.

[101] Stucki, A, Legré D M, Buntschu F, et al. Long-term performance of the SwissQuantum quantum key distribution network in a field environment [J]. New Journal of Physics, 2011, 13: 123001.

[102] Chen T Y, Liang H, Liu Y, et al. Network with decoy-state quantum cryptography [J]. Optics Express, 2009, 17 (8): 6540-6549.

[103] Wang S, Chen W, Yin Z Q, et al. Field test of wavelength-saving quantum key distribution network [J]. Optics Letters, 2010, 35 (14): 2454-2456.

[104] Sasaki M, Fujiwara M, Ishizukaet H, et al. Field test of quantum key distribution in the Tokyo QKD network [J]. Optics Express, 2011, 19 (11): 10387-10409.

[105] Fröhlich B, Dynes J F, Lucamarini M, et al. A quantum access network [J]. Nature, 2013, 501: 69-72.

[106] Liao S K, Cai W Q, Liu W Y, et al. Performance of satellite-to-ground QKD during one orbit [J]. Nature, 2017, 549: 43-47.

[107] Andersen U L, Leuchs G, Silberhorn C. Continuous-variable quantum information processing

[J]. Laser & Photonics Reviews, 2010, 4: 337-354.

[108] Diamanti E, Leverrier A. Distributing secret keys with quantum continuous variables: Principle, security and implementations [J]. Entropy, 2015, 17 (9): 6072-6092.

[109] Li Y M, Wang X Y, Bai Z L, et al. Continuous variable quantum key distribution [J]. Physical Review B, 2017, 26 (4): 040303.

[110] Grosshans F, Grangier P, Cerf N J, et al. Virtual entanglement and reconciliation protocols for quantum cryptography with continuous variables [J]. Quantum Information & Computation, 2003, 3: 535-552.

[111] Silberhorn C, Ralph T C, Lütkenhaus N, et al. Continuous variable quantum cryptography: beating the 3 dB loss limit [J]. Physical Review Letters, 2002, 89 (16): 167901.

[112] Grosshans F, Van Assche G, Wenger J, et al. Quantum key distribution using Gaussian-modulated coherent states [J]. Nature, 2003, 421: 238-241.

[113] Legré M, Zbinden H, Gisin N. Implementation of continuous variable quantum cryptography in optical fibres using a go-&-return configuration [J]. Quantum Information & Computation, 2006, 6: 326-335.

[114] Lodewyck J, Bloch M, Garciapatron R, et al. Quantum key distribution over 25 km with an all-fiber continuous variable system [J]. Physical Review A, 2007, 76: 042305.

[115] Qi B, Fung C H, Lo H K, et al. Time-shift attack in practical quantum cryptosystems [J]. Quantum Information & Computation, 2007, 7 (1): 73-82.

[116] Leverrier A, Grangier P. Quantum de Finetti theorem in phase space representation [J]. Physical Review Letters, 2009, 102: 180504.

[117] Xuan Q D, Zhang Z S, Paul L. A 24 km fiber-based discretely signaled continuous variable quantum key distribution system [J]. Optics Express, 2009, 17 (26): 24244-24249.

[118] Wang X Y, Bai Z L, Wang S F, et al. Four-state modulation continuous-variable quantum key distribution over a 30-km fiber and analysis of excess noise [J]. Chinese Physics Letters, 2013, 30 (1): 010305.

[119] Leverrier A, Alléaume R, Boutros J, et al. Multidimensional reconciliation for a continuous-variable quantum key distribution [J]. Physical Review A, 2008, 77: 042325.

[120] Jouguet P, Kunz-Jacques S, Leverrier A. Long-distance continuous variable quantum key distribution with a Gaussian modulation [J]. Physical Review A, 2011, 84: 062317.

[121] Jouguet P, Kunz-Jacques S, Diamanti E, et al. Analysis of imperfections in practical continuous-variable quantum key distribution [J]. Physical Review A, 2012, 86: 032309.

[122] Jouguet P, Kunz-Jacques S, Leverrier A, et al. Experimental demonstration of long-distance continuous-variable quantum key distribution [J]. Nature Photonics, 2013, 7: 378-381.

[123] Wang X Y, Liu W Y, Wang P, et al. Experimental study on all-fiber-based unidimensional

continuous-variable quantum key distribution[J]. Phys, Rev. A, 2017, 95: 062330.

[124] Wang X Y, Bai Z L, Du P Y, et al. Ultrastable fiber-based time-domain balanced homodyne detector for quantum communication [J]. Chinese Physics Letters, 2012, 29 (12): 124202.

[125] Li Y M, Wang N, Wang X Y, et al. Influence of guided acoustic wave Brillouin scattering on excess noise in fiber-based continuous variable quantum key distribution [J]. Journal of the Optical Society of America B, 2014, 31 (10): 2379-2383.

[126] Wang X Y, Liu J Q, Li X F, et al. Generation of stable and high extinction ratio light pulses for continuous variable quantum key distribution [J]. IEEE Journal of Quantum Electronics, 2015, 51 (6): 5200206.

[127] Liu W Y, Wang X Y, Wang N. Imperfect state preparation in continuous-variable quantum key distribution [J]. Physic Review A, 2017, 96: 042312.

[128] Bai Z L, Yang S S, Li Y M. High-efficiency reconciliation for continuous-variable quantum key distribution [J]. Japanese Journal of Applied Physics, 2017, 56: 044401.

[129] Huang D, Huang P, Lin D, et al. Long-distance continuous-variable quantum key distribution by controlling excess noise [J]. Scientific Reports, 2015, 6: 19201.

[130] García-Patrón R, Cerf N J. Continuous variable quantum key distribution protocols over noisy channels [J]. Physical Review Letters, 2009, 102: 130501.

[131] Madsen L S, Usenko V C, Lassen M, et al. Continuous variable quantum key distribution with modulated entangled states [J]. Nature Communications, 2012, 3: 1083.

[132] Devetak I, Winter A. Distillation of secret key and entanglement from quantum states [J]. Proceedings of the Royal Society, 2005, 461: 207-235.

[133] Grosshans F. Collective attacks and unconditional security in continuous variable quantum key distribution [J]. Physical Review Letters, 2005, 94: 020504.

[134] Navascues M, Acin A. Security bounds for continuous variables quantum key distribution [J]. Physical Review Letters, 2005, 94: 020505.

[135] Wolf M M, Pérez-García D, Giedke G, et al. Quantum capacities of bosonic channels [J]. Physical Review Letters, 2006, 96: 080502.

[136] Navascués M, Grosshans F, Acínet A. Optimality of Gaussian attacks in continuous-variable quantum cryptography [J]. Physical Review Letters, 2006, 97: 190502.

[137] García-Patrón R, Cerf N J. Unconditional optimality of Gaussian attacks against continuous-variable quantum key distribution [J]. Physical Review Letters, 2006, 97: 190503.

[138] Renner R, Cirac J I. De Finetti representation theorem for infinite-dimensional quantum systems and applications to quantum cryptography [J]. Physical Review Letters, 2009, 102: 110504.

[139] Usenko V C, Filip R. Squeezed-state quantum key distribution upon imperfect reconciliation

[J]. Physical Review A, 2010, 81: 022318.

[140] Furrer F, Franz T, Berta M, et al. Continuous variable quantum key distribution: Finite-key analysis of composable security against coherent attacks [J]. Physical Review Letters, 2012, 109: 100502.

[141] Weedbrook C, Pirandola S, Ralph T C. Continuous-variable quantum key distribution using thermal states [J]. Physical Review A, 2012, 86: 022318.

[142] Leverrier A, García-Patrón R, Renner R, et al. Security of continuous-variable quantum key distribution against general attacks [J]. Physical Review Letters, 2013, 110: 030502.

[143] Walk N, Ralph T C, Symul T, et al. Security of continuous-variable quantum cryptography with Gaussian postselection [J]. Physical Review A, 2013, 87: 020303.

[144] Furrer F. Reverse-reconciliation continuous-variable quantum key distribution based on the uncertainty principle [J]. Physical Review A, 2014, 90: 042325.

[145] Leverrier A. Composable security proof for continuous-variable quantum key distribution with coherent states [J]. Physical Review Letters, 2015, 114: 070501.

[146] Leverrier A. Security of continuous-variable quantum key distribution via a Gaussian de Finetti reduction [J]. Physical Review Letters, 2017, 118: 200501.

[147] Gehring T, Händchen V, Duhme J, et al. Implementation of continuous-variable quantum key distribution with composable and one-sided-device-independent security against coherent attacks [J]. Nature Communications, 2015, 6: 8795.

[148] Cerf N J, Lévy M, Assche G V. Quantum distribution of Gaussian keys using squeezed states [J]. Physical Review A, 2001, 63: 052311.

[149] Weedbrook C, Lance A M, Bowen W P, et al. Quantum cryptography without switching [J]. Physical Review Letters, 2004, 93: 170504.

[150] Ma X C, Sun S H, Jiang M S, et al. Local oscillator fluctuation opens a loophole for eve in practical continuous-variable quantum-key-distribution systems [J]. Physical Review A, 2013, 88: 022339.

[151] Jouguet P, Kunz-Jacques S, Diamanti E. Preventing calibration attacks on the local oscillator in continuous-variable quantum key distribution [J]. Physical Review A, 2013, 87: 062313.

[152] Ma X C, Sun S H, Jiang M, et al. Wavelength attack on practical continuous-variable quantum-key-distribution system with a heterodyne protocol [J]. Physical Review A, 2013, 87: 052309.

[153] Huang J Z, Kunz-Jacques S, Jouguet P, et al. Quantum hacking on quantum key distribution using homodyne detection [J]. Physical Review A, 2014, 89: 032304.

[154] Jouguet P, Kunz-Jacques S. Robust shot-noise measurement for continuous-variable quantum key distribution [J]. Physical Review A, 2015, 91: 022307.

[155] Qi B, Lougovski P, Pooser R, et al. Generating the local oscillator "locally" in continuous-variable quantum key distribution based on coherent detection [J]. Physical Review X, 2015 (5): 041009.

[156] Soh D B S, Brif C, Coles P J, et al. Self-referenced continuous-variable quantum key distribution protocol [J]. Physical Review X, 2015(5): 041010.

[157] Huang D, Huang P, Lin D, et al. High-speed continuous-variable quantum key distribution without sending a local oscillator [J]. Optics Letters, 2015, 40 (16): 3695-3698.

[158] Acín A, Brunner N, Gisin N, et al. Device-independent security of quantum cryptography against collective attacks [J]. Physical Review Letters, 2007, 98: 230501.

[159] Marshall K, Weedbrook C. Device-independent quantum cryptography for continuous variables [J]. Physical Review A, 2014, 90: 042311.

[160] Li Z, Zhang Y C, Xu F, et al. Continuous-variable measurement-device-independent quantum key distribution [J]. Physical Review A, 2014, 89: 052301.

[161] Ma X C, Sun S H, Jiang M S, et al. Gaussian-modulated coherent-state measurement-device-independent quantum key distribution [J]. Physical Review A, 2014, 89: 042335.

[162] Pirandola S, Ottaviani C, Spedalieri G, et al. High-rate measure-ment-device-independent quantum cryptography [J]. Nature Photonics, 2015, 9: 397-402.

[163] Walk N, Hosseini S, Geng J, et al. Experimental demonstration of Gaussian protocols for one-sided device-independent quantum key distribution [J]. Optica, 2016, 3: 634-642.

[164] Usenko V C, Filip R. Squeezed-state quantum key distribution upon imperfect reconciliation [J]. New Journal of Physics, 2011, 13: 113007.

[165] Blandino R, Leverrier A, Barbieri M, et al. Improving the maximum transmission distance of continuous-variable quantum key distribution using a noiseless amplifier [J]. Physical Review A, 2012, 86: 012327.

[166] Fiurasek J, Cerf N J. Gaussian postselection and virtual noiseless amplification in continuous-variable quantum key distribution [J]. Physical Review A, 2012, 86: 060302 (R).

[167] Huang P, He G Q, Fang J, et al. Performance improvement of continuous-variable quantum key distribution via photon subtraction [J]. Physical Review A, 2013, 87: 012317.

[168] Li Z Y, Zhang Y C, Wang X Y, et al. Non-Gaussian postselection and virtual photon subtraction in continuous-variable quantum key distribution [J]. Physical Review A, 2016, 93: 012310.

[169] Huang D, Lin D, Wang C, et al. Continuous-variable quantum key distribution with 1 Mbps secure key rate [J]. Optics Express, 2015, 23: 17511.

[170] Wang X Y, Zhang Y-C, Li Z Y, et al. Efficient rate-adaptive reconciliation for continuous-variable quantum key distribution [J]. Quantum Information & Communication, 2017, 17:

1123-1134.

[171] Yang S S，Bai Z L，Wang X Y，et al. FPGA-based implementation of size-adaptive privacy amplification in quantum key distribution [J]. IEEE Photonics Journal，2017，9（6）：7600308.

[172] Qi B，Zhu W，Qian L，et al. Feasibility of quantum key distribution through a dense wavelength division multiplexing network [J]. New Journal of Physics，2010，12：103042.

[173] Kumar R，Qin H，Alléaume R. Coexistence of continuous variable QKD with intense DWDM classical channels [J]. New Journal of Physics，2015，17：043027.

[174] Orieux A，Diamanti E. Recent advances on integrated quantum communications [J]. Journal of Optics，2016，18：083002.

[175] Zhang L J，Silberhorn C，Walmsley I A. Secure quantum key distribution using continuous variables of single photons [J]. Physical Review Letters，2008，100：110504.

[176] Zhong T，Zhou H C，Horansky R D，et al. Photon-efficient quantum key distribution using time-energy entanglement with high-dimensional encoding [J]. New Journal of Physics，2015，17：022002.

[177] Heim B，Peuntinger C，Killoran N，et al. Atmospheric continuous-variable quantum communication [J]. New Journal of Physics，2014，16：113018.

[178] 尹浩，韩阳. 量子通信原理与技术[M]. 北京：电子工业出版社，2013.

[179] Elliott C. The DARPA quantum network [Z]. ArXiv，2004：0412029.

[180] Elliott C，Colvin A，Pearson D，et al. Current status of the DARPA Quantum Network [J]. Proceedings of SPIE，2005，5815：138-149.

[181] Dianati M，Alléaume R. Architecture of the SECOQC quantum key distribution network [Z]. ArXiv：quant-ph/0610202，2006.

[182] Alleaume R，Riguidel M，Weinfurter H，et al. SECOQC white paper on quantum key distribution and cryptography [J]. Journal of Computational Chemistry，2007，ArXiv：quant-ph/0701168v.

[183] Yan Z，Zhang Y-R，Gong M W，et al. Strongly correlated quantum walks with a 12-qubit superconducting processor [J]. Science，2019，364(6442)：753-756.

[184] Stucki D，Legré M，Buntschu F，et al. Long-term performance of the SwissQuantum quantum key distribution network in a field environment [J]. New Journal of Physics，2011，13：123001.

[185] 许方星，陈巍，王双，等. 多层级量子密码城域网[J]. 科学通报，2009，16：2277-2283.

[186] Chen T Y，Liang H，Liu Y，et al. Field test of a practical secure communication network with decoy-state quantum cryptography [J]. Optical Express，2009，17：6540-6549.

[187] Ye Y，Ge Z-Y，Wu Y L，et al. Propagation and localization of collective excitations on a 24-qubit superconducting processor [J]. Physical Review Letters，2019，123(5)：050502.

[188] Briegel H J, Dür W, Cirac J I, et al. Quantum repeaters: The role of imperfect local operations in quantum communication [J]. Physical Review Letters, 1998, 81: 5932-5935.

[189] Simon C, Afzelius M, Appel J, et al. Quantum memories [J]. European Physical Journal D, 2010, 58: 1-22.

[190] Sangouard N, Simon C, De Riedmatten H, et al. Quantum repeaters based on atomic ensembles and linear optics [J]. Reviews of Modern Physics, 2011, 83: 33-80.

[191] Duan L M, Lukin M, Cirac J I, et al. Long-distance quantum communication with atomic ensembles and linear optics [J]. Nature, 2001, 414: 413-418.

[192] Zhao B, Chen Z B, Chen Y A, et al. Robust creation of entanglement between remote memory qubits [J]. Physical Review Letters, 2007, 98: 240502.

[193] Zhang H, Jin X M, Yang J, et al. Preparation and storage of frequency-uncorrelated entangled photons from cavity-enhanced spontaneous parametric downconversion [J]. Nature Photonics, 2011, 5: 628-632.

[194] Matsukevich D N, Chanelière T, Bhattacharya M, et al. Entanglement of a photon and a collective atomic excitation [J]. Physical Review Letters, 2005, 95: 040405.

[195] Chen S, Chen Y A, Zhao B, et al. Demonstration of a stable atom-photon entanglement source for quantum repeaters [J]. Physical Review Letters, 2007, 99: 180505.

[196] Zhao B, Chen Y A, Bao X H, et al. A millisecond quantum memory for scalable quantum networks [J]. Nature Physics, 2009, 5: 95-99.

[197] Zhao R, Dudin Y O, Jenkins S D, et al. Long-lived quantum memory [J]. Nature Physics, 2009, 5: 100-104.

[198] Bao X H, Reingruber A, Dietrich P, et al. Efficient and long-lived quantum memory with cold atoms inside a ring cavity [J]. Nature Physics, 2012, 8: 517-521.

[199] Radnaev A G, Dudin Y O, Zhao R, et al. A quantum memory with telecom-wavelength conversion [J]. Nature Physics, 2010, 6: 894-899.

[200] Dudin Y O, Radnaev A G, Zhao R, et al. Entanglement of light-shift compensated atomic spin waves with telecom light [J]. Physical Review Letters, 2010, 105: 260502.

[201] Yang S, Wang X, Bao X, et al. An efficient quantum light-matter interface with sub-second lifetime [J]. Nature Photonics, 2016, 10: 381-384.

[202] Laurat J, De Riedmatten H, Felinto D, et al. Efficient retrieval of a single excitation stored in an atomic ensemble [J]. Optics Express, 2006, 14: 6912-6918.

[203] Simon J, Tanji H, Thompson J K, et al. Interfacing collective atomic excitations and single photons [J]. Physical Review Letters, 2007, 98: 183601.

[204] Saffman M, Walker T G, Mølmer K. Quantum information with Rydberg atoms [J]. Reviews of Modern Physics, 2010, 82: 2313-2363.

[205] Dudin Y O, Kuzmich A. Strongly interacting Rydberg excitations of a cold atomic gas [J]. Science, 2012, 336: 887-889.

[206] Dudin Y O, Li L, Bariani F, et al. Observation of coherent many-body Rabi oscillations [J]. Nature Physics, 2012, 8: 790-794.

[207] Li L, Dudin Y O, Kuzmich A. Entanglement between light and an optical atomic excitation [J]. Nature, 2013, 498: 466-469.

[208] Ebert M, Gill A, Gibbons M, et al. Atomic fock state preparation using Rydberg blockade [J]. Physical Review Letters, 2014, 112: 043602.

[209] Li J, Zhou M T, Jing B, et al. Hong-Ou-Mandel interference between two deterministic collective excitations in an atomic ensemble [J]. Physical Review Letters, 2016, 117: 180501.

[210] Lan S Y, Radnaev A G, Collins O A, et al. A multiplexed quantum memory [J]. Optics Express, 2009, 17: 013639.

[211] Pu Y F, Jiang N, Chang W, et al. Experimental realization of a multiplexed quantum memory with 225 individually accessible memory cells [J]. Nature Communications, 2017, 8: 15359.

[212] Dai H N, Zhang H, Yang S J, et al. Holographic storage of biphoton entanglement [J]. Physical Review Letters, 2012, 108: 210501.

[213] Ding D, Zhang W, Shi S, et al. High-dimensional entanglement between distant atomic-ensemble memories [J]. Light-Science & Applications, 2016, 5: e16157.

[214] Albrecht B, Farrera P, Heinze G, et al. Controlled rephasing of single collective spin excitations in a cold atomic quantum memory [J]. Physical Review Letters, 2016, 115: 160501.

[215] Chou C W, Laurat J, Deng H, et al. Functional quantum nodes for entanglement distribution over scalable quantum networks [J]. Science, 2007, 316: 1316-1320.

[216] Yuan Z S, Chen Y A, Zhao B, et al. Experimental demonstration of a BDCZ quantum repeater node [J]. Nature, 2008, 454: 1098-1101.

[217] Bao X H, Xu X F, Li C M, et al. Quantum teleportation between remote atomic-ensemble quantum memories [J]. Proceedings of the National Academy of Sciences, 2012, 109: 20347-20351.

[218] Knill E, Laflamme R, Milburn G J. A scheme for efficient quantum computation with linear optics [J]. Nature, 2001, 409: 46-52.

[219] Lukin M D. Colloquium: Trapping and manipulating photon states in atomic ensembles [J]. Reviews of Modern Physics, 2003, 75 (2): 457-472.

[220] Specht H P, Nolleke C, Reiserer A, et al. A single-atom quantum memory [J]. Nature, 2011, 473: 190-193.

[221] Tittel W, Afzelius M, Chaneliére T, et al. Photon-echo quantum memory in solid state systems

［J］. Laser & Photonics Reviews，2010，4：244-267.

［222］ Lvovsky A I，Sanders B C，Tittel W. Optical quantum memory ［J］. Nature Photonics，2009，3：706-714.

［223］ Bussires F，Sangouard N，Afzelius M，et al. Prospective applications of optical quantum memories ［J］. Journal of Modern Optics，2013，60：1519.

［224］ Heshami K，England D G，Humphreys P C，et al. Quantum memories：Emerging applications and recent advances ［J］. Journal of Modern Optics，2016，63：2005-2028.

［225］ Macfarlane R M. High-resolution laser spectroscopy of rare-earth doped insulators：A personal perspective ［J］. Journal of Luminescence，2002，100 (1/2/3/4)：1-20.

［226］ Fraval E，Sellars M J，Longdell J J. Method of extending hyperfine coherence times in Pr^{3+}：Y_2SiO_5［J］. Physical Review Letters，2004，92 (7)：077601.

［227］ Fraval E，Sellars M J，Longdell J J. Dynamic decoherence control of a solid-state nuclear-quadrupole qubit ［J］. Physical Review Letters，2005，95 (3)：030506.

［228］ Longdell J J，Fraval E，Sellars M J. Stopped light with storage times greater than one second using electromagnetically induced transparency in a solid ［J］. Physical Review Letters，2005，95 (6)：063601.

［229］ Macfarlane R M. Inhomogeneous broadening of spectral lines in doped insulators ［J］. Journal of Luminescence，1990，45：1-5.

［230］ Nunn J，Reim K，Lee K C，et al. Multimode memories in atomic ensembles ［J］. Physical Review Letters，2008，101 (26)：260502.

［231］ Fleischhauer M，Imamoglu A，Marangos J P. Electromagnetically induced transparency：Optics in coherent media ［J］. Reviews of Modern Physics，2005，77：633-673.

［232］ Krau B，Imamolu A，Harris S E. Observation of electromagnetically induced transparency ［J］. Physical Review A，1991，66 (20)：2593-2596.

［233］ Sangouard N，Simon C，Afzelius M，et al. Analysis of a quantum memory for photons based on controlled reversible inhomogeneous broadening ［J］. Physical Review A，2007，75：032327.

［234］ De Riedmatten H，Simon C，Gisin N. Multimode quantum memory based on atomic frequency combs ［J］. Physical Review A，2009，79：052329.

［235］ Sekatski P，Nicolas S，Nicolas G，et al. Photon-pair source with controllable delay based on shaped inhomogeneous broadening of rare-earth-metal-doped solids ［J］. Physical Review A，2011，83：053840.

［236］ Simon C，De Riedmatten H，Afzelius M，et al. Quantum repeaters with photon pair sources and multimode memories ［J］. Physical Review Letters，2007，98：190503.

［237］ Sinclair N，Saglamyurek E，Mallahzadeh H，et al. Spectral multiplexing for scalable quantum photonics using an atomic frequency comb quantum memory and feed-forward control [J]. Physical Review Letters, 2014, 113: 053603.

[238] De Riedmatten H, Afzelius M, Staudt M U, et al. A solid-state light-matter interface at the single-photon level [J]. Nature, 2008, 456 (7223): 773-777.

[239] Saboonin M, Beaudoin F, Walther A, et al. Storage and recall of weak coherent optical pulses with an efficiency of 25% [J]. Physical Review Letters, 2010, 105: 060501.

[240] Clausen C, Usmani I, Bussieres F, et al. Quantum storage of photonic entanglement in a crystal [J]. Nature, 2011, 469: 508-511.

[241] Saglamyurek E, Sinclair N, Jin J, et al. Broadband waveguide quantum memory for entangled photons [J]. Nature, 2011, 469: 512-515.

[242] Usmani I, Clausen C, Bussìeres F, et al. Heralded quantum entanglement between two crystals [J]. Nature Photonics, 2012, 6: 234-237.

[243] Lauritzen B, Minár J, De Riedmatten H, et al. Telecommunication-waelength solid-state memory at the single photon level [J]. Physical Review Letters, 2010, 104 (8): 080502.

[244] Hetet G, Longdell J J, Alexander A L, et al. Electro-optic quantum memory for light using two-level atoms [J]. Physical Review Letters, 2018, 100: 023601.

[245] Hetet G, Longdell J J, Sellars M J, et al. Multimodal properties and dynamics of gradient echo quantum memory [J]. Physical Review Letters, 2008, 101: 023601.

[246] Hedges M P, Longdell J J, Li Y M, et al. Efficient quantum memory for light [J]. Nature, 2010, 465: 1052-1056.

[247] Zhou Z Q, Lin W B, Yang M, et al. Realization of reliable solid-state quantum memory for photonic polarization qubit [J]. Physical Review Letters, 2012, 108: 190505.

[248] Clausen C, Bussières F, Afzelius M, et al. Quantum storage of heralded polarization qubits in birefringent and anisotropically absorbing materials [J]. Physical Review Letters, 2012, 108: 190503.

[249] Gündoğan M, Ledingham P M, Almasi A, et al. Quantum storage of a photonic polarization qubit in a solid [J]. Physical Review Letters, 2012, 108: 190504.

[250] Usmani I, Afzelius M, De Riedmatten H, et al. Mapping multiple photonic qubits into and out of one solid-state atomic ensemble [J]. Nature Communications, 2010, 1: 12-19.

[251] Tang J S, Zhou Z Q, Wang Y T, et al. Storage of multiple single-photon pulses emitted from a quantum dot in a solid-state quantum memory [J]. Nature Communications, 2015, 6: 8652-8659.

[252] Bonarota M J, Goutet, Chanelire T. Revival of silenced echo and quantum memory for light [J]. New Journal of Physics, 2011, 13: 013013.

[253] Zhou Z Q, Hua Y L, Liu X, et al. Quantum storage of three-dimensional orbital-angular-

momentum entanglement in a crystal [J]. Physical Review Letters, 2015, 115: 070502.

[254] Maring N, Farrera P, Kutluer K, et al. Photonic quantum state transfer between a cold atomic gas and a crystal [J]. Nature, 2017, 551: 485-488.

[255] Afzelius M, Usmani I, Amari A, et al. Demonstration of atomic frequency comb memory for light with spin-wave storage [J]. Physical Review Letters, 2010, 104: 040503 .

[256] Seri A, Lenhard A, Rieländer D, et al. Quantum correlations between single telecom photons and a multimode on-demand solid-state quantum memory [J]. Physical Review X, 2017, 7: 021028.

[257] Zhong M, Hedges M P, Ahlefeldt R L, et al. Optically addressable nuclear spins in a solid with a six-hour coherence time [J]. Nature, 2015, 517: 177-180.

[258] Liu Y X, Liao J Q, Huang J F, et al. Quantum switch for single-photon transport in a coupled superconducting transmission-line-resonator array [J]. Physical Review A, 2017, 95: 012319.

[259] Zhou Z Q, Huelga S F, Li C F, et al. Experimental detection of quantum coherent evolution through the violation of Leggett-Garg-type inequalities [J]. Physical Review Letters, 2015, 115: 113002.

[260] Politi A, Cryan M J, Rarity J G, et al. Silica-on-silicon waveguide quantum optics [J]. Science, 2008, 320:646-649.

[261] O'Brien J L. Optical quantum computing [J]. Science, 2007, 318: 1567-1570.

[262] Raussendorf R, Briegel H. A one-way quantum computer [J]. Physical Review Letters, 2001, 86: 5188-5191.

[263] Bouwmeester D, Pan J W, Daniell M, et al. Observation of three-photon Greenberger-Horne-Zeilinger entanglement [J]. Physical Review Letters, 1999, 82 (7): 1345-1349.

[264] Pan J W, Simon C, Brukner C, et al. Entanglement purification for quantum communication [J]. Nature, 2001, 410: 1067-1070.

[265] Zhao Z, Chen Y A, Zhang A N, et al. Experimental demonstration of five-photon entanglement and open-destination teleportation [J]. Nature, 2004, 430: 54-58.

[266] Song C, Xu K, Li H K, et al. Generation of multicomponent atomic Schrödinger catstates of up to 20 qubits [J]. Science, 2019, 365 (6453): 574-577.

[267] Yao X C, Wang T X, Xu P, et al. Observation of eight-photon entanglement [J]. Nature Photonics, 2012, 6: 225-228.

[268] Gao W B, Lu C Y, Yao X C, et al. Experimental demonstration of a hyper-entangled ten-qubit Schrödinger cat state [J]. Nature Physics, 2010, 6: 331-335.

[269] Wang X L, Chen L K, Li W, et al. Experimental ten-photon entanglement [J]. Physical Review Letters, 2016, 117: 210502.

[270] Peruzzo A, Lobino M, Matthews J C F, et al. Quantum walks of correlated photons [J].

Science，2010，329：1500-1503.

[271] Walther P，Resch K J，Rudolph T，et al. Experimental one-way quantum computing [J]. Nature，2005，434：169-176.

[272] Lu C Y，Browne D E，Yang T，et al. Demonstration of a compiled version of Shor's quantum factoring algorithm using photonic qubits [J]. Physical Review Letters，2007，99：250504.

[273] Tame M S，Prevedel R，Paternostro M，et al. Experimental realization of Deutsch's algorithm in a one-way quantum computer [J]. Physical Review Letters，2007，98：140501.

[274] Politi A，Matthews J C F，O'Brien J L. Shor's quantum factoring algorithm on a photonic chip [J]. Science，2009，325：1173731.

[275] Cai X D，Weedbrook C，Su Z E，et al. Experimental quantum computing to solve systems of linear equations [J]. Physical Review Letters，2013，110：230501.

[276] Cai X D，Wu D，Su Z E，et al. Entanglement-based machine learning on a quantum computer [J]. Physical Review Letters，2015，114：110504.

[277] Huang H L，Wang X L，Rohde P P，et al. Demonstration of topological data analysis on a quantum processor [J]. Optics，2018，5：000193.

[278] Barz S，Kashefi E，Broadbent A，et al. Demonstration of blind quantum computing [J]. Science，2012，335：303-308.

[279] Huang H L，Zhao Q，Ma X F，et al. Experimental blind quantum computing for a classical client [J]. Physical Review Letters，2017，119：050503.

[280] Crespi A，Osellame R，Ramponi R，et al. Integrated multimode interferometers with arbitrary designs for photonic Boson sampling [J]. Nature Photonics，2013，7：545-549.

[281] Spring J B，Metcalf B J，Humphreys P C，et al. Boson sampling on a photonic chip [J]. Science，2013，339：798-801.

[282] Tillmann M，Daki B，Heilmann R，et al. Experimental Boson sampling [J]. Nature Photonics，2013，7：540-544.

[283] Broome M A，Fedrizzi A，Rahimi-Keshari S，et al. Photonic Boson sampling in a tunable circuit [J]. Science，2013，339：794-798.

[284] He Y，Ding X，Su Z E，et al. Time-bin-encoded boson sampling with a single-photon device [J]. Physical Review Letters，2017，118：190501.

[285] Wang H，He Y，Li Y H，et al. High-efficiency multiphoton Boson sampling [J]. Nature Photonics，2017，11：361-365.

[286] Lund A P，Laing A，Rahimi-Keshari S，et al. Boson sampling from a Gaussian state [J]. Physical Review Letters，2014，113：100502.

[287] Bentivegna M，Spagnolo N，Vitelli C，et al. Experimental scattershot Boson sampling [J]. Science Advances，2015，1：e1400255.

[288] Wang H, Li W, Jiang X, et al. Toward scalable Boson sampling with photon loss [J]. Physical Review Letters, 2018, 120: 230502.

[289] Harrow A W, Montanaro A. Quantum computational supremacy [J]. Nature, 2017, 549 (7671): 203-209.

[290] Paul W. Electromagnetic traps for charged and neutral particles [J]. Reviews of Modern Physics, 1990, 62 (3): 531-540.

[291] Wineland D J. Nobel lecture: Superposition, entanglement, and raising Schrödinger's cat [J]. Reviews of Modern Physics, 2013, 85 (3): 1103-1114.

[292] Leibfried D, Blatt R, Monroe C, et al. Quantum dynamics of single trapped ions [J]. Reviews of Modern Physics, 2003, 75 (1): 28-324.

[293] Zhu S L, Monroe C, Duan L M. Trapped ion quantum computation with transverse phonon Modes [J]. Reviews of Modern Physics, 2006, 97 (5): 050505.

[294] Zhu S L, Monroe C, Duan L M. Arbitrary-speed quantum gates within large ion crystals through minimum control of laser beams [J]. Europhysics Letters (EPL), 2006, 73 (4): 485-491.

[295] Kim K, Chang M S, Islam R, et al. Entanglement and tunable spin-spin couplings between trapped ions using multiple transverse modes [J]. Physical Review Letters, 2009, 103 (12): 120502.

[296] Monz T, Schindler P, Barreiro J T, et al. 14-qubit entanglement: Creation and coherence [J]. Physical Review Letters, 2011, 106 (13): 130506.

[297] Ballance C J, Harty T P, Linke N M, et al. High-fidelity quantum logic gates using trapped-ion hyperfine qubits [J]. Physical Review Letters, 2016, 117 (6): 060504.

[298] Wang Y, Um M, Zhang J, et al. Single-qubit quantum memory exceeding ten-minute coherence time [J]. Nature Photonics, 2017, 11 (10): 646-650.

[299] Debnath S, Linke N M, Figgatt C, et al. Demonstration of a small programmable quantum computer with atomic qubits [J]. Nature, 2016, 536 (7614): 63-66.

[300] Porras D, Cirac J I. Effective quantum spin systems with trapped ions [J]. Physical Review Letters, 2004, 92 (20): 207901.

[301] Korenblit S, Kafri D, Campbell W, et al. Quantum simulation of spin models on an arbitrary lattice with trapped ions [J]. New Journal of Physics, 2012, 14 (9): 095024.

[302] Friedenauer A, Schmitz H, Glueckert J T, et al. Simulating a quantum magnet with trapped ions [J]. Nature Physics, 2008, 4 (10): 757-761.

[303] Kim K, Usuki K, Endo M, et al. Quantum simulation of frustrated Ising spins with trapped ions [J]. Nature, 2010, 465 (7298): 590-593.

[304] Islam R, Edwards E E, Kim K, et al. Onset of a quantum phase transition with a trapped ion

quantum simulator [J]. Nature Communications，2011，2（1）：377-384.

[305] Islam R，Senko C，Campbell W C，et al. Emergence and frustration of magnetism with variable-range interactions in a quantum simulator [J]. Science，2013，340（6132）：583-587.

[306] Zhang J，Pagano G，Hess P W，et al. Observation of a many-body dynamical phase transition with a 53-qubit quantum simulator [J]. Nature，2017，551（7682）：601-604.

[307] Barreiro J T，Müller M，Schindler P，et al. An open-system quantum simulator with trapped ions [J]. Nature，2011，470（7335）：486-491.

[308] Schindler P，Mueller M，Nigg D，et al. Quantum simulation of dynamical maps with trapped ions [J]. Nature Physics，2013，9（6）：361-367.

[309] Martinez E A，Muschik C A，Schindler P，et al. Real-time dynamics of lattice gauge theories with a few-qubit quantum computer [J]. Nature，2016，534（7608）：516-519.

[310] Zhang X，Zhang J，Zhang J N，et al. Time reversal and charge conjugation in an embedding quantum simulator [J]. Nature Communications，2015，6（1）：7917-7919.

[311] An S，Um M，Lv D，et al. Experimental test of the quantum Jarzynski equality with a trapped-ion system [J]. Nature Physics，2014，11（2）：193-199.

[312] Kielpinski D，Monroe C，Wineland D J. Architecture for a large-scale iontrap quantum computer [J]. Nature，2002，417（6890）：709-711.

[313] Wilson A C，Colombe Y C，Brown K R，et al. Tunable spin-spin interactions and entanglement of ions in separate potential wells [J]. Nature，2014，512（7512）：57-60.

[314] Duan L M，Blinov B B，Moehring D L，et al. Scalable trapped ion quantum computation with a probabilistic ion-photon mapping [J]. Quantum Information & Computation，2004，4（3）：165-173.

[315] Blinov B B，Moehring D L，Duan L M，et al. Observation of entanglement between a single trapped atom and a single photon [J]. Nature，2004，428（6979）：153-157.

[316] Moehring D L，Maunz P，Olmschenk S，et al. Entanglement of single-atom quantum bits at a distance [J]. Nature，2007，449（7158）：68-71.

[317] Hucul D，Inlek I V，Vittorini G，et al. Modular entanglement of atomic qubits using photons and phonons [J]. Nature Physics，2014，11（1）：37-42.

[318] Duan L M，Monroe C. Colloquium：Quantum networks with trapped ions [J]. Reviews of Modern Physics，2010，82（2）：1209-1224.

[319] Cooper K B，Steffen M，McDermott R，et al. Observation of quantum oscillations between a Josephson phase qubit and a microscopic resonator using fast readout [J]. Physical Review Letters，2004，93(18)：180401.

[320] Wang C，Gao Y Y，Reinhold P，et al. A Schrödinger cat living in two boxes [J]. Science，2016，352（6289）：1087-1091.

[321] Dicarlo L, Sun L, Frunzio L, et al. Preparation and measurement of three-qubit entanglement in a superconducting circuit [J]. Nature, 2010, 467 (7315): 574-578.

[322] Kelly J S. Fault-tolerant superconducting qubits [D]. Santa Barbara: University of California Santa Barbara, 2015.

[323] Koch J, Yu T M, Gambetta J, et al. Charge-insensitive qubit design derived from the Cooper pair box [J]. Physical Review A, 2007, 76 (4): 042319.

[324] Feynman R P. Simulating physics with computers [J]. International Journal of Theoretical Physics, 1982, 21(6): 467-488.

[325] Bose S N. Plancks Gesetz und Lichtquantenhypothese [J]. Zeitschrift für Physik, 1924, 26: 178-181.

[326] Einstein A. Akademie-Vorträge: Sitzungsbericht der Preussischein Akademie der Wissenschaften [Z]. 1925: 3.

[327] De Broglie L. Waves and quanta [J]. Nature, 1923, 112 (2815): 540.

[328] Ku M J H, Sommer A T, Cheuk L W, et al. Revealing the superfluid lambda transition in the universal thermodynamics of a unitary Fermi gas [J]. Science, 2012, 335 (6068): 563-567.

[329] Tilley D R, Tilley J. Superfluidity and superconductivity [M]. CRC Press, 1990.

[330] Greytak T J, Kleppner D, Cline R W, et al. Spin polarized hydrogen [M]//Atomic Physics 7. Springer, 1981: 553-568.

[331] The Nobel Prize in Physics 1981 [EB/OL]. http://NobelPrize.org.

[332] Paul W. Electromagnetic traps for charged and neutral particles [J]. Uspekhi Fizicheskikh Nauk, 1990, 160 (12): 109-118.

[333] The Nobel Prize in Physics 1989 [EB/OL]. http://NobelPrize.org.

[334] Chu S, Hollberg L, Bjorkholm J E, et al. Three-dimensional viscous confinement and cooling of atoms by resonance radiation pressure [J]. Physical Review Letters, 1985, 55 (1): 48-51.

[335] Phillips W D. Laser cooling and trapping of neutral atoms [J]. Reviews of Modern Physics, 1998, 70: 721-741.

[336] Wineland D J, Itano W M. Laser cooling of atoms [J]. Physical Review A, 1979, 20 (4): 1521-1540.

[337] The Nobel Prize in Physics 1997 [EB/OL]. http://NobelPrize.org.

[338] Dalibard J, Cohen-Tannoudji C. Laser cooling below the Doppler limit by polarization gradients: simple theoretical models [J]. JOSA B, 1989, 6 (11): 2023-2045.

[339] Anderson M H, Ensher J R, Matthews M R, et al. Observation of Bose-Einstein condensation in a dilute atomic vapor [J]. Science, 1995, 269: 198-201.

[340] Davis K B, Mewes M O, Andrews M R, et al. Bose-Einstein condensation in a gas of sodium atoms [J]. Physical Review Letters, 1995, 75: 3969-3973.

[341] Bradley C C, Sackett C A, Tollett J J, et al. Evidence of Bose-Einstein condensation in an atomic gas with attractive interaction [J]. Physical Review Letters, 1995, 75: 1687-1690.

[342] Fried D G, Killian T C, Willmann L, et al. Bose-Einstein condensation of atomic hydrogen [J]. Physical Review Letters, 1998, 81: 3811-3814.

[343] Onnes H K. The superconductivity of mercury [R]. Communications in Physics Lab, University Leiden, 1911: 122-124.

[344] Bardeen J, Cooper L N, Schrieffer J R. Theory of superconductivity [J]. Physical Review, 1957, 108 (5): 1175-1204.

[345] Feshbach H. Unified theory of nuclear reactions [J]. Annals of Physics, 1958, 5: 357-390.

[346] DeMarco B, Jin D S. Onset of Fermi degeneracy in a trapped atomic gas [J]. Science, 1999, 285 (5434): 1703-1706.

[347] Eagles D M. Possible pairing without superconductivity at low carrier concentrations in bulk and thin-film superconducting semiconductors [J]. Physical Review, 1969, 186 (2): 456-463.

[348] Hadzibabic Z, Kruger P, Cheneau M, et al. Berezinskii-Kosterlitz-Thouless crossover in a trapped atomic gas [J]. Nature, 2006, 441 (7097): 1118-1121.

[349] Bourdel T, Khaykovich L, Cubizolles J, et al. Experimental study of the BEC-BCS crossover region in lithium 6 [J]. Physical Review Letters, 2004, 93 (5): 050401.

[350] Pitaevskii L, Stringari S. Bose-Einstein condensation and superfluidity [M]. Oxford University Press, 2016.

[351] Greiner M, Regal C A, Jin D S. Emergence of a molecular Bose-Einstein condensate from a Fermi gas [J]. Nature, 2003, 426: 537-540.

[352] Hadzibabic Z, Stan C A, Dieckmann K, et al. Two-species mixture of quantum degenerate Bose and Fermi gases [J]. Physical Review Letters, 2002, 88 (16): 160401.

[353] Tung S K, Parker C, Johansen J, et al. Ultracold mixtures of atomic ^{6}Li and ^{133}Cs with tunable interactions [J]. Physical Review A, 2013, 87 (1): 010702.

[354] Lercher A D, Takekoshi T, Debatin M, et al. Production of a dual-species Bose-Einstein condensate of Rb and Cs atoms [J]. The European Physical Journal D, 2011, 65 (1/2): 3-9.

[355] Ejnisman R, Pu H, Young Y E, et al. Studies of two-species Bose-Einstein condensation [J]. Optics Express, 1998, 2 (8): 330-337.

[356] Roati G, Riboli F, Modugno G, et al. Fermi-Bose quantum degenerate ^{40}K-^{87}Rb Mixture with Attractive Interaction [J]. Physical Review Letters, 2002, 89 (15): 150403.

[357] Park J W, Will S A, Zwierlein M W. Ultracold dipolar gas of fermionic ^{23}Na-^{40}K molecules in their absolute ground state [J]. Physical Review Letters, 2015, 114 (20): 205302.

[358] Taglieber M, Voigt A C, Aoki T, et al. Quantum degenerate two-species Fermi-Fermi mixture coexisting with a Bose-Einstein condensate [J]. Physical Review Letters, 2008, 100

(1): 010401.

[359] Xi K T, Saito H. Droplet formation in a Bose-Einstein condensate with strong dipoledipole interaction [J]. Physical Review A, 2016, 93 (1): 011604.

[360] Bradley D I, Fisher S N, Guénault A M, et al. Breaking the superfluid speed limit in a Fermionic condensate [J]. Nature Physics, 2016, 12 (11): 1017-1021.

[361] Matthews M R, Anderson B P, Haljan P C, et al. Vortices in a Bose-Einstein condensate [J]. Physical Review Letters, 1999, 83 (13): 2498-2501.

[362] Cataliotti F S, Fallani L, Ferlaino F, et al. Superfluid current disruption in a chain of weakly coupled Bose-Einstein condensates [J]. New Journal of Physics, 2003, 5 (1): 71-77.

[363] Betz T, Manz S, Bucker R, et al. Two-point phase correlations of a one-dimensional Bosonic Josephson junction [J]. Physical Review Letters, 2011, 106 (2): 020407.

[364] Arvanitaki A, Dubovsky S. Exploring the string axiverse with precision black hole physics [J]. Physical Review D, 2011, 83 (4): 044026.

[365] Lamporesi G, Donadello S, Serafini S, et al. Spontaneous creation of Kibble-Zurek solitons in a Bose-Einstein condensate [J]. Nature Physics, 2013, 9 (10): 656-660.

[366] Giamarchi T, Ruegg C, Tchernyshyov O. Bose-Einstein condensation in magnetic insulators [J]. Nature Physics, 2008, 4 (3): 198-204.

[367] Kobayashi M, Tsubota M. Quantum turbulence in a trapped Bose-Einstein condensate [J]. Physical Review A, 2007, 76 (4): 045603.

[368] Bloch I. Ultracold quantum gases in optical lattices [J]. Nature Physics, 2005, 1 (1): 23-30.

[369] Jaksch D, Bruder C, Cirac J I, et al. Cold Bosonic atoms in optical lattices [J]. Physical Review Letters, 1998, 81: 3108-3111.

[370] Greiner M, Mandel O, Esslinger T, et al. Quantum phase transition from a superfluid to a Mott insulator in a gas of ultracold atoms [J]. Nature, 2002, 415 (6867): 39-44.

[371] Bakr W S, Gillen J I, Peng A, et al. A quantum gas microscope for detecting single atoms in a Hubbard-regime optical lattice [J]. Nature, 2009, 462 (7269): 74-77.

[372] Schachenmayer J, Lesanovsky I, Micheli A, et al. Dynamical crystal creation with polar molecules or Rydberg atoms in optical lattices [J]. New Journal of Physics, 2010, 12 (10): 103044.

[373] Islam R, Ma R, Preiss P M, et al. Measuring entanglement entropy in a quantum many body system [J]. Nature, 2015, 528 (7580): 77-83.

[374] Preiss P M, Ma R, Tai M E, et al. Strongly correlated quantum walks in optical lattices [J]. Science, 2015, 347 (6227): 1229-1233.

[375] Fukuhara T, Kantian A, Endres M, et al. Quantum dynamics of a mobile spin impurity [J]. Nature Physics, 2013, 9 (4): 235-241.

[376] Simon J, Bakr W S, Ma R, et al. Quantum simulation of antiferromagnetic spin chains in an optical lattice [J]. Nature, 2011, 472 (7343): 307-312.

[377] Cheuk L W, Nichols M A, Okan M, et al. Quantum-gas microscope for fermionic atoms [J]. Physical Review Letters, 2015, 114 (19): 193001.

[378] Haller E, Hudson J, Kelly A, et al. Single-atom imaging of fermions in a quantum-gas microscope [J]. Nature Physics, 2015, 11 (9): 738-742.

[379] Omran A, Boll M, Hilker T A, et al. Microscopic observation of Pauli blocking in degenerate fermionic lattice gases [J]. Physical Review Letters, 2015, 115 (26): 263001.

[380] Hart R A, Duarte P M, Yang T L, et al. Observation of antiferromag-netic correlations in the Hubbard model with ultracold atoms [J]. Nature, 2015, 519 (7542): 211-214.

[381] Stone M. Quantum hall effect [M]. World Scientific, 1992.

[382] Dum R, Olshanii M. Gauge structures in atom-laser interaction: Bloch oscillations in a dark lattice [J]. Physical Review Letters, 1996, 76: 1788-1791.

[383] Cooper N R, Dalibard J. Reaching fractional quantum hall states with optical flux lattices [J]. Physical Review Letters, 2013, 110: 185301.

[384] Campbell D L, Juzeliūnas G, Spielman I B. Realistic Rashba an Dresselhaus spin-orbit coupling for neutral atoms [J]. Physical Review A, 2011, 84: 025602.

[385] Bijl E, Duine R A. Anomalous hall conductivity from the dipole mode of spin-orbit-coupled cold-atom systems [J]. Physical Review Letters, 2011, 107: 195302.

[386] Lin Y J, Jimenez-Garcia K, Spielman I B. Spin-orbit-coupled Bose-Einstein condensates [J]. Nature, 2011, 471 (7336): 83-86.

[387] Huang L, Meng Z, Wang P, et al. Experimental realization of two-dimensional synthetic spin-orbit coupling in ultracold Fermi gases [J]. Nature Physics, 2016, 12 (6): 540.

[388] Wu Z, Zhang L, Sun W, et al. Realization of two-dimensional spin-orbit coupling for Bose-Einstein condensates [J]. Science, 2016, 354 (6308): 83-88.

[389] Li J R, Lee J, Huang W, et al. A stripe phase with supersolid properties in spin-orbit-coupled Bose-Einstein condensates [J]. Nature, 2017, 543 (7643): 91-94.

[390] Léonard J, Morales A, Zupancic P, et al. Supersolid formation in a quantum gas breaking a continuous translational symmetry [J]. Nature, 2017, 543 (7643): 87.

[391] Liu K S, Fisher M E. Quantum lattice gas and the existence of a supersolid [J]. Journal of Low Temperature Physics, 1973, 10 (5/6): 655-683.

[392] Vaucher B, Nunnenkamp A, Jaksch D. Creation of resilient entangled states and a resource for measurement-based quantum computation with optical superlattices [J]. New Journal of Physics, 2008, 10 (2): 023005.

[393] Bloom B J, Nicholson T L, Williams J R, et al. An optical lattice clock with accuracy and

stability at the 10^{-18} level [J]. Nature, 2014, 506 (7486): 71-75.

[394] Georgescu I M, Ashhab S, Nori F. Quantum simulation [J]. Reviews of Modern Physics, 2014, 86 (1): 153-185.

[395] Neumann P, Beck J, Steiner M, et al. Single-shot readout of a single nuclear spin [J]. Science, 2010, 329: 542-544.

[396] Neumann P, Kolesov R, Naydenov B, et al. Quantum register based on coupled electron spins in a room-temperature solid [J]. Nature Physics, 2010, 6: 249-253.

[397] Jacques V, Neumann P, Beck J, et al. Dynamic polarization of single nuclear spins by optical pumping of nitrogen-vacancy color centers in diamond at room temperature [J]. Physical Review Letters, 2009, 102: 7-10.

[398] Gaebel T, Domhan M, Popa I, et al. Room-temperature coherent coupling of single spins in diamond [J]. Nature Physics, 2006, 2: 408-413.

[399] Gruber A, Dräbenstedt A, Tietz C, et al. Scanning confocal optical microscopy and magnetic resonance on single defect centers [J]. Science, 1997, 276: 2012-2014.

[400] Robledo L, Childress L, Bernien H, et al. High-fidelity projective read-out of a solid-state spin quantum register [J]. Nature, 2011, 477: 574-578.

[401] Waldherr G, Wang Y, Zaiser S, et al. Quantum error correction in a solid-state hybrid spin register [J]. Nature, 2014, 506: 204-207.

[402] Hadden J P, Harrison J P, Stanley-Clarke A C, et al. Strongly enhanced photon collection from diamond defect centers under microfabricated integrated solid immersion lenses [J]. Applied Physics Letters, 2010, 97: 241901.

[403] Siyushev P, Kaiser F, Jacques V, et al. Monolithic diamond optics for single photon detection [J]. Applied Physics Letters, 2010, 97: 241902.

[404] Babinec T M, Hausmann B J M, Khan M, et al. A diamond nanowire single-photon source [J]. Nature Nanotechnology, 2010, 5: 195-199.

[405] Clevenson H, Trusheim M E, Teale C, et al. Broadband magnetometry and temperature sensing with a lighttrapping diamond waveguide [J]. Nature Physics, 2015, 11: 393-397.

[406] Brenneis A, Gaudreau L, Seifert M, et al. Ultrafast electronic readout of diamond nitrogen-vacancy centres coupled to graphene [J]. Nature Nanotechnology, 2015, 10: 135-139.

[407] Bourgeois E, Jarmola A, Siyushev P, et al. Photoelectric detection of electron spin resonance of nitrogen-vacancy centres in diamond [J]. Nature Communications, 2015, 6: 1-8.

[408] Kurtsiefer C, Mayer S, Zarda P, H, et al. Stable solid-state source of single photons [J]. Physical Review Letters, 2000, 85: 290-293.

[409] Beveratos A, Brouri R, Gacoin T, et al. Single photon quantum cryptography [J]. Physical Review Letters, 2002, 89: 4-7.

[410] Geiselmann M，Marty R，de Abajo J G，et al. Fast optical modulation of the fluorescence from a single nitrogen-vacancy centre [J]. Nature Physics，2013，9：785-789.

[411] Rogers L J，Marseglia L，Isoya J，et al. Multiple intrinsically identical single-photon emitters in the solid state [J]. Nature Communications，2014，5：1-2.

[412] Sipahigil A，Evans R E，Sukachev D D，et al. An integrated diamond nanophotonics platform for quantum-optical networks [J]. Science，2016，354：847-850.

[413] Lee S Y，Widmann M，Yang S，et al. Readout and control of a single nuclear spin with a metastable electron spin ancilla [J]. Nature Nanotechnology，2013，8：487-492.

[414] Choy J T，Hausmann B J M，Babinec T M，et al. Enhanced single-photon emission from a diamond-silver aperture [J]. Nature Photonics，2011，5：738-743.

[415] Maurer P C，Kucsko G，Latta C，et al. Room-temperature quantum bit memory exceeding one second [J]. Science，2012，336：1283-1286.

[416] Bar-Gill N，Pham L M，Jarmola A，et al. Solid-state electronic spin coherence time approaching one second [J]. Nature Communication，2013，4：1743-1746.

[417] Fuchs G D，Dobrovitski V V，Toyli D M，et al. Gigahertz dynamics of a strongly driven single quantum spin [J]. Science，2009，326：1520-1522.

[418] Shi F，Jelezko F，Reinhard F，et al. Quantum logic readout and cooling of a single dark electron spin [J]. Physical Review B：Condensed Matter and Materials Physics，2013，87：1-5.

[419] Awschalom D D，Bassett L C，Dzurak A S，et al. Quantum spintronics：Engineering and manipulating atom-like spins in semiconductors [J]. Science，2013，339：1174-1179.

[420] Fuchs G D，Dobrovitski V V，Awschalom D D，et al. Excited-state spin coherence of a single nitrogen-vacancy centre in diamond [J]. Nature Physics，2010，6：668-672.

[421] Bassett L C，Heremans F J，Christle D J，et al. Ultrafast optical control of orbital and spin dynamics in a solidstate defect [J]. Science，2014，345：1333-1337.

[422] Jelezko F，Gaebel T，Popa I，et al. Wrachtrup，observation of coherent oscillations in a single electron spin [J]. Physical Review Letters，2014，92：076401.

[423] Jelezko F，Gaebel T，Popa I，et al. Observation of coherent oscillation of a single nuclear spin and realization of a two-qubit conditional quantum gate [J]. Physical Review Letters，2004，93：1-4.

[424] Childress L，Gurudev Dutt M V，Taylor J M，et al. Coherent dynamics of coupled electron and nuclear spin qubits in diamond [J]. Science，2006，314：281-285.

[425] Du J，Rong X，Yang J，et al. Preserving electron spin coherence in solids by optimal dynamical decoupling [J]. Nature，2009，461：1265-1268.

[426] De Lange G，Wang Z H，Ristè D，et al. Universal dynamical decoupling of a single solid-state spin from a spin bath [J]. Science，2010，330：60-63.

［427］Van der Sar T，Wang Z H，Blok M S，et al. Decoherence-protected quantum gates for a hybrid solid-state spin register ［J］. Nature，2012，484：82-86.

［428］Liu G Q，Po H C，Du J，et al. Noise-resilient quantum evolution steered by dynamical decoupling ［J］. Nature Communications，2013，4：1-9.

［429］Rong X，Geng J，Wang Z，et al. Implementation of dynamically corrected gates on a single electron spin in diamond ［J］. Physical Review Letters，2014，112：1-5.

［430］Rong X，Geng J，Shi F，et al. Experimental fault-tolerant universal quantum gates with solid-state spins under ambient conditions ［J］. Nature Communications，2015，6：1-7.

［431］Xu X，Xu N，Kong X，et al. Coherence-protected quantum gate by continuous dynamical decoupling in diamond ［J］. Physical Review Letters，2012，109：1-5.

［432］Zhou J W，Huang P，Zhang Q，et al. Observation of time-domain Rabi oscillations in the Landau-Zener regime with a single electronic spin ［J］. Physical Review Letters，2014，112：1-5.

［433］Geng J，Wu Y，Du J，et al. Experimental time-optimal universal control of spin qubits in solids ［J］. Physical Review Letters，2016，117：1-5.

［434］Zu C，Wang W B，He L，et al. Experimental realization of universal geometric quantum gates with solidstate spins ［J］. Nature，2014，514：72-75.

［435］Hirose M，Cappellaro P. Coherent feedback control of a single qubit in diamond ［J］. Nature，2016，532：77-80.

［436］Robinson I，Harder R. Coherent X-ray diffraction imaging of strain at the nanoscale ［J］. Nature Materials，2009，8：291-298.

［437］Shi F Z，Rong X，Xu N Y，et al. Room-temperature implementation of the Deutsch-Jozsa algorithm with a single electronic spin in diamond ［J］. Physical Review Letters，2010，105：2-5.

［438］Waldherr G，Beck J，Neumann P，et al. High-dynamic-range magnetometry with a single nuclear spin in diamond ［J］. Nature Nanotechnology，2011，7 （2）：105-108.

［439］Nusran N M，Momeen M U，Dutt M V G. High-dynamic-range magnetometry with a single electronic spin in diamond ［J］. Nature Nanotechnology，2011，7 （2）：109-113.

［440］Xu K，Xie T Y，Li Z K，et al. Experimental adiabatic quantum factorization under ambient conditions based on a solid-state single spin system ［J］. Physical Review Letters，2017，118：130504.

［441］Wang Y，Dolde F，Biamonte J，et al. Quantum simulation of helium hydride cation in a solid-state spin register ［J］. ACS Nano，2015，9：7769-7774.

［442］Kong F，Ju C，Liu Y，et al. Direct measurement of topological numbers with spins in diamond ［J］. Physical Review Letters，2016，117：1-5.

［443］Choi S，Choi J，Landig R，et al. Observation of discrete time-crystalline order in a disordered dipolar many-body system ［J］. Nature，2017，543：221-225.

［444］ Hensen B，Bernien H，Dréau A E，et al. Loophole-free Bell inequality violation using electron spins separated by 1.3 kilometres ［J］. Nature，2015，526：682-686.

［445］ Kane B E. A silicon-based nuclear spin quantum computer ［J］. Nature，1998，393：133-137.

［446］ Cai J，Retzker A，Jelezko F，et al. A large-scale quantum simulator on a diamond surface at room temperature ［J］. Nature Physics，2013，9：168-173.

［447］ Neumann P，Mizuochi N，Rempp F，et al. Multipartite entanglement among single spins in diamond ［J］. Science，2008，320：1326-1329.

［448］ Abobeih M H，Cramer J，Bakker M A，et al. One-second coherence for a single electron spin coupled to a multi-qubit nuclear-spin environment ［J］. Nature Communications，2018，9：2552-2559.

［449］ Yao N Y，Jiang L，Gorshkov A V，et al. Robust quantum state transfer in random unpolarized spin chains ［J］. Physical Review Letters，2011，106：1-4.

［450］ Yao N Y，Jiang L，Gorshkov A V，et al. Scalable architecture for a room temperature solid-state quantum information processor ［J］. Nature Communications，2012，3：800-808.

［451］ Weimer H，Yao N Y，Lukin M D. Collectively enhanced interactions in solid-state spin qubits ［J］. Physical Review Letters，2013，110：62-66.

［452］ Nemoto K，Trupke M，Buczak K，et al. Photonic architecture for scalable quantum information processing in diamond ［J］. Physical Review X，2014，4：1-12.

［453］ Trifunovic L，Pedrocchi F L，Loss D. Long-distance entanglement of spin qubits via ferromagnet ［J］. Physical Review X，2014，3：1-15.

［454］ Maurer P C，Maze J R，Stanwix P L，et al. Far-field optical imaging and manipulation of individual spins with nanoscale resolution ［J］. Nature Physics，2010，6：912-918.

［455］ Cui J M，Sun F W，Chen X D，et al. Quantum statistical imaging of particles without restriction of the diffraction limit ［J］. Physical Review Letters，2013，110：154-158.

［456］ Togan E，Chu Y，Trifonov A S，et al. Quantum entanglement between an optical photon and a solid-state spin qubit ［J］. Nature，2010，466：730-734.

［457］ Yang S，Wang Y，Yang W，et al. High-fidelity transfer and storage of photon states in a single nuclear spin ［J］. Nature Photonics，2016，10：507-511.

［458］ Pfaff W，Hensen B J，Bernien H，et al. Unconditional quantum teleportation between distant solid-state quantum bits ［J］. Science，2014，345：532-535.

［459］ Englund D，Shields B，Rivoire K，et al. Deterministic coupling of a single nitrogen vacancy center to a photonic crystal cavity ［J］. Nano Letters，2010，10：3922-3926.

［460］ Faraon A，Barclay P E，Santori C，et al. Resonant enhancement of the zero-phonon emission from a colour centre in a diamond cavity ［J］. Nature Photonics，2011，5：301-305.

［461］ Vahala K J. Optical microcavities ［J］. Nature，2003，424（6950）：839-846.

[462] Lončar M，Faraon A. Quantum photonic networks in diamond [J]. MRS Bulletin，2013，38：144-148.

[463] Zhu X，Saito S，Kemp A，et al. Coherent coupling of a superconducting flux qubit to an electron spin ensemble in diamond [J]. Nature，2011，478：221-224.

[464] Ovartchaiyapong P，Lee K W，Myers B A，et al. Dynamic strain-mediated coupling of a single diamond spin to a mechanical resonator [J]. Nature Communications，2014，5：1-6.

[465] Teissier J，Barfuss A，Appel P，et al. Strain coupling of a nitrogenvacancycenter spin to a diamond mechanical oscillator [J]. Physical Review Letters，2014，113：1-5.

[466] Doherty M W，Meriles C A，Alkauskas A，et al. Towards a room-temperature spin quantum bus in diamond via electron photoionization，transport，and capture [J]. Physical Review X，2016，6：1-14.

[467] 张琪，石发展，杜江峰. 钻石钥匙开启单分子磁共振研究之门[J]. 物理，2015，44：565-575.

[468] Sekatskii S K，Letokhov V S，Nanometer-resolution scanning optical microscope with resonance excitation of the fluorescence of the samples from a single-atom excited center [J]. Journal of Experimental and Theoretical Physics，1996，63：319-323.

[469] Chernobrod B M，Berman G P. Spin microscope based on optically detected magnetic resonance [J]. Journal of Applied Physics，2005，97：2003-2006.

[470] Balasubramanian G，Chan I Y，Al-Hmoud M，et al. Nanoscale imaging magnetometry with diamond spins under ambient conditions [J]. Nature，2008，455：648-651.

[471] Maze J R，Stanwix P L，Hodges J S，et al. Nanoscale magnetic sensing with an individual electronic spin in diamond [J]. Nature，2008，455：644-647.

[472] Taylor J M，Cappellaro P，Childress L，et al. High-sensitivity diamond magnetometer with nanoscale resolution [J]. Nature Physics，2008，4：810-816.

[473] Barry J F，Turner M J，Schloss J M，et al. Optical magnetic detection of single-neuron action potentials using quantum defects in diamond [J]. Proceedings of the National Academy of Sciences of the USA，2016，113 (49)：1-6.

[474] Wolf T，Neumann P，Nakamura K，et al. Subpicotesla diamond magnetometry [J]. Physical Review X，2015，5：1-10.

[475] Maletinsky P，Hong S，Grinolds M S，et al. A robust scanning diamond sensor for nanoscale imaging with single nitrogen-vacancy centres [J]. Nature Nanotechnology，2012，7：320-324.

[476] Tetienne J P，Hingant T，Adam J P，et al. Nanoscale imaging and control of domain-wall hopping with a nitrogen-vacancy center microscope [J]. Science，2014，344：1366-1369.

[477] Le Sage D，Arai K，Glenn D R，et al. Optical magnetic imaging of living cells [J]. Nature，2013，496：486-489.

[478] Glenn D R，Lee K，Weissleder R，et al. Single-cell magnetic imaging using a quantum

diamond microscope [J]. Nature Methods, 2015, 12: 736-738.

[479] Gross I, Eichler A, Degen C L, et al. Real-space imaging of non-collinear antiferromagnetic order with a single-spin magnetometer [J]. Nature, 2017, 549: 252-256.

[480] Thiel L, Rohner D, Maletinsky P, et al. Quantitative nanoscale vortex imaging using a cryogenic quantum magnetometer [J]. Nature Nanotechnology, 2016, 11: 677-681.

[481] Pelliccione M, Jenkins A, Ovartchaiyapong P, et al. Scanned probe imaging of nanoscale magnetism at cryogenic temperatures with a single-spin quantum sensor [J]. Nature Nanotechnology, 2016, 11: 700-705.

[482] Tetienne J P, Dontschuk N, Broadway D A, et al. Quantum imaging of current flow in graphene [J]. Science Advances, 2017, 3 (4): e1602429.

[483] Chang K, Eichler A, Rhensius J, et al. Nanoscale imaging of current density with a single-spin magnetometer [J]. Nano Letters, 2017, 17: 2367-2373.

[484] Wang P, Yuan Z, Wang M, et al. High-resolution vector microwave magnetometry based on solid-state spins in diamond [J]. Nature Communications, 2015, 6: 6631-6641.

[485] Van der Sar T, Casola F, Walsworth R, et al. Nanometre-scale probing of spin waves using single-electron spins [J]. Nature Communications, 2015, 6: 1-7.

[486] Hall L T, Hill C D, Cole J H, et al. Monitoring ion-channel function in real time through quantum decoherence [J]. Proceedings of the National Academy of Sciences of the USA, 2010, 107: 18777-18782.

[487] Kolkowitz S, Safira A, High A A, et al. Probing Johnson noise and ballistic transport in normal metals with a single-spin qubit [J]. Science, 2015, 347: 1129-1132.

[488] Du C, van der Sar T, Zhou T X, et al. Control and local measurement of the spin chemical potential in a magnetic insulator [J]. Science, 2017, 198: 1-18.

[489] Kolkowitz S, Jayich A C, Unterreithmeier Q P, et al. Coherent sensing of a mechanical resonator with a single-spin qubit [J]. Science, 2012, 335: 1603-1606.

[490] Simpson D A, Ryan R G, Hall L T, et al. Electron paramagnetic resonance microscopy using spins in diamond under ambient conditions [J]. Nature Communications, 2017, 8: 458-465.

[491] Schmid-Lorch D, Häberle T, Reinhard F, et al. Relaxometry and dephasing imaging of superparamagnetic magnetite nanoparticles using a single qubit [J]. Nano Letters, 2015, 15: 4942-4947.

[492] Sushkov A O, Chisholm N, Lovchinsky I, et al. All-optical sensing of a single-molecule electron spin [J]. Nano Letters, 2014, 14: 6443-6448.

[493] Steinert S, Ziem F, Hall L T, et al. Magnetic spin imaging under ambient conditions with sub-cellular resolution [J]. Nature Communications, 2013, 4 (3): 2588.

[494] Rendler T, Neburkova J, Zemek O, et al. Optical imaging of localized chemical events using

programmable diamond quantum nanosensors [J]. Nature Communications, 2017, 8: 14701.

[495] Staudacher T, Shi F, Pezzagna S, et al. Nuclear magnetic resonance spectroscopy on a (5-nanometer) 3 sample volume [J]. Science, 2013, 339: 561-563.

[496] Mamin H J, Kim M, Sherwood M H, et al. Nanoscale nuclear magnetic resonance with a nitrogen-vacancy spin sensor [J]. Science, 2013, 339: 557-560.

[497] Häberle T, Schmid-Lorch D, Reinhard F, et al. Nanoscale nuclear magnetic imaging with chemical contrast [J]. Nature Nanotechnology, 2015, 10: 125-128.

[498] Rugar D, Mamin H J, Awschalom D D, et al. Proton magnetic resonance imaging using a nitrogen-vacancy spin sensor [J]. Nature Nanotechnology, 2015, 10: 120-124.

[499] Devience S J, Pham L M, Lovchinsky I, et al. Nanoscale NMR spectroscopy and imaging of multiple nuclear species [J]. Nature Nanotechnology, 2015, 10: 129-134.

[500] Aslam N, Pfender M, Neumann P, et al. Nanoscale nuclear magnetic resonance with chemical resolution [J]. Science, 2017, 357: 67-71.

[501] Schmitt S, Gefen T, Stürner F M, et al. Submillihertz magnetic spectroscopy performed with a nanoscale quantum sensor [J]. Science, 2017, 356: 832-837.

[502] Boss J M, Cujia K S, Zopes J C, et al. Quantum sensing with arbitrary frequency resolution [J]. Science, 2017, 356: 837-840.

[503] Glenn D R, Bucher D B, Lee J, et al. High resolution magnetic resonance spectroscopy using solid-state spins [J]. Nature, 2018, 555: 351-354.

[504] Kong X, Shi F Z, Yang Z P, et al. Atomic-scale structure analysis of a molecule at a (6-nanometer) ice crystal [OL]. ArXiv: 1705.09201v.1, 2017: 11-18. https://arxiv.org/pdf/1705.09201.pdf.

[505] Shi F, Zhang Q, Wang P, et al. Single-protein spin resonance spectroscopy under ambient conditions [J]. Science, 2015, 347: 1135-1138.

[506] Lovchinsky I, Sushkov A O, Urbach E, et al. Nuclear magnetic resonance detection and spectroscopy of single proteins using quantum logic [J]. Science, 2016, 351: 836-841.

[507] Muller C, Kong X, Cai J M, et al. Nuclear magnetic resonance spectroscopy with single spin sensitivity [J]. Nature Communications, 2014, 5: 4703-4708.

[508] Sushkov A O, Lovchinsky I, Chisholm N, et al. Magnetic resonance detection of individual proton spins using quantum reporters [J]. Physical Review Letters, 2014, 113: 197601.

[509] Lovchinsky I, Sanchez-Yamagishi J D, Urbach E K, et al. Magnetic resonance spectroscopy of an atomically thin material using a single-spin qubit [J]. Science, 2017, 355: 503-507.

[510] Loretz M, Boss J M, Rosskopf T, et al. Spurious harmonic response of multipulse quantum sensing sequences [J]. Physical Review X, 2015, 5: 1-7.

[511] Neumann P, Jakobi I, Dolde F, et al. High-precision nanoscale temperature sensing using

single defects in diamond [J]. Nano Letters, 2013: 1-5.

[512] Toyli D M, Christle D J, Dobrovitski V V, et al. Fluorescence thermometry enhanced by the quantum coherence of single spins in diamond [J]. Proceedings of the National Academy of Sciences of the USA, 2013, 110: 8417-8421.

[513] Kucsko G, Maurer P C, Yao N Y, et al. Nanometre-scale thermometry in a living cell [J]. Nature, 2013, 500: 54-58.

[514] Laraoui A, Aycockrizzo H, Gao Y, et al. Imaging thermal conductivity with nanoscale resolution using a scanning spin probe [J]. Nature Communications, 2015, 6: 306-312.

[515] Ermakova Y G, et al. Thermogenetic neurostimulation with single-cell resolution [J]. Nature Communications, 2017, 8: 1-15.

[516] Dolde F, Fedder H, Doherty M W, et al. Electric-field sensing using single diamond spins [J]. Nature Physics, 2011, 7: 459-463.

[517] Dolde F, Struzhkin V V, Simpson D A, et al. Nanoscale detection of a single fundamental charge in ambient conditions using the NV-center in diamond [J]. Physical Review Letters, 2014, 112: 1-5.

[518] Doherty M W, Struzhkin V V, Simpson D A, et al. Electronic properties and metrology applications of the diamond NV-center under pressure [J]. Physical Review Letters, 2014, 112: 047601.

[519] Hodges J S, Yao N, Maclaurin D, et al. Timekeeping with electron spin states in diamond [J]. Physical Review A, 2013, 87: 1-11.

[520] Ledbetter M P, Jensen K, Fischer R, et al. Gyroscopes based on nitrogen-vacancy centers in diamond [J]. Physical Review A, 2012, 86: 3-7.

[521] Ajoy A, Cappellaro P. Stable three-axis nuclear-spin gyroscope in diamond [J]. Physical Review A, 2012, 86: 1-7.

[522] Geiselmann M, Juan M L, Renger J, et al. Three-dimensional optical manipulation of a single electron spin [J]. Nature Nanotechnology, 2013, 8: 175-179.

[523] Haziza S, Mohan N, Loemie Y, et al. Fluorescent nanodiamond tracking reveals intraneuronal transport abnormalities induced by brain-disease-related genetic risk factors [J]. Nature Nanotechnology, 2017, 12: 322-328.

[524] Horowitz V R, Aleman B J, Christle D J, et al. Electron spin resonance of nitrogen-vacancy centers in optically trapped nanodiamonds [J]. Proceedings of the National Academy of Sciences of the USA, 2012, 109: 13493-13497.

[525] Mohseni M, Read P, Neven H, et al. Commercialize quantum technologies in five years [J]. Nature, 2017, 543 (7644): 171-174.

[526] Loss D, DiVincenzo D P. Quantum computation with quantum dots [J]. Physical Review A,

1998，57（1）：120-126.

[527] Colless J I，Mahoney A C，Hornibrook J M，et al. Dispersive readout of a few-electron double quantum dot with fast RF gate-sensors［J］. Physical Review Letters，2013，110（4）：046805.

[528] Cao G，Li H O，Tu T，et al. Ultrafast universal quantum control of a quantum-dot charge qubit using Landau-Zener-Stückelberg interference［J］. Nature Communications，2013，4（1）：2806.

[529] Li H O，Cao G，Yu G D，et al. Controlled quantum operations of a semiconductor three-qubit system［J］. Physical Review Applied，2018，9（2）：024015.

[530] Pioro-Ladrière M，Obata T，Tokura Y，et al. Electrically driven single-electron spin resonance in a slanting zeman field［J］. Nature Physics，2008，4（10）：776-779.

[531] Nowack K C，Koppens F H L，Nazarov Y V，et al. Coherent control of a single electron spin with electric fields［J］. Science，2007，318（5855）：1430-1433.

[532] Yoneda J，Takeda K，Otsuka T，et al. A quantum-dot spin qubit with coherence limited by charge noise and fidelity higher than 99.9%［J］. Nature Nanotechnology，2017，13（2）：102-106.

[533] Zajac D M，Sigillito A J，Russ M，et al. Resonantly driven CNOT gate for electron spins［J］. Science，2017，359（6374）：439-442.

[534] Watson T F，Philips S G J，Kawakami E，et al. A programmable two-qubit quantum processor in silicon［J］. Nature，2018，555（7698）：633-637.

[535] Nichol J M，Orona L A，Harvey S P，et al. High-fidelity entangling gate for double-quantum-dot spin qubits［J］. npj Quantum Information，2017，3（1）：3-7.

[536] Kim D，Ward D R，Simmons C B，et al. High-fidelity resonant gating of a silicon-based quantum dot hybrid qubit［J］. npj Quantum Information，2015，1（1）：15004-15009.

[537] Cao G，Li H O，Yu G D，et al. Tunable hybrid qubit in a GaAs double quantum dot［J］. Physical Review Letters，2016，116（8）：086801.

[538] Wang B C，Cao G，Li H O，et al. Tunable hybrid qubit in a triple quantum dot［J］. Physical Review Applied，2017，8（6）：064035.

[539] Veldhorst M，Eenink H G J，Yang C H，et al. Silicon CMOS architecture for a spin-based quantum computer［J］. Nature Communications，2017，8（1）：1766-1781.

[540] Li R，Petit L，Franke D P，et al. A crossbar network for silicon quantum dot qubits［J］. Science Advances，2017，4（7）：eaar3960.

[541] Taylor J M，Engel H A，Dür W，et al. Fault-tolerant architecture for quantum computation using electrically controlled semiconductor spins［J］. Nature Physics，2005，1（3）：177-183.

[542] Rotta D，Sebastiano F，Charbon E，et al. Quantum information density scaling and qubit operation time constraints of CMOS silicon-based quantum computerarchitectures［J］. npj

Quantum Information，2017，3（1）：06365.

[543] Fowler A G，Mariantoni M，Martinis J M，et al. Surface codes：Towards practical large-scale quantum computation [J]. Physical Review A，2012，86（3）：032324.

[544] Hasan M Z，Kane C L. Colloquium：Topological insulators [J]. Reviews of Modern Physics，2010，82（4）：3045-3067.

[545] Qi X L，Zhang S C. Topological insulators and superconductors [J]. Reviews of Modern Physics，2011，83（4）：1057-1110.

[546] Wen X G. Topological orders and edge excitations in fractional quantum hall states [J]. Advances in Physics，1995，44（5）：405-473.

[547] Kitaev A Y. Fault-tolerant quantum computation by anyons [J]. Annals of Physics，2003，303（1）：2-30.

[548] Nayak C，Simon S H，Stern A，et al. Non-abelian anyons and topological quantum computation [J]. Reviews of Modern Physics，2008，80（3）：1083-1159.

[549] Pachos J K. Introduction to topological quantum computation [M]. Cambridge University Press，2009.

[550] Pachos J，Lahtinen V. A short introduction to topological quantum computation [J]. SciPost Physics，2017，3（3）：21-63.

[551] Stern A. Non-Abelian states of matter [J]. Nature，2010，464（7286）：187-193.

[552] Read N，Green D. Paired states of fermions in two dimensions with breaking of parity and time-reversal symmetries and the fractional quantum hall effect [J]. Physical Review B，2000，61（15）：10267-10297.

[553] Ivanov D A. Non-abelian statistics of galf-quantum vortices in p-wave superconductors [J]. Physical Review Letters，2001，86（2）：268-271.

[554] Aasen D，Hell M，Mishmash R V，et al. Milestones toward Majorana-based quantum computing [J]. Physical Review X，2016，6（3）：031016.

[555] Bravyi S，Kitaev A. Universal quantum computation with ideal Clifford gates and noisy ancillas [J]. Physical Review A，2005，71（2）：022316.

[556] Maeno Y，Kittaka S，Nomura T，et al. Evaluation of spin-triplet super conductivity in Sr_2RuO_4 [J]. Journal of the Physical Society of Japan，2012，81（1）：011009.

[557] Volovik G E. On edge states in superconductors with time inversion symmetry breaking [J]. Journal of Experimental and Theoretical Physics，1997，66（7）：522-527.

[558] Volovik G E. Fermion zero modes on vortices in chiral superconductors [J]. Journal of Experimental and Theoretical Physics，1999，70（9）：609-614.

[559] Volovik G E. Monopole，half-quantum vortex，and nexus in chiral superfluids and superconductors [J]. Journal of Experimental and Theoretical Physics，1999，70（12）：

792-796.

［560］ Kitaev A Y. Unpaired Majorana fermions in quantum wires［J］. Physical-Uspekhi，2001，44 （10S）：131-136.

［561］ Fu L，Kane C L. Superconducting proximity effect and Majorana fermions at the surface of a topological insulator［J］. Physical Review Letters，2008，100（9）：096407.

［562］ Lutchyn R M，Sau J D，Sarma S D. Majorana fermions and a topological phase transition in semiconductor-superconductor heterostructures［J］. Physical Review Letters，2010，105 （7）：077001.

［563］ Das A，Ronen Y，Most Y，et al. Zero-bias peaks and splitting in an Al-InAs nanowire topological superconductor as a signature of Majorana fermions［J］. Nature Physics，2012，8（12）：887-895.

［564］ Nadj-Perge S，Drozdov I K，Li J，et al. Observation of Majorana fermions in ferromagnetic atomic chains on a superconductor［J］. Science，2014，346（6209）：602-607.

［565］ Mourik V，Zuo K，Frolov S M，et al. Signatures of Majorana fermions in hybrid superconductor-semiconductor nanowire devices［J］. Science，2012，336（6084）：1003-1007.

［566］ Yang F，Qu F，Yang C，et al. Proximity effect at superconducting $Sn-Bi_2Se_3$ interface［J］. Physical Review B，2012，85（10）：1-7.

［567］ Knez I，Du R R，Sullivan G. Andreev reflection of helical edge modes in InAs/GaSb quantum spin Hall insulator［J］. Physical Review Letters，2012，109（18）：186603.

［568］ Sun H H，Zhang K W，Hu L H，et al. Majorana zero mode detected with spin selective and reev reflection in the vortex of a topological superconductor［J］. Physical Review Letters，2016，116（25）：257003.

［569］ Rokhinson L P，Liu X，Furdyna J K. The fractional a. c. Josephson effect in a semiconductor-superconductor nanowire as a signature of Majorana particles［J］. Nature，2012，8（11）：795-799.

［570］ Bocquillon E，Deacon R S，Wiedenmann J，et al. Gapless Andreev bound states in the quantum spin Hall insulator HgTe［J］. Nature Nanotechnology，2016，12（2）：137-143.

［571］ Wiedenmann J，Bocquillon E，Deacon R S，et al. 4π-periodic Josephson supercurrent in HgTe-based topological Josephson junctions［J］. Nature Communications，2016，7：10303.

［572］ Fu L，Kane C L. Josephson current and noise at a superconductor-quantum spin Hall insulator-superconductor junction［J］. Physical Review B，2009，79（16）：161408.

［573］ Zhang F，Kane C L. Time-reversal-invariant Z_4 fractional Josephson effect［J］. Physical Review Letters，2014，113（3）：036401.

［574］ Chang C Z，Zhang J S，Xiao F，et al. Experimental observation of the quantum anomalous Hall effect in a magnetic topological insulator［J］. Science，2013，340（6129）：167-170.

[575] He Q L, Pan L, Stern A L, et al. Chiral Majorana fermion modes in a quantum anomalous Hall insulator-superconductor structure [J]. Science, 2017, 357 (6348): 294-299.

[576] Ji W, Wen X G. $\frac{1}{2}\frac{e^2}{h}$ Conductance plateau without 1D chiral Majorana fermions [J]. Physical Review Letters, 2018, 120 (10): 107002.

[577] Huang Y, Setiawan F, Sau J D. Disorder-induced half-integer quantized conductance plateau in quantum anomalous Hall insulator-superconductor structures [J]. Physical Review B, 2018, 97 (10): 100501.

[578] Alicea J, Oreg Y, Refael G, et al. Non-abelian statistics and topological quantum information processing in 1D wire networks [J]. Nature Physics, 2011, 7 (5): 412-417.

[579] Vijay S, Hsieh T H, Fu L. Majorana fermion surface code for universal quantum computation [J]. Physical Review X, 2015, 5 (4): 041038.

[580] Feynman R P. Simulating physics with computers [J]. Journal of Theoretical Physics, 1982, 21 (6/7): 467-488.

[581] Shor P W. Algorithms for quantum computation: Discrete logarithms and factoring [C]// Proceeding 35th Annual Symposium on Foundations of Computer Science, 1994: 124-134.

[582] Grover L K. A fast quantum mechanical algorithm for database search [C]//Proceedings of the Twenty-eighth Annual ACM Symposium on Theory of Computing, 1996, 1: 212-219.

[583] Deutsch D. Quantum theory, the church-turing principle and the universal quantum computer [J]. Proceedings of the Royal Society of London A, 1985, 400 (1818): 97-117.

[584] Deutsch D, Jozsa R. Rapid solution of problems by quantum computation [J]. Proceedings of the Royal Society of London A, 1992, 439 (1907): 553-558.

[585] Simon D R. On the power of quantum computation [J]. SIAM Journal on Computing, 1997, 26 (5): 1474-1483.

[586] Kitaev A Y. Quantum measurements and the abelian stabilizer problem [Z]. ArXiv: quant-ph/9511026v1, 1995.

[587] Low G H, Chuang I L. Optimal hamiltonian simulation by quantum signal processing [J]. Physical Review Letters, 2017, 118 (1): 010501.

[588] Harrow A W, Hassidim A, Lloyd S. Quantum algorithm for linear systems of equations [J]. Physical Review Letters, 2009, 103 (15): 150502.

[589] Kerenidis I, Prakash A. Quantum recommendation systems [Z]. ArXiv: 1603.08675, 2016.

[590] Rebentrost P, Mohseni M, Lloyd S. Quantum support vector machine for big data classification [J]. Physical Review Letters, 2014, 113 (13): 130503.

[591] Arunachalam S, De Wolf R. A survey of quantum learning theory [Z]. ArXiv: 1701. 06806v3, 2017.

[592] Brandão F G, Kalev A, Li T, et al. Exponential quantum speed-ups for semidefinite

programming with applications to quantum learning [Z]. ArXiv: 1710.02581v1, 2017.

[593] Lloyd S, Mohseni M, Rebentrost P. Quantum algorithms for supervised and unsupervised machine learning [Z]. ArXiv: 1704.04992v1, 2013.

[594] Aïmeur E, Brassard G, Gambs S. Quantum speed-up for unsupervised learning [J]. Machine Learning, 2013, 90 (2): 261-287.

[595] Gao X, Zhang Z, Duan L. An efficient quantum algorithm for generative machine learning [Z]. ArXiv: 1711.02038v1, 2017.

[596] Farhi E, Goldstone J, Gutmann S. A quantum approximate optimization algorithm [Z]. ArXiv: 1411.4028, 2014.

[597] Farhi E, Harrow A W. Quantum supremacy through the quantum approximate optimization algorithm [Z]. ArXiv: 1602.07674, 2016.

[598] Farhi E, Goldstone J, Gutmann S, et al. Quantum computation by adiabatic evolution [Z]. ArXiv: quant-ph/0001106, 2000.

[599] Everett H. Relative state formulation of quantum mechanics [J]. Reviews of Modern Physics, 1957, 29: 454-462.

[600] De Witt B S. Quantum mechanics and reality: Could the solution to the dilemma of indeterminism be a universe in which all possible outcomes of an experiment actually occur? [J]. Physics Today, 1970, 23 (9): 30-40.

[601] Ghirardi G C, Rimini A, Weber T. Unified dynamics for microscopic and macroscopic systems [J]. Physical Review D, 1986, 34 (2): 470-491.

[602] Zeh H D. On the interpretation of measurement in quantum theory [J]. Foundations of Physics, 1970, 1 (1): 69-76.

[603] Schlosshauer M, Decoherence, the measurement problem, and interpretations of quantum mechanics [J]. Reviews of Modern Physics, 2005, 76: 1267-1305.

[604] Zurek W H. Decoherence, einselection, and the quantum origins of the classical [J]. Reviews of Modern Physics, 2003, 75: 715-775.

[605] Purcell E M. Spontaneous emission probabilities at radio frequencies [J]. Physical Review, 1946, 69: 839.

[606] Kleppner D. Inhibited spontaneous emission [J]. Physical Review Letters, 1981, 47 (4): 233-235.

[607] Casimir H B G, Polder D. The influence of retardation on the London-van der Waals forces [J]. Physical Review, 1948, 73 (4): 360-372.

[608] Goy P, Raimond J M, Gross M, et al. Observation of cavity-enhanced single-atom spontaneous emission [J]. Physical Review Letters, 1983, 50 (24): 1903-1906.

[609] Brune M, Hagley E, Dreyer J, et al. Haroche, observing the progressive decoherence of the

"meter" in a quantum measurement [J]. Physical Review Letters, 1996, 77 (24): 4887-4490.

[610] Rabi I. Radiofrequency spectroscopy, richtmyer memorial lecture [D]. New York: Columbia University, 1945.

[611] Wineland D J, Drullinger R E, Walls F L. Radiation-pressure cooling of bound resonant absorbers [J]. Physical Review Letters, 1978, 40: 1639-1642.

[612] Monroe C, Meekhof D M, King B E, et al. Wineland, a "Schrödinger cat" superposition state of an atom [J]. Science, 1996, 272: 1131-1136.

[613] Nagata T, Okamoto R, O'Brien J L, et al. Beating the standard quantum limit with four-entangled photons [J]. Science, 2007, 316 (5285): 726-729.

[614] Bollinger J J, Itano W M, Wineland D J, et al. Heinzen, optimal frequency measurements with maximally correlated states [J]. Physical Review A, 1996, 54 (6): R4649-R4652.

[615] Chen B, Qiu C, Chen S, et al. Atom-light hybrid interferometer [J]. Physical Review Letters, 2015, 115: 043602.

[616] Ma L S, Bi Z Y, Bartels A, et al. Optical frequency synthesis comparison with uncertainty at the 10^{-19} level [J]. Science, 2004, 303 (5665): 1843-1845.

[617] Giovannetti V, Lloyd S, Maccone L. Clock synchronization with dispersion cancellation [J]. Physical Review Letters, 2001, 87: 117902.

[618] Giovannetti V, Lloyd S, Maccone L. Quantum cryptographic ranging [J]. Journal of Optics B Quantum & Semiclassical Optics, 2002, 4: 413-414.

[619] Giovannetti V, Lloyd S, Maccone L. Quantum-enhanced positioning, clock synchronization [J]. Nature, 2001, 412: 417-419 .

[620] Ben-Av R, Exman I. Optimized multiparty quantum clock synchronization [J]. Physical Review A, 2011, 84: 014301.

[621] Bresson A, Bidel Y, Bouyer P, et al. Quantum mechanics for space applications [J]. Applied Physics B, 2006, 84 (4): 545-550.

[622] Jozsa R, Abrams D S, Dowling J P, et al. Quantum clock synchronization based on shared prior entanglement [J]. Physical Review Letters, 2000, 85: 2010-2013.

[623] Krco M, Paul P. Quantum clock synchronization: Multiparty protocol [J]. Physical Review A, 2002, 66: 024305.

[624] Bahder T B, Golding W M. Clock synchronization based on second-order coherence of entangled photons [C]//Proceeding 7th International Conference on Quantum Communication, 2004, 734:395-398 .

[625] Wang J, Tian Z, Jing J, et al. Influence of relativistic effects on satellite-based clock synchronization [J]. Physical Review D, 2016, 93: 065008.

[626] Hou F, Dong R, Quan R, et al. Dispersion-free quantum clock synchronization via fiber link

[J]. Advances in Space Research, 2012, 50 (11): 1489-1494.

[627] Quan R, Wang M, Hou F, et al. Characterization of frequency entanglement under extended phase-matching conditions [J]. Applied Physics B, 2015, 118 (3): 431-437.

[628] Hou F, Dong R, Quan R, et al. Fiber-based nonlocal two-way quantum clock synchronization [J]. Paper in preparation, 2018.

[629] Quan R, Zhai Y, Wang M, et al. Demonstration of quantum synchronization based on second-order quantum coherence of entangled photons [J]. Scientific Reports, 2016, 6: 30453-30460.

[630] Quan R, Dong R, Zhai Y, et al. Experimental demonstration of femto-second-level quantum clock synchronization [J]. Paper in preparation, 2018.

[631] Franzen A, Hage B, DiGuglielmo J, et al. Experimental demonstration of continuous variable purification of squeezed states [J]. Physical Review Letters, 2006, 97 (15): 150505.

[632] Heersink J, Marquardt C, Dong R, et al. Distillation of squeezing from non-Gaussian quantum states [J]. Physical Review Letters, 2006, 96 (25): 253601.

[633] Hage B, Samblowski A, DiGuglielmo J, et al. Preparation of distilled and purified continuous-variable entangled states [J]. Nature Physics, 2008, 4 (12): 915-918.

[634] Dong R, Lassen M, Heersink J, et al. Experimental entanglement distillation of mesoscopic quantum states [J]. Nature Physics, 2008, 4 (12): 919-923.

[635] Hall J L. Noble lecture: Defining and measuring optical frequencies [J]. Reviews of Modern Physics, 2006, 78 (4): 1279-1295.

[636] Hänsch T W. Einstein lecture-passion for precision [J]. Annalen der Physik, 2006, 15 (9): 627-652.

[637] Coddington I, Swann W C, Nenadovic L, et al. Rapid and precise absolute distance measurements at long range [J]. Nature Photonics, 2009, 3 (6): 351-356.

[638] Giorgetta F R, Swann W C, Sinclair L C, et al. Optical two-way time and frequency transfer over free space [J]. Nature Photonics, 2013, 7 (6): 434-438.

[639] Dorrer C, Kilper D C, Stuart H R, et al. Linear optical sampling [J]. IEEE Photonics Technology Letters, 2003, 15 (12): 1746-1748.

[640] Lamine B, Fabre C, Treps N. Quantum improvement of time transfer between remote clocks [J]. Physical Review Letters, 2008, 101: 123601.

[641] Jian P, Pinel O, Fabre C, et al. Real-time distance measurement immune from atmospheric parameters using optical frequency combs [J]. Optics Express, 2012, 20: 27133-27146.

[642] Labroille G, Pinel O, Treps N, et al. Pulse shaping with birefringent crystals: A tool for quantum metrology [J]. Optics Express, 2013, 21 (19): 21889-21896.

[643] Zhou C, Li B, Xiang X, et al. Realization of multiform time derivatives of pulses using a Fourier pulse shaping system [J]. Optics Express, 2017, 25: 004038.

［644］ Vahlbruch H，Mehmet M，Danzmann K，et al. Detection of 15 dB squeezed states of light and their application for the absolute calibration of photoelectric quantum efficiency ［J］. Physical Review Letters，2016，117 (11)：110801.

［645］ Yang W，Shi S，Wang Y，et al. Detection of stably bright squeezed light with the quantum noise reduction of 12. 6 dB by mutually compensating the phase fluctuations ［J］. Optics Letters，2017，42 (21)：4553-4556.

［646］ De Valcarcel G J，Patera G，Treps N，et al. Multimode squeezing of frequency combs ［J］. Physical Review A，2006，74 (6)：061801.

［647］ Patera G，Treps N，Fabre C，et al. Quantum theory of synchronously pumped type I optical parametric oscillators：Characterization of the squeezed supermodes ［J］. The European Physical Journal D，2009，56 (1)：123-140.

［648］ Pinel O，Jian P，de Araújo R M，et al. Generation and characterization of multimode quantum frequency combs ［J］. Physical Review Letters，2012，108 (8)：083601.

［649］ 刘洪雨,陈立,刘灵,等. 飞秒脉冲正交位相压缩光的产生[J]. 物理学报,2013,62：164206.

［650］ 项晓,王少锋,侯飞雁,等. 利用共振无源腔分析和抑制飞秒脉冲激光噪声的理论和实验研究[J]. 物理学报,2016,65(19)：134203.

［651］ Schmeissner R，Thiel V，Jacquard C，et al. Analysis，filtering of phase noise in an optical frequency comb at the quantum limit to improve timing measurements ［J］. Optics Letters，2014，39 (12)：3603-3606.

［652］ Xu L，Hänsch T W，Spielmann C，et al. Route to phase control of ultrashort light pulses ［J］. Optics Letters，1996，21 (24)：2008-2010.

［653］ Telle H R，Steinmeyer G，Dunlop A E，et al. Carrier-envelope offset phase control：A novel concept for absolute optical frequency control and ultrashort pulse generation ［J］. Applied Physics B：Lasers and Optics，1999，69 (4)：327-332.

［654］ Jones D J，Diddams S A，Ranka J K，et al. Carrier envelope phase control of femtosecond mode-locked lasers and direct optical frequency synthesis ［J］. Science，2000，288：635-639.

［655］ Koke S，Grebing C，Frei H，et al. Direct frequency comb synthesis with arbitrary offset and shot-noise-limited phase noise ［J］. Nature Photonics，2010，4：462-465.

［656］ Xiang X，Zhang Z，Dong R，et al. Carrier-envelope offset frequency stabilization of a 100 fs-scale Ti：sapphire mode-locked laser for quantum frequency comb generation ［J］. Journal of Physics Communications，2017，4 (12)：1482-1487.

［657］ Hald J，Ruseva V. Efficient suppression of diode-laser phase noise by optical filtering ［J］. Journal of the Optical Society of America B，2005，22 (11)：2338-2344.

［658］ Piazza L，Lummen T T A，Quiñonez E，et al. Simultaneous observation of the quantization and the interference pattern of a plasmonic near-field ［J］，Nature Commun.，2015，6：6407.

［659］ Colella R，Overhauser A W，Werner S A. Observation of gravitationally induced quantum interference ［J］. Phys. Rev. Lett.，1975，34：1472.

［660］ Werner S A，Staudenmann J-L，Colella R. Effect of Earth's rotation on the quantum mechanical phase of the neutron ［J］. Phys. Rev. Lett.，1979，42：1103.

［661］ Carnal O，Mlynek J. Young's double-slit experiment with atoms：A simple atom interferometer ［J］. Phys. Rev. Lett.，1991，66：2689.

［662］ Riehle F，Kisters T，Witte A，et al. Optical Ramsey spectroscopy in a rotating frame：Sagnac effect in a matter-wave interferometer ［J］. Phys. Rev. Lett.，1991，67：177.

［663］ Bertsch G F，Bulgac A，Tománek D，et al. Collective plasmon excitations in C60 clusters ［J］. Phys. Rev. Lett.，1991，67：2690.

［664］ Arndt M，Nairz O，Vos-Andreae J，et al. Wave-particle duality of C60 molecules ［J］. Nature，1999，401：680-682.

［665］ Arndt M，Nairz O，Petschinka J，et al. High contrast interference with C60 and C70 Interférences de fort contraste avec des fullerènes C60 et C70 ［J］. Compt. Rend. Acad. Sci. Serie IV，2001，2（4）：581.

［666］ Gerlich S，Eibenberger S，Tomandl M，et al. Quantum interference of large organic molecules ［J］. Nature Commun.，2011，2：263.

［667］ Eibenberger S，Gerlich S，Arndt M，et al. Matter-wave interference of particles selected from a molecular library with masses exceeding 10 000 amu ［J］. Phys. Chem. Chem. Phys.，2013，15：14696.

［668］ Kasevich M，Chu S. Atomic interferometry using stimulated Raman transitions ［J］. Phys. Rev. Lett.，1991，67（2）：181.

［669］ Weiss D S，Young B C，Chu S. Precision measurement of $\hbar/m_{Cs}$ based on photon recoil using laser-cooled atoms and atomic interferometry ［J］. Applied Phys. B，1994，59（3）：217.

［670］ Kitching J，Knappe S，Donley E A. Atomic sensors：A review ［J］. IEEE Sensors Journal，2011，11（9）：1749.

［671］ Dickerson S M，Hogan J M，Sugarbaker A，et al. Multiaxis inertial sensing with long-time point source atom interferometry ［J］. Phys. Rev. Lett.，2013，111（8）：083001.

［672］ Weitkamp C. Lidar：Range-Resolved Optical Remote Sensing of the Atmosphere ［M］. Springer Science & Business Media，2006.

［673］ Winker D M，Couch R H，McCormick M P. An overview of LITE：NASA's lidar in-space technology experiment ［J］. Proceedings of IEEE，1996，84（2）：164-180.

［674］ Reitebuch O，Lemmerz C，Nagel E，et al. The airborne demonstrator for the direct-detection Doppler wind lidar ALADIN on ADM-Aeolus ［J］. Journal of Atmospheric and Oceanic Technology，2009，26（12）：2501-2515.

［675］ Philippov V，Codemard C，Jeong Y，et al. High-energy in-fiber pulse amplification for coherent lidar applications ［J］. Optics Letters，2004，29 (22)：2590-2592.

［676］ Rosfjord K M，Yang J K W，Dauler E A，et al. Nanowire single-photon an integrated optical cavity and anti-reflection coating ［J］. Optics Express，2006，14 (2)：527-534.

［677］ Marsili F，Verma V B，Stern J A，et al. Detecting single infrared photons with 93% system efficiency ［J］. Nature Photonics，2013，7 (3)：210-214.

［678］ Yuan Z L，Kardynal B E，Sharpe A W，et al. High speed single photon detection in the near infrared ［J］. Applied Physics Letters，2007，91 (4)：041114.

［679］ Zhang J，Thew R，Barreiro C，et al. Practical fast gate rate InGaAs/InP single-photon avalanche photodiodes ［J］. Applied Physics Letters，2009，95 (9)：091103.

［680］ Korzh B，Walenta N，Lunghi T，et al. Free-running InGaAs single photon detector with 1 dark count per second at 10% efficiency ［J］. Applied Physics Letters，2014，104 (8)：081108.

［681］ Spuler S M，Mayor S D. Eye-safe aerosol lidar at 1.5 microns：Progress toward a scanning lidar network ［C］//Lidar Remote Sensing for Environmental Monitoring VIII ［J］. International Society for Optics and Photonics，2007：668102-668102-11.

［682］ Kumar P. Quantum frequency conversion ［J］. Optics Letters，1990，15 (24)：1476-1478.

［683］ Albota M A，Wong F N C. Efficient single-photon counting at 1.55 microm by means of frequency upconversion ［J］. Optics Letters，2004，29(13)：1449-1451.

［684］ Vandevender A P，Kwiat P G. High efficiency single photon detection via frequency up-conversion ［J］. Journal of Modern Optics，2004，51 (9/10)：1433-1445.

［685］ Langrock C，Diamanti E，Roussev R V，et al. Highly efficient single-photon detection at communication wavelengths by use of upconversion in reverse-proton-exchanged periodically poled LiNbO₃ waveguides ［J］. Optics Letters，2005，30 (13)：1725-1727.

［686］ Kamada H，Asobe M，Honjo T，et al. Efficient and low-noise single-photon detection in 1550 nm communication band by frequency upconversion in periodically poled LiNbO₃ waveguides ［J］. Optics Letters，2008，33 (7)：639-641.

［687］ Shentu G L，Pelc J S，Wang X D，et al. Ultralow noise up-conversion detector and spectrometer for the telecom band ［J］. Optics Express，2013，21 (12)：13986-13991.

［688］ Shentu G L，Sun Q C，Jiang X，et al. 217 km long distance photon-counting optical time-domain reflectometry based on ultra-low noise up-conversion single photon detector ［J］. Optics Express，2013，21 (21)：24674-24679.

［689］ Shentu G L，Xia X X，Sun Q C，et al. Upconversion detection near 2 μm at the single photon level ［J］. Optics Letters，2013，38 (23)：4985-4987.

［690］ Ma F，Zheng M Y，Yao Q，et al. 1.064-μm-band up-conversion single-photon detector ［J］. Optics Express，2017，25 (13)：14558-14564.

[691] Zheng M Y, Shentu G L, Ma F, et al. Integrated four-channel all-fiber up-conversion single-photon-detector with adjustable efficiency and dark count [J]. Review of Scientific Instruments, 2016, 87 (9): 093115.

[692] Liao S K, Yong H L, Liu C, et al. Long-distance free-space quantum key distribution in daylight towards inter-satellite communication [J]. Nature Photonics, 2017, 11 (8): 509-513.

[693] Liu Y, Ju L, Liang X L, et al. Experimental demonstration of counterfactual quantum communication [J]. Physical Review Letters, 2012, 109 (3): 030501.

[694] Gong Y H, Yang K X, Yong H L, et al. Free-space quantum key distribution in urban daylight with the SPGD algorithm control of a deformable mirror [J]. Optics Express, 2018, 26 (15): 18897-18905.

[695] Xia H Y, Shentu G L, Shangguan M J, et al. Long-range micro-pulse aerosol lidar at 1.5 μm with an upconversion single-photon detector [J]. Optics Letters, 2015, 40 (7): 1579-1582.

[696] Xia H Y, Shangguan M J, Wang C, et al. Micro-pulse upconversion Doppler lidar for wind and visibility detection in the atmospheric boundary layer [J]. Optics letters, 2016, 41 (22): 5218-5221.

[697] Shangguan M J, Xia H Y, Wang C, et al. Dual-frequency Doppler lidar for wind detection with a superconducting nanowire single-photon detector [J]. Optics Letters, 2017, 42 (18): 3541-3544.

[698] Qiu J, Xia H Y, Shangguan M J, et al. Micro-pulse polarization lidar at 1.5 μm using a single superconducting nanowire single-photon detector [J]. Optics Letters, 2017, 42 (21): 4454-4457.

[699] Bloembergen N, Pershan P S. Light waves at the boundary of nonlinear media [J]. Physical Review, 1962, 128 (2): 606-622.

[700] Berger V. Nonlinear photonic crystals [J]. Physical Review Letters, 1998, 81 (19): 4136-4139.

[701] Yamada M, Nada N, Saitoh M, et al. First-order quasi-phase matched LiNbO₃ waveguide periodically poled by applying an external field for efficient blue second-harmonic generation [J]. Applied Physics Letters, 1993, 62 (5): 435-436.

[702] Myers L E, Eckardt R C, Fejer M M, et al. Quasi-phase-matched optical parametric oscillators in bulk periodically poled LiNbO₃[J]. JOSA B, 1995, 12 (11): 2102-2116.

[703] 上官明佳. 1.5 μm 单光子探测器在激光遥感中的应用[D]. 合肥:中国科学技术大学,2017.

[704] 申屠国樑. 上转换单光子探测器的研究及其应用[D]. 合肥:中国科学技术大学,2014.

[705] Lu Z T, Schlosser P, Smethie W M, Jr, et al. Tracer applications of noble gas radionuclides in the geosciences [J]. Earth-Science Reviews, 2014, 138: 196-214.

[706] Loosli H, Oeschger H. ³⁷Ar and ⁸¹Kr in the atmosphere [J]. Earth and Planetary Science

Letters，1969，7：67-71.

[707] Jiang W，Williams W，Bailey K，et al. Ar-39 detection at the 10^{-16} isotopic abundance level with atom trap trace analysis [J]. Physical Review Letters，2011，106：103001.

[708] Jiang W，Bailey K，Lu Z T，et al. An atom counter for measuring ^{81}Kr and ^{85}Kr in environmental samples [J]. Geochimica et Cosmochimica Acta，2012，91：1-6.

[709] Chen C Y，Li Y M，Bailey K，et al. Ultrasensitive isotope trace analysis with a magneto-optical trap [J]. Science，1999，286：1139-1141.

[710] Aggarwal P K，Matsumoto T，Mueller P，et al. Continental degassing of ^{4}He by surficial discharge of deep groundwater [J]. Nature Geoscience，2015，8：35-39.

[711] Gerber C，Vaikmäe R，Aeschbach W，et al. Using ^{81}Kr and noble gases to characterize and date groundwater and brines in the baltic artesian basin on the one-million-year timescale [J]. Geochimica et Cosmochimica Acta，2017，205：187-210.

[712] Li J，Pang Z H，Yang G M，et al. Million-year-old groundwater revealed by krypton-81 dating in Guanzhong basin [J]. Science Bulletin of China，2017，62：1181-1184.

[713] Aeschbach W. Radiokrypton dating finally takes off [J]. Proceedings of the National Academy of Sciences of USA，2014，111：6856-6857.